高等职业教育园林园艺类专业系列教材

园 艺 概 论

主　编　梁春莉

副主编　王　爽　郭　玲　李新江

参　编　于立杰　张文博　刘秀丽

主　审　陈杏禹

机 械 工 业 出 版 社

本书以园艺植物物候期及季节特点为主线，重点介绍园艺植物栽培、育种及加工技术，其中融入园艺植物生物学特性、品种类型等基本知识。全书分为三个模块：果树（以我国北方特色树种为依托，通过完成果树基本生物特性、土肥水、花果管理、整形修剪等一系列以物候期为主线的栽培任务与常见果品加工操作，来掌握果树技术）、蔬菜（以典型蔬菜为项目载体，按照整地作畦、育苗、种子处理、播种及播后管理、加工技术等任务编写）、花卉。

　　本书可作为高职院校、本科农业院校公选课或专业选修课教材，也可作为园艺爱好者自学的学习资源。

　　本书配有电子课件，并配套每个"任务实施"下的情境报告单、任务实施单、过程评价表，凡使用本书作为教材的教师可登录机械工业出版社教育服务网 www.cmpedu.com 下载。咨询邮箱：cmpgaozhi@sina.com。咨询电话：010-88379375。

图书在版编目（CIP）数据

园艺概论/梁春莉主编 . —北京：机械工业出版社，2017.12（2023.1 重印）
高等职业教育园林园艺类专业系列教材
ISBN 978-7-111-58710-1

Ⅰ . ①园…　Ⅱ . ①梁…　Ⅲ . ①园艺—高等职业教育—教材　Ⅳ . ①S6

中国版本图书馆 CIP 数据核字（2017）第 306047 号

机械工业出版社（北京市百万庄大街 22 号　邮政编码 100037）
策划编辑：覃密道　王靖辉　责任编辑：王靖辉
责任校对：张　薇　　　　　封面设计：马精明
责任印制：郜　敏
中煤（北京）印务有限公司印刷
2023 年 1 月第 1 版第 2 次印刷
184mm×260mm・11.5 印张・278 千字
标准书号：ISBN 978-7-111-58710-1
定价：35.00 元

电话服务　　　　　　　网络服务
客服电话：010-88361066　机　工　官　网：www.cmpbook.com
　　　　　010-88379833　机　工　官　博：weibo.com/cmp1952
　　　　　010-68326294　金　　书　　网：www.golden-book.com
封底无防伪标均为盗版　机工教育服务网：www.cmpedu.com

前　言

我国是农业生产大国，中国园艺产业生产规模居世界第一。园艺产业及相关产业每年的从业人员超过 2 亿。为满足这一要求和适应社会发展需要，培养多功能复合人才，全国许多农业高职院校及本科农业院校都开设了园艺概论作为公选课或专业选修课。该课程为非园艺技术专业的学生熟悉园艺产业开启窗口。为适应学科高速发展和多学科交叉的趋势，本书将果树生产、蔬菜生产、观赏花卉生产、园艺设施、园艺植物育种、园艺产品储藏加工等多学科知识融合在一起，内容的编写以学生认知规律为基础，以园艺植物生产类型及季节为主线，按照"认知→栽培→加工"园艺植物的顺序编写，摆脱以往教科书中先介绍总论，再介绍各论，内容机械脱节，可操作性较差的特点。

本书编写有以下几个特点：

1. 模块化设计。本书将园艺植物分为三个模块，分别为果树、蔬菜、花卉；每个模块下按照学生认知规律分别设置为 3 个项目，为认识果树（认识蔬菜、认识花卉）、果树栽培（蔬菜栽培、花卉栽培）、果品贮藏加工（蔬菜贮藏加工、花卉应用）。

2. 生产化设计。本书项目下任务的设置以贴近生产为原则。比如在"项目 2　果树栽培"的"任务 1　苹果栽培管理"，此任务对于苹果栽培介绍按照周年管理的顺序，与岗位要求农业生产顺序完全一致，按照春、夏、秋、冬四个季节进行介绍，知识点与各时期技能操作要点完全吻合，达到"所学即所用"的目的。

3. 教与学合一。本书在编写过程中，对于每一任务的编写都按照"知识平台→任务实施→复习思考题"的顺序进行，在项目实施中都以一个典型情境为例介绍教师教学与学生学习的过程，真正做到"教与学合一"的目的。

4. 自学性较强。本书在编写过程中加入许多实际案例，每个案例都有很强的可操作性，且技术先进，具有时代性特点；另外书中插入较多图片，内容理解更直观，方便自学的读者学习。

本书的编写分工如下：模块 1 由辽宁农业职业技术学院梁春莉、于立杰编写，模块 2 由辽宁特等专科学院王爽、张文博、吉林农业科技学院李新江编写，模块 3 由辽宁职业技术学院郭玲、刘秀丽编写。

作者在编写过程中参考了许多相关单位和专家的文献资料，在此表示诚挚的感谢。由于编者水平和时间所限，疏漏之处敬请读者批评指正。

编　者

目　　录

前　言

模块1　果　　树

项目1　认识果树 …………………… 1
任务1　果树种类调查与识别 ………… 1
任务2　果树树体结构与枝芽特性
　　　　观察 ………………………… 5
任务3　果树物候期调查 …………… 11

项目2　果树栽培 …………………… 24
任务1　苹果栽培管理 ……………… 24
任务2　桃栽培管理 ………………… 35
任务3　葡萄栽培管理 ……………… 42
任务4　榛子栽培管理 ……………… 48
任务5　蓝莓温室栽培管理 ………… 53

项目3　果品贮藏加工 …………… 59
任务1　苹果冷库贮藏 ……………… 59
任务2　黑加仑果汁加工 …………… 61
任务3　蓝莓果醋和果酒的酿制 …… 63
任务4　杏果脯制作 ………………… 67
任务5　山楂水果罐头制作 ………… 69

模块2　蔬　　菜

项目4　认识蔬菜 …………………… 71
任务1　蔬菜种类调查与识别 ……… 71
任务2　蔬菜生物学特性调查 ……… 74
任务3　蔬菜栽培制度调查 ………… 79

项目5　蔬菜栽培 …………………… 83
任务1　露地秋白菜栽培 …………… 83
任务2　春季露地菜豆栽培 ………… 86
任务3　塑料大棚春早熟番茄栽培 … 89
任务4　日光温室秋冬茬芹菜栽培 … 95
任务5　日光温室越冬茬黄瓜栽培 … 98

项目6　蔬菜产品贮藏加工 ……… 104
任务1　大白菜窖藏 ……………… 104
任务2　糖醋萝卜腌制 …………… 106
任务3　韩式辣白菜腌制 ………… 109

模块3　花　　卉

项目7　认识花卉 ………………… 112
任务1　花卉种类调查与识别 …… 112
任务2　花卉生长发育与环境条件
　　　　调查 ……………………… 119

项目8　花卉栽培 ………………… 125
任务1　一串红栽培管理 ………… 125
任务2　菊花栽培管理 …………… 129
任务3　唐菖蒲栽培管理 ………… 136
任务4　月季切花栽培管理 ……… 143
任务5　温室蝴蝶兰栽培管理 …… 148

项目9　花卉应用 ………………… 154
任务1　压花 ……………………… 154
任务2　插花 ……………………… 158
任务3　花坛设计与施工 ………… 169

参考文献 ………………………… 178

模块1 果 树

项目 1 认识果树

任务1 果树种类调查与识别

知识平台

一、果树栽培学的内容和果树生产的特点

果树是园艺植物的一部分，是指能生产可供人类食用的果实或种子及其衍生物的多年生木本植物、草本植物。果树生产包括果树栽培，育种，果实的贮藏加工、运输、销售等环节。要搞好果树生产，上述各环节必须相互配合且畅通。

果树栽培学是果树学的一个主要分支学科，是一门介绍果树生产技术的学科，主要研究提高果树产量和品质的栽培技术及基本理论。一般所指的果树栽培是指从果树育苗开始，经过建园、管理，到果实采收的整个生产过程。掌握好果树栽培的基本理论和技术，是实现果树早果、丰产、优质、高效的根本保证。

随着社会经济的不断发展和人民生活水平的不断提高，果树生产条件和栽培技术也日益得到改善和提高，果树栽培的理念和目标也必然发生变化。通过建立示范性生态果园，采用规范配套的无公害果品生产技术，生产优质高产的无公害果品，已成为今后果树栽培发展的总趋势。

果树栽培学与其他农业科学有共同的理论基础，也有本学科的显著特点，因此果树生产也有其本身特色：

1. 种类多

与粮食作物相比，果树种类较多。全世界大约有2792种果树。一般果树树体为乔木或小乔木，但也有灌木型的树莓、蓝莓，藤本型的葡萄、猕猴桃和多年生草本型的草莓等。它们的生物学特性、对环境条件的要求和栽培技术差异很大。

2. 生产周期长

果树具有较长的发育周期和相对复杂的生长变化规律。多数果树为木本植物，栽植的当年不结果，要3~5年才进入结果期，5~7年才能达到较高产量。果树栽培的目标之一就是

1

提早结果，尽早收益。果园建立之前不仅要选择种类、品种和相应的适生条件，还要对未来的市场变化作出判断，因为一旦栽植就要经营十多年，乃至数十年。

3. 集约经营

果树生产属于劳动密集型生产，人力资源的成本、技术素质及管理水平能显著影响果园经济效益。即单位面积上投入人力、物力较多，管理环节多而精细，收益也较大。

4. 产品的主要利用形式是鲜食

目前，我国果品的主要利用形式是鲜食，用于加工高档果汁的专用水果品种很少。一般经济发展程度越低，鲜食比例会越大。美国佛罗里达州的柑橘约有70%用于加工，我国的果品加工比率只有5%左右。因此应大力开展水果深加工与综合利用技术研究，充分利用我国水果生产的规模优势，提高国产水果在国际市场的商品竞争力。如何发展鲜果贮藏、鲜果汁浓缩及果汁饮料、果冻食品、果酱制作等水果加工技术，将是我国未来果业发展的热点问题。

二、我国果业发展趋势与存在问题

（一）我国果业发展现状

1. 资源丰富，生产规模扩大，国际竞争日益增强

中国自然条件优越，适宜果树生长，栽培果树树种占世界主栽果树树种类型的82%。随着我国居民生活水平提高和果品营养与果树休闲文化功能进一步突显，特别是开发大西北，山川秀美工程的实施和深入，我国果树生产规模日益壮大。另外，我国出口的果树类优势农产品是果品及其加工产品，近几年都呈现稳定增长趋势。因此，我国果品的市场总量会进一步扩大，社会经济效益将更高，在国际市场上的数量优势将长期保持。

2. 果品品牌意识加强，产业结构进一步优化

随着市场化意识的提高，我国的果品质量大幅度提升，品牌意识逐渐增强，许多品牌在国内已经获得比较大的知名度，如栖霞苹果、洛川苹果、辽宁寒富苹果、库尔勒香梨、赣南脐橙、温州蜜柑、德庆贡柑等。目前我国的果树发展格局是大宗果品优势产业带（最适生态带）产业化经营，名特优地方果品以产地（基地、点）、精品（高档、绿色、有机）发展为主，实施点带发展方式，形成多样化、区域化和特色化。2002年以后开展的以黄土高原和渤海湾为主的两大苹果优势产业区区域建设已取得显著成效，产业化生产结构日益清晰。

（二）我国果业存在问题

目前是中国果树产业发展的最好时期，成绩显著，但与发达国家相比还有很大差距，亟待重视。

1. 缺乏宏观规划，忽视单产和质量

果树产业发展缺乏宏观规划和市场研究，盲目发展造成了历史上多次种植面积的大起大落，普遍表现为注重规模扩张和数量效益，忽视单位面积产量和质量效益。具体表现为：平均单产低，产品单价低，产品安全性低。虽然有基础的主产县平均每亩$^{\ominus}$产量都在2t以上，但全国主要水果的平均单产都在每亩1t以下，低产园和无产园比重达40%；鲜果产品损失率高达20%。因此，在果树生产方面，提倡在现代栽培知识的指导下，理性生产，科学

$\ominus$　1亩 = 666.7 m²。

生产。

2. 缺乏自主知识产权的优良品种和砧木，育种创新能力低

中国是果树资源大国，但主栽树种如苹果、葡萄、草莓等都以国外品种为主，具有自主知识产权的品种推广力度较低。育种工作扶持力度小，缺乏长期性和连续性，缺乏创新能力强的团队。这就要求我们加强拥有自主知识产权的果树品种的选育研究，发挥资源优势，集中人力、物力和财力，以超优品种育种为目标，对重点育种单位、团队进行长期稳定的支持。

3. 组织化、标准化程度低，规模小，服务体系滞后

中国果树经营主体是以家庭为单位的个体，95% 的果园规模在半亩（333.3m²）以下，土地流转机制尚未形成，农民合作经济组织发展滞后，组织化程度低，这些从根本上制约了标准化生产技术的推广和实施，也增加了公共服务体系的服务难度。因此，应加快果树生产新技术的示范推广工作，改革技术推广体系，加强基层技术队伍建设，通过多种形式加大对农民文化和科技教育的培训力度，努力提高果农素质，使果品产业的发展转移到依靠科学技术和提高劳动者素质的轨道上来。

三、果树分类

世界果树分属 134 科、659 属、2972 种，另有变种 110 个。其中较重要的果树约 300 种，主要栽培的果树约 70 种。我国有果树 59 科、158 属、670 余种。为了研究和生产利用的方便，园艺学上常依据果树的生物学特性、生态适应性等进行分类。如根据生物学特性，按照冬季叶幕特性，分为落叶果树和常绿果树（落叶果树秋季集中落叶，常绿果树不集中落叶）；按照植株形态特性，分为乔木果树、灌木果树、蔓性果树（藤本果树）和草本果树；按照果实构造特点，分为仁果类、核果类、浆果类、坚果类、聚复果类、柑果类和荔果类；按照果实含水量及其利用特点，分为水果和干果。

果树生产上按照生物学特性相似、栽培管理措施相近的原则进行综合分类。首先分为木本果树和草本果树，再按树性、果实特点进行归类。

1. 按果树植物的生长习性划分

（1）乔木果树　　如苹果、梨、核桃等。

（2）灌木果树　　如树莓、醋栗、越橘等。

（3）藤本果树　　如葡萄、猕猴桃、西番莲等。

（4）多年生草本果树　　如香蕉、菠萝、草莓等。

2. 按果树植物适宜的栽培气候条件划分

（1）热带果树　　云南、海南地处热带，栽植的热带果树有香蕉、菠萝、树菠萝、芒果、人心果、椰子、番木瓜等。国外的热带果树还有海枣、山竹子、红毛丹、榴梿⊖、番荔枝、番石榴等。

（2）亚热带果树　　包括畏寒性常绿果树荔枝、龙眼、阳桃⊜、蒲桃、柠檬等，也包括耐寒性常绿果树枇杷、温州蜜柑、金柑、杨梅、橄榄等。落叶性亚热带果树有无花果、石

⊖ 榴梿，也写作"榴莲"。

⊜ 阳桃，也写作"杨桃"。

榴等。

（3）温带果树　有桃、李、柿、葡萄等。一般温带果树分布于北纬和南纬 40°～55° 之间，有秋子梨、白梨、苹果、山楂、核桃、葡萄等。

3. 按果实形态结构和利用特征划分

（1）核果类果树　包括桃、杏、李、梅、樱桃、扁桃、和枣等果实，以桃（或杏）为代表。果实由子房发育形成。子房上位，由 1 个心皮构成。子房外壁形成外果皮，子房中壁发育成柔软多汁的中果皮，子房内壁形成木质化的内果皮（果核）。可食部分为中果皮。

（2）仁果类果树　包括苹果、梨、花红（沙果）、海棠果、山楂、木瓜、枇杷等果实，以苹果（或梨）为代表。果实主要由子房及花托膨大形成。子房下位，位于花托内，由 5 个心皮构成。子房内壁革质，外、中壁肉质。可食部分为花托。

（3）浆果类果树　包括葡萄、柿、猕猴桃、草莓、树莓、醋栗等果实。果实由子房发育形成。子房上位，由 1 个心皮构成。浆果类果树因树种不同，果实构造有很大差异。如葡萄，子房外壁形成膜质状外果皮，子房中、内壁发育成柔软多汁的果肉。可食部分为中、内果皮。除柿和猕猴桃、醋栗的可食部分和葡萄相同外，草莓的可食部分为花托，树莓为中、外果皮。

（4）柑果类果树　包括柑、橘、橙、柚、柠檬等柑橘类果树。果实由子房发育而来。外果皮革质化，富含油胞；中果皮疏松为海绵状；内果皮含有多浆的囊胞，为食用部分。

（5）坚果类果树　包括核桃、山核桃、板栗、榛子等果实。果实主要由子房发育形成。子房上位，由 2 个心皮构成。子房外、中壁形成总苞，子房内壁形成坚硬内果皮。可食部分为种子。

（6）亚热带和热带果树　有龙眼、荔枝、杧果、椰子、香蕉、菠萝、番木瓜、油梨等。

任务实施

常见果树种类识别

1. 教师提出问题：标本园内果树树种较多，同学们能否正确认知各个树种？如何认识各树种？

2. 以苹果、桃、葡萄三个树种为例，学生查阅其科、属、学名，植物学特征。

3. 学生以组为单位调查三个树种植物学特征（可露地结合温室同时观察），将数据填入表 1-1。

4. 学生上交表格（表 1-1），教师进行评价。

表 1-1　主要树种种类识别表

树种	科属	拉丁学名	一年生枝			叶芽				花芽				叶片				花序		花					果实			
			颜色	皮孔	绒毛	大小	形状	颜色	绒毛	大小	形状	颜色	绒毛	大小	形状	绒毛	叶缘	类型	花朵数	大小	形状	颜色	花柄	形状	果皮	萼注	果梗

复习思考题

1. 果树、果树生产、果树栽培的定义是什么？
2. 果树生产的特点是什么？
3. 按照果树生产习性，果树划分为哪几类？
4. 果树按照栽培学分类是如何的？

任务2 果树树体结构与枝芽特性观察

知识平台

果树树体结构分为地上部和地下部两部分（图1-1）。地上部包括树干和树冠。树干包括主干、中心干。树冠包括主枝、侧枝、非骨干枝、叶片。地下部为根系，包括主根、侧根、须根。

一、根颈

地上部（主干）和地下部（根系）的交界处，称为根颈。果树根颈进入休眠迟，解除休眠早，对环境条件变化敏感，因此果树根颈最容易受害。

二、地上部树体结构

果树的地上部包括树干和树冠。树干可称为茎，茎反复分支组成树冠。

1. 主干
主干是指根颈到第一主枝之间的部分。

2. 中心干
树冠中央直立生长的永久性大枝为中心干，也称为中央领导干，0级枝。中心干起维持树形和树势的作用。

3. 树干
树体地上部的主轴，主干和中心干共同成为树干。

4. 主枝
着生在中心干上的永久性分枝称为主枝，也称为1级枝，蔓性果树的主枝称为主蔓。

5. 侧枝
着生在主枝上的永久性分枝称为侧枝，也称为2级骨干枝。第一侧枝距离中心干很近的侧枝称为把门侧。侧枝上的分枝称为副侧枝。

6. 骨干枝
骨干枝是指中心干、主枝和侧枝等构成地上部（树冠）骨架的永久性枝。骨干枝数量、大小、着生状态、分布排列状况等决定树体形状、大小和结构，并最终影响果树受光量和光

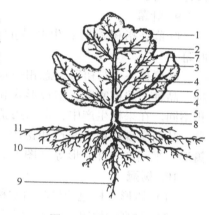

图1-1 果树树体结构
1—树冠 2—中心干 3—主枝
4—侧枝 5—主干 6—枝组
7—延长枝 8—根颈 9—主根
10—须根 11—侧根

合效率，是决定果树能否获得优质丰产的关键因素。

7. 延长枝

骨干枝先端的一年生枝称为延长枝。

8. 非骨干枝

着生在骨干枝分支的称为非骨干枝。

（1）枝组　着生在各级骨干枝上、有两个以上分枝的小枝群称为枝组，也称为结果枝组。枝组是果树构成树冠和叶幕的基本单位，也是生长结果的基本单位。

（2）辅养枝　树干上着生的非永久性大枝称为辅养枝，又称为临时枝。第一主枝以下的辅养枝称为裙枝。

（3）竞争枝　着生在延长枝附近，长势与延长枝相当，可能与延长枝产生竞争生长的枝称为竞争枝。

9. 叶幕

叶幕是指树冠所着生叶片的总体，即全部叶片构成叶幕。

叶幕是一个与树冠形态相一致的叶片群体。不同的树种、品种、栽植密度、整枝形式和树龄，叶幕的形状和体积不同。在果树生产中，常采用整形修剪等措施来调整叶幕，从而实现优质、高产和稳产。叶幕形状有分层形、树篱形、半圆形、开心形等（图1-2）。

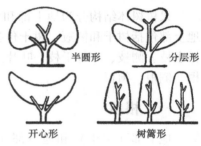

图1-2　果树常见叶幕形状

10. 树冠

（1）树形　树冠的形状通常称为树形。

（2）冠高　树冠上、下缘之间的距离称为冠高。

（3）冠径　树冠东西和南北的距离称为冠径，用"（东西）m×（南北）m"表示。

（4）树高　从根颈或地面到树冠顶端的距离为树高。

衡量树冠，一般以树高、冠径以及骨干枝的数量、结构和分布为标志。

三、果树枝芽特性

（一）枝

枝由芽发展而成，是果树的支撑器官、运输器官、贮藏器官和繁殖器官。枝的类型及名称因分类方法不同而十分繁多，并且又随树种而变化。

1. 按枝条年龄分类

果树芽萌发后长出的新枝在当年落叶之前称为新梢。新梢在一年中不同季节抽生的枝段分别称为春梢、夏梢和秋梢。生产上常将未木质化的新梢称为嫩梢。新梢落叶后到翌年萌发以前称为一年生枝。一年生枝在春季萌芽后称为二年生枝。二年生以上的枝统称为多年生枝。果树枝条年龄分类如图1-3所示。芽萌发后因芽鳞脱落而留下的芽鳞痕是区分枝条年龄

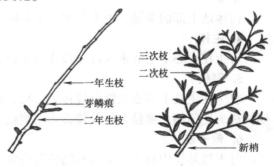

图1-3　果树枝条年龄分类

的界限。部分果树的新枝在向前延伸的同时由叶腋间产生分枝，从而形成各级次副梢。新梢叶腋间抽生的分枝称为副梢或二次枝，副梢再抽生的分枝叫二次副梢或三次枝，依此类推。

2. 按枝条的性质和功能分类

枝按照枝条的性质和功能分为营养枝、结果枝和结果母枝。果树生产中由于长期习惯的沿用，同一类型或同一性质的枝条在不同树种上的名称差别很大，应注意其区别。

（1）营养枝　营养枝有两种情况，一是指只有叶芽的一年生枝，如苹果、梨、桃等；二是指没有花序或果实的新梢，如葡萄。营养枝按照其形态特征和作用可分为发育枝、徒长枝、纤细枝、短枝和叶丛枝（图1-4）。

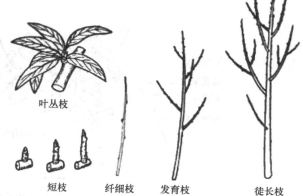

图1-4　营养枝按照形态作用分类

1）发育枝，也称为普通营养枝，其特点是生长健壮，组织充实，芽饱满，叶片肥大。发育枝是扩大树冠、营养树体和产生结果枝的主要枝类。

2）徒长枝，多数由潜伏芽受刺激萌发而成，特点是直立且节间长，叶片大而薄，芽不饱满，停止生长晚。

3）纤细枝，比发育枝纤细而短，芽发育不良，多发生在光照和营养条件均差的树冠内部或下部。

4）叶丛枝，极短，小于0.5cm，一般由发育枝中下部的芽萌发而成，部分叶丛枝在光照充足、营养良好的条件下可转化为结果枝。叶丛枝在仁果类、核果类果树上较多。

5）短枝。一些常见的短枝型树种，树上短枝密布，既有发育枝，也有结果枝。

（2）结果枝　结果枝也有两种情况（图1-5），一是指带有果实的新梢，如葡萄、柿、板栗、核桃等；二是指着生花芽的一年生枝，如苹果、梨、桃、杏、李、樱桃等，其中桃、杏、李、樱桃等是着生纯花芽的一年生枝，而苹果、梨等果树是着生混合花芽的一年生枝。

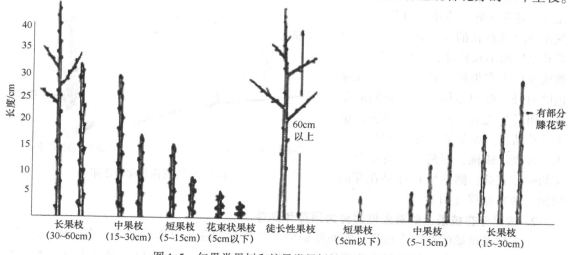

图1-5　仁果类果树和核果类果树结果枝划分标准

结果枝按长度分为徒长性果枝、长果枝、中果枝、短果枝、花束状果枝。一个母枝上有多个短果枝组成的群体称为短果枝群。

（3）结果母枝　结果母枝通常是指具有混合花芽的一年生枝。葡萄、山楂、柿、核桃、板栗等果树，结果母枝上的混合花芽萌发后抽生比较长的结果枝开花结果（图1-6）。由于苹果、梨等果树的混合花芽萌发后抽生的结果新梢很短，故习惯上称为果台，而将结果母枝称为结果枝。

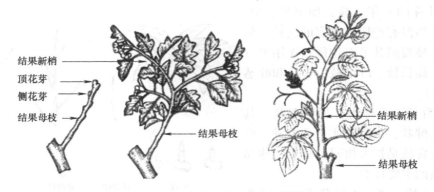

结果新梢
顶花芽
侧花芽
结果母枝
结果母枝
结果新梢
结果母枝

图1-6　山楂和葡萄的结果母枝与结果新梢

结果母枝抽生的结果枝在当年结果的同时又形成混合花芽，成为下年的结果母枝，这种现象称为连续结果。树种和品种间连续结果能力差别较大。

（二）芽

芽是枝、叶、花或花序的雏体。芽是果树度过不良环境和形成枝、花过程中的临时性器官。芽与种子相似，在繁殖条件下可以形成新植株。

果树芽的种类很多。由于采用不同的分类方法，同一个芽可以有多个名称。生产上应用较多的分类有以下几种。

1. 按照芽的性质分为叶芽和花芽

只具有雏梢和叶原始体，萌发后形成新梢的芽叫叶芽；包含有花器官，萌发后开花的芽叫花芽。花芽又分为纯花芽和混合花芽。纯花芽内只有花的原始体，萌发后只开花结果而不长枝叶，如桃、李、杏、樱桃等核果类果树的花芽。混合花芽内既有枝、叶原始体，又有花的原始体，萌发后先长一段新梢，再在新梢上开花结果，如苹果、梨、山楂、柿、枣、板栗、核桃、葡萄等。顶芽是花芽的叫顶花芽，侧（腋）芽是花芽的叫侧（腋）花芽（图1-7）。

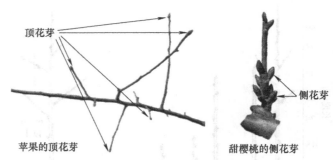

顶花芽
侧花芽
苹果的顶花芽
甜樱桃的侧花芽

图1-7　果树顶花芽和侧花芽

2. 按照芽在枝条上的着生位置分为顶芽和侧芽

位于枝条顶端的芽称为顶芽；侧面叶腋间的芽称为侧芽，也称为腋芽。杏、柿、山楂、栗等果树的枝条，在生长过程中顶端自行枯萎脱落（这称为自枯现象），至冬季后已无真正的顶芽，人们所看到的位于枝条顶端的芽实际上是侧芽，故称为假顶芽。顶芽、侧芽在枝条上按一定位置发生，称为定芽；无一定位置发生的芽，以及根上发生的芽，称为不定芽。

果树上侧芽的数量和类型较多。按照芽在叶腋间的位置和形态分为主芽和副芽。着生在叶腋中央，较大且充实的芽叫主芽，主芽一般当年不萌发；着生在主芽两侧或上、下方的芽叫副芽，副芽一般比主芽小。仁果类的主芽明显，副芽则隐藏在主芽基部的芽鳞内，呈休眠状态。核果类桃、杏、李、樱桃等的副芽，在主芽两侧（图1-8）。核桃的副芽，在主芽的下方。枣的副芽在主芽侧上方。葡萄侧芽为复合型结构，由称作冬芽的芽眼和位于其侧下方的夏芽组成；冬芽又由主芽和主芽周围的若干个预备芽组成，而将夏芽看作是副芽。

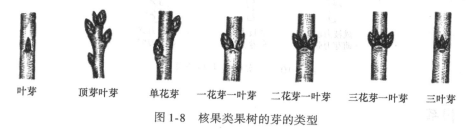

| 叶芽 | 顶芽叶芽 | 单花芽 | 一花芽一叶芽 | 二花芽一叶芽 | 三花芽一叶芽 | 三叶芽 |

图1-8 核果类果树的芽的类型

3. 按照芽在同一节上的数量可将侧芽分为单芽和复芽

在一个节位上有一个明显的芽，称为单芽，如仁果类；在同一个节位上有两个或者以上明显的芽，称为复芽，如核果类的桃、杏、李、樱桃等。

4. 按照芽的萌发特点分为早熟性芽、晚熟性芽和潜伏性芽

当年形成当年萌发的芽称为早熟性芽；果树的大多数芽为当年形成第二年萌发，称为晚熟性芽；形成后在第二年不萌发的芽称为潜伏芽。芽的萌发特点决定果树的成形时间、结果早晚、更新能力和寿命长短。

（三）芽的特性

芽的着生部位和发生时期不同，表现出不同的特性。

1. 芽的异质性

同一枝条上的芽在发育饱满程度上存在差异的现象，称为芽的异质性（图1-9）。芽的异质性是由于不同部位的芽在发育过程中所处的环境条件及树体营养状况不同所造成的。

2. 萌芽力

一年生枝条上的芽能够萌发的能力称为萌芽力。萌发多则萌芽力强，反之则弱。萌芽力用萌芽率表示，萌芽率是萌芽数占枝条总芽数的百分率。萌芽率在60%以上为强，40%～60%为中，40%以下为弱。

3. 成枝力

成枝力指枝条上的芽萌发后能抽生长枝的能力。成枝力用抽生长枝的数量多少

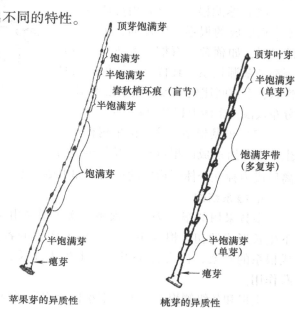

图1-9 果树芽异质性

表示，一般抽生长枝数 2 个以下者为弱，4 个以上者为强（图 1-10）。

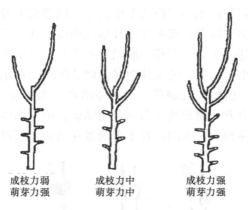

| 成枝力弱 | 成枝力中 | 成枝力强 |
| 萌芽力强 | 萌芽力中 | 萌芽力强 |

图 1-10　果实成枝力与萌芽力

四、根系

根是植物的一种营养器官，其整体或体系称为根系。根的主要功能是吸收水分、养分和固定植株，此外还具有输导、合成和贮藏功能。

1. 根系类型

根据发生来源，果树的根系分为实生根系、茎源根系和根蘖根系三种类型（图 1-11）。

（1）实生根系　这是由种子的胚根发育而形成的根系。特点是主根发达，分布较深，生活力和适应性强，但生理年龄较小，变异性大。

（2）茎源根系　这是由母体茎上的不定根形成的根系。用扦插、压条繁殖的果树，如葡萄、石榴、无花果、草莓等都是茎源根系。其特点是能保持母体性状，个体间比较一致，但主根不明显，分布较浅，生活力相对较弱。

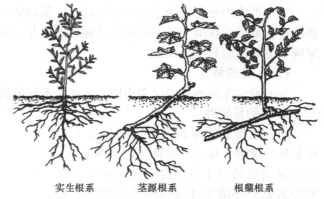

实生根系　　茎源根系　　根蘖根系

图 1-11　果树根系类型

（3）根蘖根系　这是由果树根上发生不定芽所形成的根蘖苗，经与母体分离后成为独立个体所形成的根系，如山楂、枣、石榴等的根系。其特点与茎源根系相似。

2. 根系结构

多数果树的根系为实生根系。实生根系由主根、侧根和须根组成。种子的胚根垂直向下生长形成的初生根为主根。主根上产生的各级较粗的分枝为侧根。主根和各级侧根构成根系的骨架，称为骨干根。骨干根粗而长，色泽深，寿命长，主要起固定、疏导和贮藏作用。

主根和各级侧根上着生的细小根统称为须根。须根细而短，大多数在营养期末死亡，而未死亡的可以发育成骨干根。它起吸收、合成、输导作用。须根根据功能和构造又可分为 4

类，即生长根、吸收根、过渡根和输导根。其中吸收根有大量根毛，能从土壤中吸收水分和营养物质，寿命一般为 7~25d，在根系生长旺季，可占总根量的 90% 以上。

任务实施

果树树体结构及枝芽特性调查

1. 教师发放果树树体结构及枝芽特性调查表，学生根据调查表中的调查指标，以小组为单位学习果树各部分相关知识。

2. 以苹果、桃、葡萄三个树种为例，学生查阅其科、属、学名及植物学特征。

3. 学生以组为单位调查三个树种树体结构和枝芽特性，将数据填入表 1-2、表 1-3。

4. 学生上交表格，教师进行评价。

表 1-2　果树树体结构调查

树种	树高	冠径		主干		中心干		主枝数量	侧枝数量	辅养枝数量	延长枝长度	结果枝组		
		东西	南北	干高	干周	粗度	高度					大	中	小

表 1-3　果树枝芽特性调查

树种	花芽			叶芽			结果枝类型及数量					秋梢枝数量	果台枝数量	萌芽率	成枝力
	大小	形状	着生部位	大小	形状	着生部位	花束状果枝	短果枝	中果枝	长果枝	徒长枝				

复习思考题

1. 果树的树体结构由哪些部分组成？

2. 果树芽的种类有哪些？其特点如何？

3. 请说明仁果类和核果类结果枝的不同点。

4. 果树枝组的分类方法有哪些？

任务 3　果树物候期调查

知识平台

一、果树各器官年生长发育

（一）根系的生长发育

果树根系无自然休眠现象，只要条件适宜根系可以全年生长。在年生长周期中，根系生长表现出周期性，即在不同时期中有强弱的差别，存在着生长高峰与低峰相互交替的现象。根系的这种生长现象与地上部器官的生长又相互交错发生。通常发根高峰在枝梢缓慢生长、叶片大量形成后。

多数果树如苹果、梨、桃、山楂等一年有 2~3 次生长高峰（图 1-12）。如苹果，其根系在年生长周期中有三次生长高峰：第一次生长高峰出现在开花前 8~13d，随着新梢的加速生长，根的生长转入低潮；第二次生长高峰出现在新梢将要停止生长到果实加速生长前，随着果实的迅速发育，根系生长转入低潮；第三次生长高峰出现在秋梢停止生长到落叶前，随着叶片养分回流，根系又出现一次生长高峰，而后随着土温下降，根系生长开始变得缓慢，直至被迫转入休眠。

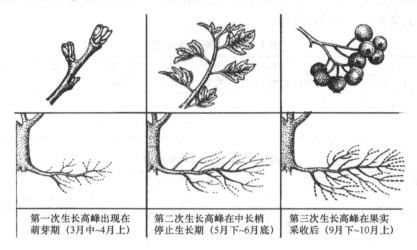

| 第一次生长高峰出现在萌芽期（3月中~4月上） | 第二次生长高峰在中长梢停止生长期（5月下~6月底） | 第三次生长高峰在果实采收后（9月下~10月上） |

图 1-12 山楂根系年生长动态

（二）芽、枝、叶的生长发育

1. 芽的发育

芽是由枝、叶或花的原始体以及生长点、过渡叶、苞片和鳞片构成的。落叶果树的叶芽在休眠前就已经形成新梢的雏形，称为雏梢。萌发过程中，在雏梢叶腋内形成新的腋芽原基，可以形成腋芽或副梢。

2. 芽的萌发

萌芽标志着果树由休眠或相对休眠期转入生长期。果树萌芽期主要利用贮藏养分，萌芽后抗寒力显著降低。

落叶果树的芽主要集中在春季一次萌发，但具有早熟性芽的果树一年可多次萌发，潜伏芽则只在受到刺激时才萌发。温度是决定果树春季萌芽早晚的关键环境因素。多数北方落叶果树要求日平均温度达 5℃ 以上，土温达 7~8℃ 时，经过 10~15d 方可萌芽。但枣和柿则要求平均气温在 10℃ 以上。

3. 枝的生长

果树叶芽萌发后进入新梢生长期。新梢生长包括加长生长和加粗生长（图 1-13）。加长生长和加粗生长一年内达到的长度和粗度称为生长量；在一定时间内加长生长和加粗生长的快慢称为生长势。

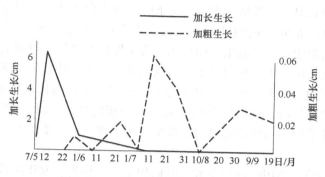

图1-13　山楂初果期树新梢增长曲线图

（1）加长生长　新梢加长生长是从叶芽萌发后露出芽外的幼叶彼此分离后开始，至新梢顶芽形成或停止生长为止。加长生长是枝条顶端分生组织的细胞分裂和纵向伸长的结果。

加长生长经过三个时期：

1）开始生长期（叶簇期）。从第一片叶展开到迅速生长前为开始生长期。此期内第一批簇生叶片增大，而新梢无明显的伸长。这个时期苹果、梨持续9～14d，生长主要依赖上年的贮藏营养。短枝在这期间形成顶芽停止生长。

2）旺盛生长期。从新梢节间明显伸长开始到生长缓慢下来为止为旺盛生长期。这期节间加长，叶片数量和面积快速增加，是果树叶幕主要形成期。

3）缓慢生长期。从生长变缓直至停止生长为缓慢生长期。此时形成的节间较短。大多中、长枝在这期间形成顶芽，停止生长，持续一段时间后枝条转入成熟阶段。

新梢加长生长的动态受多种因素影响。不同树种间差异较大，葡萄、桃、杏、猕猴桃等果树一年多次抽生新梢；苹果、梨等果树的新梢只沿枝轴方向延伸1～2次，很少发生分枝；核桃、栗、柿等果树的新梢加长生长期短，一般无二次生长，常在6月份停止生长，整个生长过程明显地集中于前期。不同的树龄树势差异也较大，如苹果幼树或负载量较小的树新梢生长旺盛。温度和降水对新梢生长影响较大，如夏、秋季节高温多雨时易发生秋梢。

（2）加粗生长　新梢加粗生长是形成层细胞分裂、分化和增大的结果。加粗生长晚于加长生长。果树加粗生长的起止顺序是自上而下，即春季新梢最先开始，依次是一年生枝→多年生枝→侧枝→主枝→主干→根颈，秋季则按此顺序依次停止。多数果树每年有两次明显加粗生长高峰，且出现在新梢生长高峰之后。一年中最明显的生长期在8～9月份。如果多年生枝干的加粗开始生长期比新梢加长生长晚一个月左右，其停止期就比新梢加长生长停止期晚2～3个月。枝加粗的年间差异，表现为木质部的年轮。多年生枝只有加粗生长，而无加长生长。

4. 叶的生长发育

（1）单叶的发育　从叶原基出现，经过叶片、叶柄和托叶的分化、叶片展开，至叶片停止增大，是叶的发育过程。果树单叶面积的大小取决于叶片生长期及迅速生长期的长短。叶片的生长期：梨16～28d，苹果20～30d，猕猴桃20～35d，葡萄15～30d。

（2）叶片的功能期　幼叶因叶肉组织少，叶绿素浓度低，因而光合能力差，净光合为负值。当叶面积达到成叶的1/2时，养分收支达到平衡。当叶面积达到最大时，叶片变绿变厚。梨树叶片还有"亮叶期"，这时的叶片光合能力最强，净光合最大，并持续一段时间。

以后随着叶片的衰老和温度的降低，光合能力下降，净光合下降，直至落叶休眠。

（3）叶幕的形成　落叶果树的叶幕，在春季萌芽后，随着新梢生长、叶片的不断增加而形成。叶幕在年周期中随枝叶的生长而变化。为了保持叶幕较长时间的生产状态，在年周期中要求叶幕前期增长快，中期相对稳定，后期保持时间长。叶幕的形成与树体的枝条类型及其比例有关系。例如，苹果成年树以短枝为主，树冠叶面积增长最快出现在短枝停长时，到5月下旬中、短枝停长时，已形成全树最大总叶面积的80%以上。桃树以长枝为主，叶面积形成则较慢。叶幕中后期的稳定可通过栽培技术实现，如夏季修剪、病虫害防治、肥水管理等。

衡量果树叶面积的大小用叶面积系数。叶面积系数也称为叶面积指数，是指单位面积上所有果树叶面积总和与土地面积的比值。

$$叶面积系数 = 叶面积/土地面积$$

叶面积系数高则表明叶片多，光合面积大，光合产物多。但随着叶面积系数的增大，叶片之间的遮阴加重，获得直射光叶片的比率降低。多数落叶果树当叶片获得光照强度减弱至30%以下时，叶片的消耗大于合成，变成寄生叶。生产上一般采用调整树冠形状、适当分层以及错落配置各类结果枝组等措施来解决上述矛盾，提高叶面积系数。多数果树叶面积系数以4~5较为合适。

5. 落叶与休眠

落叶是果树进入休眠的标志。温带果树在日平均气温降到15℃以下，日照短于12h以下开始落叶。温度是果树落叶的主要决定因素，桃树在15℃以下落叶，梨在13℃以下落叶，苹果最晚，在9℃以下开始落叶。树体及其各部位的发育状况也影响落叶的时间：幼树较成年树落叶迟，壮树较弱树落叶迟；在同一株树上，短枝较长枝落叶早，树冠外部和上部较内膛和下部落叶迟。

果树的休眠是在系统发育中形成的，是一种对逆境适应的特性，如对低温、高温、干旱等。

（三）开花、坐果与果实发育

1. 开花

开花是从花蕾的花瓣松裂开始，到花瓣脱落为止（图1-14）。果树生产上常以单株为单位将开花期分为初花期、盛花期、终花期和谢花期4个时期。全树有5%的花开放为初花期；25%~75%的花开放为盛花期；全树的全部花已开放，并有部分花瓣开始脱落为终花期；50%的花正常脱落花瓣至全部脱落为谢花期。

果树开花的早晚因树种和品种的不同而差异较大。一般樱桃、杏、李、桃较早，苹果、梨次之，葡萄、柿、枣、

图1-14　梨开花过程

a）膨大期　b）现蕾期　c）花序分离期
d）露冠期　e）初花期　f）盛花期

栗较晚。与地理位置、地形也有关系。如在山地，海拔每升高 100m，开花期延迟 3～4d。在平原，纬度向北推进 1°（110km），果树开花期平均延迟 4～6d。北坡比南坡开花期延迟 3～5d。果树开花的早晚也取决于花芽的着生位置和开花习性。同一树上短果枝开花早于长果枝，顶花芽早于腋花芽。

仁果类果树多为花序（图 1-15）。苹果为伞形花序，中心花先开；梨为伞房花序，边花先开；山楂为多歧聚伞花序，花序主轴顶端花先开。

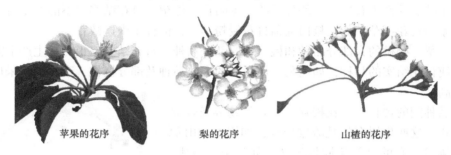

苹果的花序 　　　　梨的花序 　　　　山楂的花序

图 1-15　各类果树花序类型

核果类果树为纯花，但每芽的花朵数也有区别，如桃一芽一花，李一芽 1～3 朵花，甜樱桃一芽 1～6 朵花（图 1-16）。葡萄花序由上而下单花帽状脱落。在一天中，花的开放时间多在上午 10 时至下午 14 时。

桃 　　　　　　李 　　　　　甜樱桃

图 1-16　核果类果树开花

多数果树一年开花一次。如遇夏季久旱而秋季温暖多雨的气候或遭病、虫伤害等刺激，易发生二次开花，对来年产量不利。但具有早熟性芽的葡萄、早实新疆核桃可开花一次以上。石榴一年能多次开花。生产上可利用这一特性实现一年多次结果。

2. 授粉受精

果树花粉粒传送到雌蕊柱头上的过程叫授粉，也称为传粉。花粉落到柱头上，花粉粒萌发花粉管生长进入子房，释放精子核并与胚囊中卵细胞结合的过程叫受精。大多数果树需要授粉受精才能结实。

（1）授粉受精时间　花刚开放、柱头新鲜且有晶莹的黏液分泌时最适宜授粉。大多数果树在晴朗无风或微风的上午适于授粉。

（2）传粉媒介　传粉媒介主要是风和昆虫。依靠风力传粉的叫风媒花，靠昆虫传粉的叫虫媒花。仁果类、核果类以及猕猴桃、枣等果树为虫媒花，它主要依靠蜜蜂传粉，也可利用其他蜂类、蝇类（如筒壁蜂属的角额壁蜂、筒壁蜂、蚊蜂蝇等）作为传粉媒介。坚果类果树为风媒花，其中栗的花粉常以数十粒到数百粒成团随风传播。单粒花粉可风行150m，但大多数不超过20m。

（3）授粉授精　同一品种内授粉称为自花授粉。最典型的自花授粉是在花开放前花粉粒已经成熟，在同一朵花内完成授粉过程，称为闭花授粉，如葡萄的部分品种。自花授粉后能够得到满足生产要求产量的，称为自花结实；不能形成满足生产要求产量的，称为自花不结实。自花结实并产生有生活力的种子的现象叫自花能孕。自花结实但不能产生有生活力的种子的现象叫自花不孕，如无核白葡萄自花授粉结实，但种子中途败育。

苹果、梨、樱桃的大部分品种和桃、李的部分品种，自花结实率很低，生产上需要异花授粉。即使自花结实的品种，如葡萄、桃、杏的多数品种及部分樱桃、李品种，采用异花授粉产量更高。

不同品种间的授粉为异花授粉，也是植物界较普遍的授粉方式。这些果树有的是雌雄异株，如银杏、山葡萄、猕猴桃等；有的是雌雄同株异花，如板栗、核桃、榛子（图1-17）等。雌雄异株或同株异花的果树通常存在雌雄不能同时成熟现象，称为雌雄异熟。在群体生长中，雌雄异熟不会引起授粉不良。在核果类果树的同一花中，常有雌雄蕊不等长现象（图1-18），这主要是花芽分化不良造成的，对坐果影响很大。

不同品种间授粉结果的现象称为异花结实。提供花粉的品种称为授粉品种，这些品种的植株称为授粉树。异花授粉因品种间不亲和而存在异花不结实现象，或异花不孕现象，建园时必须注意授粉组合的搭配。

图1-17　榛子雌雄同株异花

类型：	1.无雌蕊	2.雌蕊败育	3.雌蕊短于雄蕊	4.雌雄蕊等长	5.雌蕊长于雄蕊
坐果率	0%	0%	4.4%~8%	14.4%	34.3%

图1-18　核果类的雌雄不等长与坐果率的关系

（4）单性结实　子房未经受精而形成果实的现象叫单性结实。单性结实的果实因未受精而没有种子。单性结实可分为两类：一类是自发性单性结实，即子房未经授粉或其他任何刺激能自然发育成果实，如无花果、山楂、柿等；另一类是刺激性单性结实，即雌蕊必须经过授粉或其他刺激后才能结实，如洋梨中的Seckel品种用黄魁苹果花粉授粉，可产生无籽果实。利用生长调节物质和其他化学物质刺激雌蕊，也可以人工诱导单性结果，如在葡萄等果树上用赤霉素诱导单性结实。

3. 坐果与落花落果

（1）坐果机制　经过授粉受精后，子房或子房连同其他部分生长发育形成果实的现象称为坐果。坐果是由于授粉受精刺激，子房产生生长素和赤霉素等物质，提高了其调运水分和养分的能力，保证了蛋白质的合成和细胞迅速分裂，最终发育成果实。

果树生产中往往在生理落果后统计坐果率

$$花朵坐果率 = \frac{坐果数}{开花数} \times 100\%$$

$$花序坐果率 = \frac{坐果花序数}{开花花序数} \times 100\%$$

（2）落花落果　即使受粉授精，果树的落花落果现象仍然存在。例如，苹果、梨的最终坐果率为8%~15%，桃、杏为5%~10%。由于树体内部原因造成的落花落果统称为生理落果。

落花落果呈多峰现象。苹果、梨等的生理落花落果集中时期一般有4次（图1-19）。第一次是落花，在盛花后期部分花开始脱落，直至谢花。导致落花的主要原因是花器发育不完全，如雌蕊、胚珠退化，或虽然花器发育完全但未能授粉受精，缺乏激素调动营养。第二次是落果，也称为早期生理落果，出现在谢花后2周左右，多数是受精不完全的幼果，其原因主要是授粉受精不充分和树体贮藏营养不足。第三次生理落果出现在谢花后4~6周，仁果类果树约在6月中上旬，又称为"六月落果"。"六月落果"对树体的营养损失最大，其原因主要是新梢生长与果实的营养竞争。另外，部分品种在果实成熟期发生第四次生理落果，也称为采前落果。其原因主要是生长后期胚产生生长素的能力下降，致使离层形成而脱落。如元帅系苹果从成熟前30~40d起开始少量脱落，15~20d大量脱落，成熟前最严重。

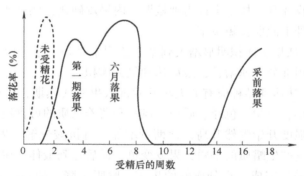

图1-19　苹果生理落花落果曲线图

枣的落蕾量为20%~60%，葡萄、杏则落花量很高。雌雄异花果树的雄花，一般在开放、散粉后脱落。葡萄落花落果比较集中，常于盛花后2周内一次脱落。具有单性结实的树种或品种，其落果次数不明显。

4. 果实发育

果实发育包括受精、果实膨大到果实成熟的整个过程。

（1）果实发育期　从坐果至果实成熟称为果实发育期。不同树种的果实发育期差异较大。草莓只有20d左右；树莓、樱桃、醋栗、穗醋栗需要30~60d；杏、无花果、梅、枣、石榴等，需50~100d；山楂、猕猴桃、银杏、核桃、山核桃、榛、柿等，需100~200d。不同品种的差异也很大，如苹果、梨、桃等树种的早、中、晚熟品种变动范围为 60～200d，李、扁桃、葡萄等在 50～140d 之间。同一品种也因栽培地点、生态和栽培条件的不同而存在差异。

（2）果实生长曲线　果实自开花后授粉受精到成熟的发育过程中，按体积、直径或鲜重在各个时期的积累值画成的增长曲线，叫果实生长曲线图。果实生长曲线图有 S 形和双 S 形（图 1-20）。苹果、梨、板栗、核桃、草莓为单 S 形；大部分的核果类以及葡萄、山楂、柿、枣、无花果为双 S 形。

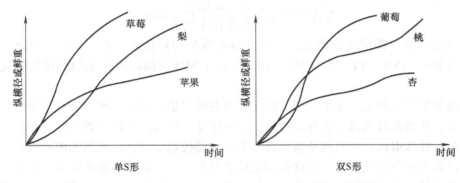

图 1-20　不同果实生长曲线图

1）幼果速长期：从受精到胚乳停止增殖。由于细胞分裂使胚乳与果肉增长，以纵向增长为主。苹果受精后细胞分裂一般延续 3～4 周。双 S 形的果实同时出现细胞增大。

2）硬核期：从胚乳停止增殖到种子硬化。苹果细胞停止分裂后主要进行细胞分化和膨大，胚迅速发育并吸收胚乳。核果类称为硬核期，内果皮硬化，胚迅速增长，子房壁增长缓慢。早、中、晚熟品种由此期长短决定。

3）果实膨大期：从果实体积明显增大到基本达到本品种大小。由于细胞体积、细胞间隙增大，致使果实食用部分迅速增长，最后达到最大体积。

4）果实成熟期：从达到品种应有的大小开始进入果实成熟期，直到采收。果实的发育达到该品种固有的大小、形状、色泽、质地、风味和营养物质的可食用阶段，称为成熟。随着果实的成熟，呼吸强度开始骤然升高，含糖量增加，有机酸分解，果肉变得松脆或柔软，产生芳香味，有的果皮产生蜡质的果粉，果皮变色。最后达到最佳食用期。成熟过程可以在树上完成，也可以在采后完成。充分成熟的果实，呼吸下降，酶系统发生变化，遂即进入衰老。

（3）果形与果形指数　果实发育过程中，一般幼果发育阶段纵径生长期快于横径。通常认为纵径大的幼果细胞分裂旺盛，具有发育成大果的基础，可作为疏果时的选择依据。

果实的纵横径之比称为果形指数。纵横径之比为 1 的为圆形，大于 1 的为长圆形，小于 1 的为扁圆形。

（四）花芽分化

1. 花芽分化

果树芽的生长点经过生理和组织状态的变化，最终形成各种花器官原基的过程叫花芽分化。其中，芽生长点内进行的由营养生长状态向生殖生长状态转化的一系列的生理、生化过程称为生理分化。从花原基最初形成至各器官完全形成叫形态分化。

（1）花芽分化过程 芽经过初期的发育后，进入质变期，开始花芽生理分化，继而进行形态分化，在雄蕊、雌蕊发育过程中，形成性细胞。

1）生理分化。具有纯花芽的果树，芽在鳞片分化之后即进入生理分化期；而具有混合芽的果树，则在雏梢分化达到一定节数之后开始这一过程。这一时期芽处于发育方向可变的状态，对内外条件具有高度的敏感性。如果具备花芽形成的条件，则改变代谢方向，完成生理分化后开始形态分化，最终形成花芽；否则即成为叶芽。生理分化期是花芽与叶芽发育方向分界的时期，又称为花芽分化临界期。花芽分化临界期是控制花芽分化的关键时期。

生理分化期的长短因树种而异，苹果为花芽形态分化前1～7周，板栗为花芽形态分化前3～7周。生理分化期的早晚，因树种和枝条类型而异。以顶芽形成花芽的树种，短枝比长枝生长停止早，生理分化期开始也早；以侧芽形成花芽的树种，生理分化期主要决定于芽发育程度的早晚。同一株果树，由于枝条的生长期长短和芽形成的早晚不同，生理分化期可以持续较长的时间。

2）形态分化。花芽形态分化是按一定的顺序依次进行的。凡具有花序的果树，先分化花序轴，再分化花蕾。就一朵花蕾而言，是先分化下部和外部的器官，后分化上部和内部的器官。形态分化的顺序和分期是：分化始期（初期）→花萼分化期→花瓣分化期→雄蕊分化期→雌蕊分化期。有的果树花萼外有苞片（山楂）或总苞（核桃雌花），则在萼片分化前增加苞片或总苞的分化。不同果树之间花芽形态分化始期有较大差异，主要体现在分化过程和形态变化两个方面。桃、杏等芽内含单花的纯花芽，分化始期的形态变化是从芽生长点变大、突起开始，到转化为花原基止。李、樱桃等芽内含1～5朵花的纯花芽，分化始期从芽生长点变大、突起开始，到分化出1～5个花原基止。具有花序的果树，花芽分化始期是从芽的分化部位变宽、突起开始，经过花序轴的分化，到单花原基出现为止，分化过程形态变化较大。如仁果类果树花芽形态分化过程和形态变化共分为7个时期（图1-21）：

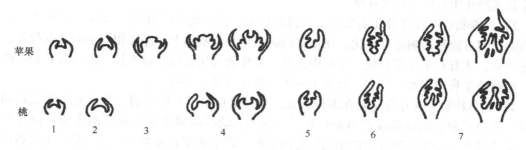

图1-21 果树花芽分化过程模式图

1—叶芽期 2—分化初期 3—花蕾形成 4—萼片分化 5—花瓣分化 6—雄蕊分化 7—雌蕊分化

① 叶芽期。生长点狭小、光滑。生长点内均为体积小、等径、形状相似和排列整齐的原分生组织细胞。

② 分化始（初）期（花序分化期）。分化开始，生长点变宽，突起，呈半球形，而后生长点两侧出现尖细的突起，此突起为叶或苞片原基。

③ 花原基分化期（花蕾形成期）。生长点变为不圆滑，并出现突起的形状，在苞叶腋间

出现突起，为侧花原基；原中心的生长点成为中心花的原基。苹果中心突起较早，也较大，处于正顶部的突起是中心花蕾原基；梨的周边突起较早，体积稍大，为侧芽原基。

④萼片分化期。花原基经过伸长，增大，顶部先变平坦，然后中心部分相对凹入而周围产生突起，即萼片原始体。

⑤花瓣分化期。萼片内侧基部发生突起，即为花瓣原始体。

⑥雄蕊分化期。在萼片内侧，花瓣原始体之下出现突起（多排列为上下两层），即为雄蕊原基。

⑦雌蕊分化期。在花原始体中心底部发生突起（通常为5个），即为雌蕊心皮原基。此后，心皮经过伸长、合拢，形成心室、胚珠而完成雌蕊的发育。与此同时，雄蕊完成花药、花粉的发育。花的其他器官如花萼、花瓣也同时发育。

尽管花芽分化都要经过上述的形态变化过程。但事实上花芽开始分化的时间及经历的时期在树种、品种间有较大变化。其中从形态分化到雌蕊分化期，苹果为40～70d，枣只有10d左右；从花芽形态分化到开花的时间，最长的如核桃的雄花芽为380～395d，枣只有20～30d。同一品种则因发育状况而异，一般成年树比幼年树分化早，中等健壮树比结果树分化早，结果少的树比结果多的树分化早。即使同一植株也因枝条类型的不同而有明显差异，因为花芽分化需要新梢必要的生长和及时停止生长，不同类型的新梢在一年中分期分批停止生长，同期停长的新梢又处于不同的营养状况和环境条件，因此，果树花芽分化周年进行，且分期分批完成。如苹果的短枝顶芽在5月下旬分化花芽，而长枝的腋花芽要延迟到9月才开始分化花芽；枣、葡萄等一年多次发枝，可以多次分化花芽。然而，由于果树大部分枝梢是在叶幕形成期停止生长，因此，各种果树的花芽分化又表现为相对集中和稳定。在一年中，苹果、梨一般集中在5～9月，桃为6～9月，葡萄是5～8月，枣则在4月。

（2）花芽分化条件

1）枝芽状态。花芽分化时芽内生长点必须处于生理活跃状态，并且细胞仍处在缓慢分裂状态。因此，多数果树是在新梢处于缓慢或停止生长状态时进行花芽分化，特征是新梢缓慢生长或停止生长但未进入休眠。

2）营养物质。花芽分化需要丰富的营养物质，营养物质的种类、含量、相互比例以及物质的代谢方向都影响花芽分化。在足够的碳水化合物基础上，保证相当量的氮素营养，碳氮比适宜，才有利于花芽分化。生产中在花芽分化前采用抑制营养生长、促进营养积累的措施，如喷施生长抑制剂、环剥、开张角度等，能促进花芽形成。

3）调节物质。花芽分化是在多种激素、酶的相互作用下发生的，分化要求激素启动和促进。来自叶和根的促花激素和来自种子、茎尖、幼叶的抑花激素的平衡才能促进花芽分化。促花激素主要指成年叶中产生的脱落酸和根尖产生的细胞分裂素；抑花激素主要指产生于种子、幼叶的赤霉素和产生于茎尖的生长素。所以结果过多，种子产生的赤霉素多，抑制花芽分化，摘心可以减少生长素而促进花芽分化。

4）环境条件。光照是花芽形成的必要条件。强光抑制生长素的合成，特别是在紫外光照下，生长素和赤霉素被分解或活化受抑制，从而抑制新梢生长，诱导产生乙烯，有利于花芽形成。大多数北方果树的花芽分化适宜长日照的环境条件。温度影响果树一系列的生理活动和激素的形成，间接影响花芽分化的时期、质量和数量。落叶果树一般在相对高的温度下分化花芽，但长期高温或低温不利于花芽分化。适度的干旱可使营养生长受抑制，碳水化合物积累，落脱酸相对增多，有利于花芽分化。所以，落叶果树分化始期与分化盛期大致与一年中长日照、高温和水分大量蒸发的条件相吻合。此外，土壤养分的多少和各种矿质元素的比例也影响花芽分化。

二、果树物候期

物候期是指果树每年随着四季气候变化，发生与季节相适应的形态和生理机能变化，并呈现一定的生长发育规律。不同的果树种类，各个物候期的顺序也不完全一样：桃、李、杏等核果类果树的花期，早于仁果类的苹果、梨，而且是先开花后展叶；葡萄、柿、枣、板栗、核桃等果树，却是先展叶、抽枝而后开花。果树的物候期虽有一定顺序，但通过时间的长短、顺序、开始和结束时间的早晚，却因树种、环境条件、管理技术水平和人为地影响而有差异。在同一棵树上，各个物候期往往先后交错、衔接，或同时表现出几个物候期，具有重叠性特点。另外果树每年都要重复萌芽、开花、结果、枝条生长、芽的形成和分化、落叶休眠等一系列物候过程，具有重演性特点。在园艺植物科研或生产上，每年进行物候期的观察，不同年份进行比较，可以作为制定农业技术措施时的参考。

在进行果树物候期观察，一般只抓住几个关键时期。当然，具体到个别树种，物候期还可能会有各种不同的记载方法，甚至在每个物候内也根据试验要求，分出更细微的物候期。观察时各树种间物候期的划分界线要明确，标准要统一。下面介绍仁果类苹果（梨）、核果类桃、浆果类葡萄的物候期观察项目和标准。

1. 苹果、梨物候期的观察项目和标准

（1）花芽膨大期　短果枝花芽开始膨大，鳞片开始松包，颜色开始变淡，以全树有25%为准。

（2）花芽开绽期　芽顶端鳞片松开，由芽顶端露出叶尖或苞片尖等。

（3）露蕾期　花芽裂开处露出花蕾。

（4）花芽鳞片脱落期（梨）　花芽鳞片脱落。

（5）展叶期　花序下叶片开始展开，全树25%的芽第一片叶展开。

（6）花蕾分离期　花柄完全露出，花蕾彼此分离。

（7）初花期　全树5%的花开放。

（8）盛花期　全树25%的花开放为盛花始期，50%花开放为盛花期，75%花开放为盛花末期。

（9）谢花期　全树有5%的花的花瓣正常脱落为谢花始期，95%以上花的花瓣脱落为谢花终期。

（10）落花期　指未授粉受精的花枯萎脱落的开始至终止期。

（11）生理落果期　落花后，已经开始发育的幼果，中途萎蔫变黄脱落的时期。

（12）果实着色期　出现该品种固有的色泽，苹果红色品种的果实开始着色。

（13）果实成熟期　全树有75%的果实已具有该品种成熟的特征。

（14）叶芽展叶期　叶芽新梢基部第一叶片展开，以中、短枝顶芽萌发的新梢为准。

（15）新梢生长期　树冠外围延长新梢。新梢第一个长节出现为春梢生长始期；新梢生长转慢，节间变短或停止生长，为春梢生长终期。自新梢再加速生长，至最后停止生长，苹果为秋梢生长期，对梨为夏梢生长期。

（16）叶片变色期　秋末正常生长的植株，叶片变黄或变红。

（17）落叶期　秋末全树有5%的叶片正常脱落为落叶始期，95%以上的叶片脱落为落叶终期。

2. 桃（杏、李、梅）物候期的观察项目和标准

（1）花芽膨大期　春季花芽开始膨大，鳞片开始松包。

（2）露萼期　花萼由鳞片顶端露出。

（3）露瓣期　花瓣由花萼中露出。

（4）初花期、盛花期　标准同苹果。

（5）谢花期　标准同苹果。

（6）落果期　落果开始到基本落尽的时期。

（7）硬核期　通过对果实的解剖，记载从果核开始硬化（内果皮由白色开始变黄、变硬，口嚼有木渣）到完全硬化的时期。

（8）果实成熟期　全树大部分果实成熟。

（9）新梢生长始期　新梢叶片分离，出现第一个长节。

（10）副梢生长期　一次梢上副梢叶片分离，节间开始伸长。

（11）新梢生长终期　最后一批新梢形成顶芽。

（12）落叶期　标准同苹果。

3. 葡萄物候期的观察项目和标准

（1）伤流期　春季萌芽前树液开始流动，枝条新剪口流出液体成水滴状。

（2）萌芽期　芽外鳞片开始分开，鳞片下绒毛层破裂，露出带红色或绿色的嫩叶。

（3）花序出现期　随结果新梢生长，露出花序。

（4）开花期　花冠呈灯罩状脱落为开花。全树有1~2个花序内有数朵花花冠脱落为初花期，全树有50%的花花冠脱落为盛花期，有95%以上的花花冠脱落为终花期。

（5）新梢开始成熟期　新梢（一次梢）基部4节以下的表皮变为黄褐色。

（6）果实成熟期　全树有少数果粒开始呈现出品种成熟固有的特征时为开始成熟期，每穗有90%的果粒呈现品种固有特征为完全成熟期。

（7）落叶期　秋末全树有5%的叶片正常脱落为落叶始期，95%以上的叶片脱落为落叶终期。

🐾任务实施

果树物候期观察

1. 教师发放果树物候期观测调查表，学生根据调查表中的调查指标，以小组为单位学习各物候期观测标准。

2. 以苹果、桃、葡萄三个树种为例，学生周年进行物候期调查。

3. 学生以组为单位调查三个树种物候期，将数据填入核果类果树物候期（表1-4）和仁果类果树物候期（表1-5）。

4. 学生上交表格，教师进行评价。

表1-4　核果类果树物候期观测表

观测单位：　　　　　　　　　　　　　　　　　　　　　　　　　　　　　　　　　　　　　　　观测者

观测地点　　省（市）　　县（区）

树种	萌芽期			开花期				新梢生长期			果实发育期			落叶期		
	花芽膨大期	露萼期	露瓣期	初花期	盛花期	谢花期	落花期	新梢生长始期	副梢生长期	新梢生长终期	生理落果期	硬核期	果实成熟期	叶片变色期	落叶始期	落叶终期

表1-5　仁果类果树物候期观测表

观测单位：　　　　　　　　　　　　　　　　　　　　　　　　　　　　　　　　　　　　　　　观测者

观测地点　　省（市）　　县（区）

树种	萌芽期						开花期				新梢生长期					果实发育期			落叶期		
	花芽膨大期	花芽开绽期	露蕾期	花芽鳞片脱落期	展叶期	花蕾分离期	初花期	盛花期	谢花期	落花期	叶芽展叶期	春梢生长始期	春梢生长终期	秋梢生长始期	秋梢生长终期	生理落果期	果实着色期	果实成熟期	叶片变色期	落叶始期	落叶终期

复习思考题

1. 果树物候期的特点有哪些？
2. 苹果（梨）物候期观察的项目有哪些？
3. 桃（李）物候期观察的项目有哪些？
4. 苹果（梨）物候期观察的项目的标准是什么？

项目 2　果树栽培

任务 1　苹果栽培管理

一、春季管理

（一）休眠期修剪

1. 苹果常见树形

苹果常见树形及特点见表 2-1。

表 2-1　苹果常见树形及特点汇总表

树　形	树高/m	冠径/m	中心干	主枝	侧枝	开张角度/（°）	级次
主干疏层形	4.0 ~ 5.0	5.0 ~ 6.0	1	5 ~ 7	11 ~ 16	60 ~ 70	0 ~ 3
小冠疏层形	3.5 ~ 4.0	4.0 左右	1	5 左右	3 ~ 6	60 ~ 80	0 ~ 2
小冠开心形	3.0 左右	4.0 左右	1	2 ~ 4	3 ~ 6	60 ~ 80	0 ~ 2
自由纺锤形	3.0 ~ 3.5	3.0 ~ 3.5	1		10 ~ 15	70 ~ 90	0
细长纺锤形	2.5 ~ 3.0	2.0 左右	1		15 ~ 20	80 ~ 110	0
主干形（松塔形）	2.5 ~ 3.0	1.5 ~ 2.0	1		23 ~ 30	90 ~ 120	0

2. 幼树整形修剪（自由纺锤形为例）

（1）定干　定干高度因树种、品种、地力、苗木质量而定，一般 60 ~ 70cm，若苗木质量好可长留至 1m。

（2）栽后第一年修剪

1）方法 1。抹除 30cm 以下萌芽，对延长头竞争枝可在夏剪时扭梢。秋季将长至 80cm 以上的枝条拉平。冬季修剪时，选留方向较好的枝作侧分枝，留 50cm 左右短截，中心干延长头 50 ~ 60cm 短截。对长势旺的树，侧分枝和中心干延长头可以不动剪。各侧分枝的剪口芽均留外芽，以便开张角度。

2）方法 2。冬剪时将中心干上的所有分枝都采取极重短截或从基部疏除，中心干延长头 50 ~ 60cm 短截（图 2-1）。

（3）栽后第二年修剪

1）方法 1。春季修剪时及时刻芽，对中心干延长头中下

修剪前　　　修剪后

图 2-1　栽后第一年冬剪前后

部缺枝部位刻芽，促发新枝。夏季修剪时处理主枝延长头竞争枝。秋季修剪时对新增侧分枝、辅养枝拉平。冬季修剪时短截侧分枝延长头、中心干延长头，长度分别为30~40cm、40~50cm。疏除背上直立枝条、旺长枝条。

2）方法2。秋季拉平所有侧分枝。冬剪时只对中心干延长头进行短截。去除直立枝、旺长枝（图2-2）。

（4）栽后第三年修剪　春季修剪时及时对中心干延长头中下部缺枝部位进行刻伤，促进枝条萌发。夏季修剪时对主枝延长头竞争枝、背部直立新梢进行扭梢。秋季修剪时对辅养枝、新增侧分枝拉平。冬季修剪时短截侧分枝延长头、中心干延长头，长度分别为30~40cm、40~50cm。疏除树上直立枝条、旺长枝条（图2-3）。

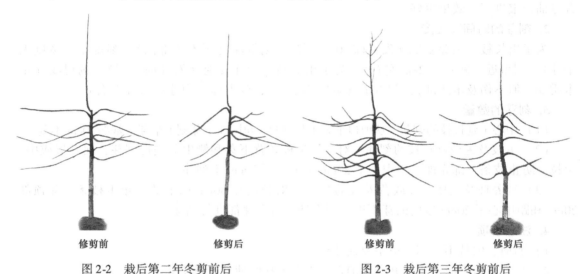

| 修剪前 | 修剪后 | 修剪前 | 修剪后 |

图2-2　栽后第二年冬剪前后　　　　图2-3　栽后第三年冬剪前后

（5）栽后第四年修剪　生长期修剪同前。冬季修剪时疏除内膛徒长枝。当株间交接时，侧分枝延长头不再短截。

（6）栽后第五年修剪　生长期修剪同前。冬季修剪时，中心干延长头缓放，疏除树上直立枝、徒长枝、密生枝。疏除中心干上80cm下侧分枝。

3. 盛果树的整形修剪（自由纺锤形为例）

（1）修剪的时期和方法　落叶后至萌芽前，以疏缓为主，兼顾回缩，个别短截。

（2）修剪的任务　控制树冠，改善光照条件，稳定树势，精细修剪枝组。

适时控制树冠高度、宽度，行间控制1m以上。调整处理大枝，去除多余辅养枝，本着"去长留短、去大留小、去粗留细、去密留稀"的原则。去大枝多时，3年内完成，即第1年60%，第2年30%，第3年10%。精细修剪枝组，每米骨干枝上平均留8~15个枝组，以斜生和两侧为好，大型枝组配在基层主枝的背下。大型枝组多于15个枝，轴长60cm以上；中型枝组5~15个枝，轴长30~60cm；小型枝组少于5个枝，轴长小于30cm。

（二）刻芽

刻芽是指在芽上（下）0.3~0.5cm处，用小刀、小钢锯或刻芽器横割皮层，深达木质部，切断皮层筛管或少许木质部导管。芽上刻伤能促进该芽萌发生长（图2-4），芽下刻伤则抑制其生长。

1. 刻芽对象

刻芽对象有三种，一是缓放的斜生枝、水平枝。尤其是富士品种，修剪时长放枝多，这类枝前端发枝后部芽潜伏，易形成光杆，影响结果。刻芽促发中、短枝。二是已形成光杆的多年生枝。萌芽前在光秃带进行定距离（相隔 15～20cm）刻芽，刺激萌芽发枝。三是中心干延长枝。对整形期的树，在中心干上每隔 3～5 芽刻一芽（需要抽生主枝的部位），可促生长枝，克服等位发枝，防止"卡脖"现象，有利整形。生产中刻芽配合点抽枝宝进行，效果更好。

图 2-4　刻芽及效果

2. 刻芽的时间和程度

为了出长枝，刻芽要早（发芽前 30d 左右），刻得深（至木质部内），刻得宽（宽度大于芽），刻得近（距芽 0.2cm 左右）。为了出短枝，刻芽要晚（发芽前一周），刻得浅（至木质部，但不伤及木质部），刻得窄（宽度小于芽），刻得远（距芽 0.5cm 左右）。

3. 刻芽的数量

（1）中心干延长枝的刻芽　从剪口下第 4 芽刻起，每隔 3 个芽刻 1 个芽，基部 40cm 不刻芽。

（2）主枝及主枝延长枝的刻芽　对一年生枝条背下芽和侧生芽进行刻芽，促发形成中、短枝，防止枝条下部秃裸。距中心干 20cm 和剪口下 20cm 不刻芽。

（3）辅养枝及主枝上缓放营养枝的刻芽　对长度在 50cm 以上的一年生枝条，除顶部 20cm 和距中心干 20cm 以内的芽不进行刻伤外，所有芽都进行刻芽。

4. 注意事项

1）弱树、弱枝不要刻，更不要连续刻。

2）刻刀或剪刀应专用，并经常消毒，以免刻伤时使枝干感染病害。

3）一定要把握好刻芽的最佳时期，不能过早或过晚，否则效果不佳，甚至造成损失。春季多风、气候干燥地区尤其注意。

4）刻芽后枝条增多，花芽大量形成，应加强枝组培养和疏花疏果工作。

5）刻芽后伤口增多，应加强病虫害防治。

6）注意适用对象，不是所有品种树都需刻芽，刻芽应在萌芽率低或成枝力低的品种上进行。主要在富士系、元帅系等生长强旺、萌芽率较低的品种上进行。

7）刻芽应从一年生树抓起，在一年生枝上刻芽效果最佳。

8）需刻芽的枝条，有条件的在上年秋季拉枝，效果最佳。

（三）抹芽

萌芽后，抹除着生位置不当的芽或双生芽称为抹芽。

主要抹除对象有四种，前两种是新定植幼树主干上近地面 40cm 内的萌芽和大枝剪锯口周围无用的萌芽；三是抹除拉平枝后背上冒出的芽；四是主干上、小主枝基部距干 20cm 以内的萌芽。

（四）花前复剪

花前复剪是冬剪的继续和补充，也叫春季修剪和延迟修剪。其目的是调整树体结构，调节花、叶长芽比例，平衡生长和结果的关系，达到优质、稳产和高产。

复剪应选在花芽开始膨大、已现花蕾，花芽与叶芽容易准确区分时进行（4月上中旬）。一般从苹果花芽开绽开始，花序现蕾期或花序分离期结束。

复剪的原则为：对刚结果的幼壮树，应尽量多保留花芽结果以缓和营养生长；对盛果期的小年树，也要多保留花芽，以获得一定的产量；对盛果期大年树，应按花芽、叶芽比为1:3～1:2的比例，严格控制花芽留量。各骨干枝、枝组势力不均衡的可通过保留花量的不同来调整，强壮的宜多留花，弱的少留花。值得注意的是，苹果花期常遇低温、大风及晚霜危害，影响正常授粉坐果，应适当多留花芽，坐果后再疏果。

（五）花期防冻

苹果花期对低温反应特别敏感，抗冻能力极弱，当－2℃持续时间在0.5h以上时，即发生霜冻。苹果花期受冻害轻则减产，重则绝收，因此冻害成为影响苹果优质稳产的主要灾害性气候因素。

果园灌水是一种降低霜冻危害的有效办法，通过灌水不仅使土壤含水量增大，土壤的热容量和热导率也随之增大，白天温度降低，夜间温度升高，接近地面的空气冷热变化不会很明显，对气温变化有极强的调控作用。所以，低温出现之前，果园灌水可以起到预防和减缓霜冻的危害。据观测，灌水后树体温度在夜间比不灌水的高1～2℃。果树萌芽前灌水2～3次，可推迟花期2～3d；发芽后再灌水1～2次，可推迟花期3～5d。通过延迟花期可有效避免花期低温的状况。

利用植物生长调节剂推迟苹果的萌芽和开花也是有效预防花期霜冻的办法。在萌芽前喷萘乙酸钠钾盐（浓度250～500mg/kg），可推迟花期3～5d。初花期，喷施斯德考普6000倍液＋果友氨基酸600倍液＋"硕丰481"8000～10000倍液、天达2116等；花蕾期，用"云大120""爱多收"等其中一种，对果树喷雾。

熏烟也可降低果树花期受冻率，主要利用柴草和药剂释放大量的烟粒，形成烟幕，在果树的生存空间里制造一种"小温室"，阻止地面放热。对于不超过－2℃低温的轻微冻害有预防效果。经测定，熏烟处理后园内最低温度比园外高2～3℃，霜冻发生后，处理园冻花率仅11%左右，而对照园的冻花率高达60%～70%。

烟雾剂配方：将2份硝铵、7份木屑或杂草、1份柴油充分混合，用纸筒包装，外加防潮膜，每亩（667m²）堆放4～5个熏烟点，每堆用料15～20kg。熏烟时间从夜间12：00至次日凌晨5：00，温度下降到0℃开始。以暗火浓烟为宜，使烟雾弥漫整个果园。

（六）春季其他管理技术

刮除腐烂病斑及清园也是苹果园区春季必不可少的一项管理技术。对腐烂病疤、粗皮病病斑、老翘皮及时刮除后（图2-5）涂抹10度石硫合剂⊖或腐必清2～3倍液或5%菌毒清30倍液，半月后重复1次，过大的伤口用愈合剂密封伤口并用塑膜包扎密封。

萌芽前用3～5度石硫合剂或800倍农丰灵加毒死蜱1000倍液或99.1%敌死虫乳油1000倍液全园喷雾，全树呈"淋洗状"，以预防病虫害，减轻日灼。

图2-5　苹果腐烂病刮治

⊖ 本书如无特别说明，石硫合剂的浓度指波美度（°Bé）。

二、夏季管理

（一）人工辅助授粉技术

苹果在花期遇到阴雨、低温、大风及干热风等不良天气，会严重影响授粉受精。在良好的天气条件下，人工辅助授粉可以明显提高坐果率和果实品质。因此，即使有足够的授粉树，也需进行人工辅助授粉。

苹果花开放当天授粉坐果率最高，因此，要在初花期，即全树约有25%的花开放时开始授粉，授粉在9时至16时之间进行。

1. 采集花粉

选择花期相近的授粉品种，采集含苞待放的花，带回室内。采回的鲜花两花相对，互相揉搓，把花药放在光滑的纸上，去除花丝、花瓣等杂物，将花药平铺于室内阴凉、干燥处翻晾1~2d，使之散出花粉（图2-6），将花粉收集于小瓶中。

图2-6 苹果花粉阴干

2. 人工辅助授粉

授粉方法有三种。一是点授将自行车气门芯反卷成双层插在铁丝上做成点授器；将花粉1g与滑石粉5g（作填充物）拌和均匀，装在干净的小玻璃瓶中；授粉时将蘸有花粉的纸棒向初开的花心轻轻一点就行；一次蘸粉可点3~5朵花；一般每花序授1~2朵。二是花粉袋撒粉：将花粉混合50倍的滑石粉或玉米淀粉，装在两层纱布袋中，绑在长竿上，在树冠上方轻轻振动，使花粉均匀落下。三是液体授粉：将花粉研细过筛，每1kg水加花粉2g、糖50g、尿素3g、硼砂2g、配成悬浮液，用超低量喷雾器喷雾，注意悬浮液要随配随用。

3. 花期放蜂

果园花期放蜜蜂对提高苹果坐果率有明显作用，通常每公顷园放2~3箱蜂即可。放蜂期间切忌喷农药。要在开花前2~3d将蜂放入果园，使蜜蜂熟悉果园环境。

最近几年研究认为，壁蜂授粉的效率远远高于蜜蜂，苹果园用于授粉的壁蜂有角额壁蜂、凹唇壁蜂、紫壁蜂等。壁蜂放蜂时间一般在中心花开放前5d。巢箱设在果园开阔的地方，蜂箱口应避风向阳，巢管管口朝南或西最好（图2-7），蜂箱应高出地面30cm左右。苹果花前2~3d将蜂茧从冷藏库中取出，放入巢箱内，放置后第2天就开始出蜂，随即壁蜂就开始觅食传粉。在蜂箱口前1m处挖一小土坑，从放蜂第3天开始，每天早上或晚上，向坑内加1次水，为壁蜂建巢室提供湿润泥土，以确保授粉和壁蜂产卵。蜂箱固定后要采取防雨防风的措施，不要搬动蜂箱，直至授粉结束后将巢管收回，在通风阴凉的地方吊起来保存。

图2-7 苹果壁蜂授粉苇管放置

（二）疏花疏果

苹果疏花疏果可有效减少养分竞争、节省养分、利于花芽分化、提高果实品质，是实现苹果优质高产、调整苹果树体生长结果的重要措施。苹果疏花疏果的时间越早越好，因此，疏果不如疏花，疏花不如疏蕾。早疏蕾、疏花对叶片发育和叶功能的增强及花芽的分化有十分重要的作用。

在疏花疏果前首先确定合理负载量。其内容是根据果园目标产量和苹果树的具体生长状况，确定每株树的产量和留果数。生产上可采用干周法、叶果比、枝果比确立全树留果量，利用距离法具体进行调整和疏除。

1）根据树势按叶果比（40～60）：1或按枝果比（4～6）：1确定留果量，即"十枝百叶一斤果"。

2）用干周法计算苹果树的产量来确定留果标准。单株留果量＝0.2×干周²，干周指距地面30cm处的树干周长（单位为cm）。干周法简便易行，在良好的综合管理条件下，按干周法控制产量，可保证大小年幅度不超过5%。亩产2000kg的果园，每亩留果8000～10000个；根据栽植密度，每亩33～83株，单株留果90～300个比较适宜。

3）按距离法留果在生产中操作最简便，容易操作。距离法是以所留果之间的距离平均数为依据进行留果。中、小型果如国光、嘎啦等，以15～20cm留一个果；大型果如元帅、富士系等，以20～25cm留一个果。

具体的技术和方法如下：

1. 疏花序

疏花序从花蕾露红花序伸出期开始，依据花量进行。一般情况下每间隔15～20cm，选留一个粗壮花序，其他多余的花序全部疏除。疏花序时最好保留果台副梢和莲座叶，为保险可多留10%～20%花序。

2. 疏花朵

授粉条件好或花期气候好的果园，在确保花期不受低温冻害和坐果率稳定的前提下，进行以花定果。一般一个花序只保留一个中心花或一两朵边花，其余花朵全部疏去。坐果后再行定果，每个花序只留一个果。

3. 疏果定果

疏果在谢花后10d开始，分次进行，一般在15d左右完成。疏果时要根据树势、结果枝长度和叶片数量灵活掌握留果量。原则为：一般每隔一定距离留一个果台，每台只留一个中心果；疏去畸形果、小果、病虫果、边果、背上果，保留形正果、大果、健壮果、中心果、背下果；强旺树、小年树应适当多留果，弱树、大年树适当少留果。第二次疏果在苹果长到山楂大小时进行，要进行定果，这次留果要留单果。疏果后喷一遍杀菌药剂，即可进行套袋。

4. 疏花疏果注意事项

1）宜早不宜晚。疏果不如疏花，疏花不如破芽。可分三步：先疏花序，再疏花朵，然后疏果定果。

2）按树定产，按枝定量，按量留花、留果，切实按照标准规程要求严格操作。

3）操作时做到准确细致，按照先上后下、先内后外的顺序逐枝进行，注意保护周围枝叶不受损伤。

4）在授粉树不足，缺少花粉的果园应以疏果为主，疏果量比预留量多出10%～15%。

（三）夏季修剪

夏剪是冬剪和春剪的辅助措施。夏剪主要是剪除影响通风、透光的当年生枝条。目的是缓和树势，改善光照，促进生长发育，有利于花芽分化，提高果品质量。

1. 幼树夏剪

幼树夏季修剪主要是整形、开张角度。修剪手法有摘心、扭枝、拿枝、牙签开角。为了缓和树势，对春季没有抹芽的枝主枝要扭枝，尽量少剪枝，将着生在主干上 40cm 以下的枝剪掉。

2. 结果树夏剪

首先要剪除新抽生的果台副梢；对当年抽生过密枝条，留 3～4 个夏芽；对直立或斜生枝，通过扭梢、拿枝改变生长方向，如果树势较旺可以适当疏除一些枝条，中庸树要少剪枝条；剪后应喷施促控剂（适量），避免剪后重新抽生新梢（秋梢）。修剪适当，会使果树花芽饱满，提高下一年坐果率。

（四）苹果套袋

苹果套袋能提高果实表面的着色度和光洁度，防止多种果实病虫害，有效降低农药残留，从而提高苹果优质果率和经济效益，满足国内外市场对优质安全果品日益增高的要求。目前苹果套袋已成为果园常规的生产技术，具体按以下程序进行。

1. 纸袋的选择

金冠品种可选用石蜡单层纸袋或原色单层袋；元帅系品种可选用遮光单层袋；富士系品种选用质量高的内层红蜡双层纸袋，以日本"小林"苹果果袋为佳。纸袋要求规格大于 190mm×150mm，纸袋做工要精细，通气孔大小适度，内袋蜡质好且涂蜡均匀，外袋遮光性好，纸质柔软，耐雨水冲刷，扎丝牢固。

2. 套袋时间

套袋时期应根据气候条件、品种灵活掌握。套袋时间过早，果实发育差，营养吸收少，果个头小，造成早期落果和缺素（如缺钙、缺硼等），并易将小果、畸形果套入袋内；过晚，褪绿差，增加病虫防治难度。一般应在苹果谢花后 25～30d 开始套袋，金冠品种于谢花后 10～20d 内开始套袋，元帅系品种应在生理落果结束后套袋，富士品种在不影响果面光洁度的情况下，可适当晚套袋。当幼果直径达 3cm 以上时套袋为最适时期。一般上午九点以后即可套袋。

3. 套袋方法

套袋前将整捆果袋袋口朝下倒竖，放在潮湿处使果袋返潮，以便于操作。树冠套袋顺序是由上向下、由内向外，以防止人为碰掉果袋。套袋时先把手伸进袋中使全袋膨起，然后将膨胀的纸袋套在幼果上，让果柄置于纸袋口纵向开口的基部，然后折叠袋口并用捆扎丝将其扎紧，使幼果在袋内悬空，处于袋体中央，尽量让袋口朝上。

4. 套袋后的管理

套袋后施肥时间应在果树新梢大部分停长、果实进入迅速膨大期时进行，此时果树需要大量的多种养分。具体的时间大致在 6 月中下旬，此时追肥最为适宜。施肥种类以生物有机肥为主，配合使用复合肥。一般按照生物有机肥和硫酸钾复合肥 2∶1 的比例配合使用，配好后每株树施用 1.5～2kg。

三、秋季管理

（一）果实脱袋

元帅系应在果实采收前 15～20 d 摘袋，富士系一般在采收前 20～25 d 摘袋，摘袋最好在阴天或多云天进行。脱袋一般要分2次进行，双层内红袋首先要脱去外袋，3～5d后再脱去内袋；双层内黑袋要先将纸袋底部撕开，通风3～5d后再将其脱掉，如遇阴雨天，要延长通风时间1～2d。脱袋时要避开中午高温期，以防果实发生日灼。注意阴雨天不宜脱袋。除袋的同时可进行贴工艺字操作。

（二）果实增色技术

1. 摘叶

除袋后3d左右，及时摘除影响果实受光的叶片，使60%的果面得到直射光。操作时先摘黄的、薄的以及下部的小叶，后摘叶柄无红色的和处于生长状态的秋梢叶。脱袋后1周进行第2次摘叶，摘除部分中长枝下部的叶片，摘叶量不宜过大，一般控制在10%～30%范围内。

2. 转果

为了使果实充分着色，去袋后5～7d后进行转果，将果实旋转90°～180°，对于转果后易复位的果实，可用透明胶带将其固定，防止复位。为防止磨伤可在果实与枝梢接触处垫一小块袋纸。

3. 铺反光膜

为了使冠内及果实萼洼处更好的着色，提高红果率，有条件的果园果实脱袋后，可在树下铺设反光膜（图2-8）。试验研究表明，铺设反光膜的果园可使全红果率提高1倍以上。

4. 应用增色剂

目前使用的增色剂主要是以微量元素为主的肥料，如氨基酸复合微肥、光合微肥、稀土微肥。采收前30～40d喷布两次2000倍的苹果增色剂，另加300倍的磷酸二氢钾混合液，可促进果实着色。

图2-8　苹果树下铺设反光膜

5. 采后增色

对达到一定成熟度但着色差的果实，可在采后促进着色。采用增色的适宜环境条件是：10%左右的光照，10～20℃的温度，90%以上的空气相对湿度和早晚果皮着露。具体做法是：选地势高燥、宽敞平坦又背阴通风处，先在地面铺3cm厚的洁净细沙，将苹果果柄朝下，单层排好，果实间稍有空隙。天气干旱或无露水时，每天早、晚用干净喷雾器，向果面各喷一次清水，以果面布满水珠为度。太阳出来后，用草帘或牛皮纸等遮阴。3～4d果实着色后，翻动一次果实，使果柄向上。经2～3d后整个果面可全部着色。

（三）采收及采收后管理

根据果品市场需求和果实成熟度适时正确地采收，并进行商品化处理，是提高苹果品质和果园经济效益的重要环节。

1. 制订采收方案

采收方案以当年苹果市场需求为导向，以果实成熟度为主要依据，具体确定全园采收的时期、批次、技术规程以及相应的资金、人力、物资等资源的调配。

采收时期首先由市场价格决定。如对同一株树实行分期分批采收，有助于提高苹果产量，实现品质和商品的均一性，便于分级出售，提高售价。山西晋南在9月中旬红富士果面绯红色时进行采收，以水晶富士的品牌抢占国庆果品市场，效益甚好。

其次果品用途决定采收时期。用于当地鲜食销售、短期贮藏以及制果汁、果酱、果酒的苹果应在果实已表现出本品种特有的色泽和风味时采收。用于长期贮藏和罐藏加工的苹果应适当提前采收，具体采收时期应根据果皮色泽、果实生长日数及生理指标等综合因素确定。如用于长期贮藏的红富士苹果适宜采收的指标是，果实生长 175 ~ 180d，果肉硬度为 6.36 ~ 7.26kg/cm²，可溶性固形物含量 14.0% 以上，淀粉指数 1 ~ 2 级，果面由绿变为淡红、深红。

采收技术规程可根据苹果质量标准，果树生长情况及果园技术管理条件确定。

2. 采前准备

采收前应在考察市场、建立销售网络的基础上，掌握市场最新信息，随时与客户保持联系。准备好采收工具、包装用品、分级包装场所及果场果库。集中培训采收人员，掌握操作规范，以减少采收损失，提高劳动效率。

3. 采收方法

分批采收时，第一批先采树冠上部和外围着色好、果个大的果实。5 ~ 7d 后同样采着色好的果实，再过 5 ~ 7d 采收其余部分。同一株树上，按先外后内、由近及远的顺序进行采收。

4. 采后处理

果实采收后，应进行清洗、分级、打蜡、包装等商品化处理，以实现产后增值。用于中长期贮藏的苹果可在出库上市前再进行上述处理。

清洗是对未套袋果实用清水洗涤果面，以去除污物、霉菌、农药等。清水未能洗净的果实可用 0.1% 的盐酸溶液洗果 1min 左右，再用 0.1% 的磷酸钠溶液中和果面的酸，后用清水漂洗。

分级可按《鲜苹果》（GB/T 10651—2008）中的外观等级标准，采用人工或机械方法进行。

打蜡是在果面上涂一层半透性薄膜——果蜡。果蜡为可食性液体保鲜剂，具有保护果面、抑制呼吸、延迟和防止皱皮、抵御病菌侵染的作用。常用的有石蜡类、天然涂被膜剂和合成涂料。数量较少时，可采用人工涂蜡法，即将果实浸蘸到配好的涂料中，取出即可，或用软刷蘸取涂料均匀刷涂于果面上。苹果数量较大时，宜采用涂蜡分级机进行，可同时完成清洗、分级、打蜡三项工作。

苹果包装是采后商品化处理不可缺少的重要环节，其目的是在贮藏、运输和销售中保护果实，增加果品观赏性，提高售价。销售包装包括普通包装和装潢包装两种，目前以前者为主。

（四）秋季修剪

苹果秋季修剪，对缓和树体生长势、促进成花、提高幼树的抗寒越冬能力等具有重要的作用，一般 8 ~ 9 月份进行。一般在 8 月中、下旬，对树体外围旺、密的新梢及背上多余的密生枝、徒长枝、直立枝及重叠枝、内向枝、竞争枝、病虫枝等进行剪除，以改善光照，促进花芽发育和枝条成熟。由于秋季修剪伤口易愈合，因此采收后对过高、过粗、过长的大枝进行疏缩。

对于整形阶段的苹果幼树，秋季通过拉枝（图 2-9）改变枝条角度和方位，调整树体生长势，能培养良好的树体结构，以达到早结果、早丰产、稳产优质的栽培目的。

（五）秋施基肥

秋天是苹果园施基肥的最佳时期。早秋 8～10 月气温适宜，光照充足，土壤墒情好，果树根系生长处于第 3 次高峰，对土壤养分的需求量大。此时施基肥正好可以满足果树根系对养分的大量需求，因施肥造成的断根容易愈合和产生新根，能更好地吸收土壤养分。另一方面，适宜的土壤温度能活跃微生物，加速有机肥料的分解，利于根系对养分的吸收转化利用。

图 2-9　苹果幼树秋季拉枝

1. 基肥的种类

基肥应以农家肥为主，如人粪尿、家畜禽粪便、绿肥和秸秆等。因有机肥分解慢，肥效长，要结合施入磷钾肥。有机肥充分腐熟后再施入果园，则可进一步加快分解，促进吸收，发挥肥效。否则容易造成烧根，削弱树势。施肥量通俗说来是"斤果斤肥"或"一斤果两斤肥"。幼树氮磷钾可按 1∶2∶1 的比例，结果树可按 2∶1∶2 的比例。在基肥中，以氮肥占全年氮肥用量的 40%、磷占全年磷用量的 60%、钾占全年钾用量的 30% 为宜，适量补充中微量元素肥料。

2. 施肥方法

果树的吸收根 90% 以上分布在根系的末端，树冠投影处。秋施基肥的区域应在吸收根系集中区。一般是幼树在树冠投影的边缘，大树在树冠投影边缘内侧，距树干 50cm 以外。施肥深度以 20～40cm 为宜，过浅易引起根系上浮，不利于果树抗旱抗寒。50cm 以下土层中根系分布很少，土壤环境也差，肥料利用率也很低，所以秋施基肥不宜过深。

施基肥方法有环状沟施肥、放射沟施肥、条状沟施肥、穴施、全园撒施等。环状沟施肥法即在树冠外围投影处挖环状沟施肥，这样伤根量少，逐年向外更换位置。环状沟施肥法主要用于幼龄果园施肥。放射沟施肥时，是在距树干 1m 以外挖 5～8 条放射沟，沟宽 20～30cm、深 15～30cm，内窄外宽，内浅外深，逐年更换位置。放射沟施肥法适宜于稀植大树。条状沟施肥是在行间开沟，条沟宽 30cm，深 25～30cm，次年施肥时改在株间开沟。穴施是在树冠半径 3/4 处挖 8～10 个穴，穴直径 30cm 左右，将肥料施入，与土拌匀。穴施法多用于密植园。最简单的方法是全园撒施，把肥料均匀地撒在地上，然后翻入土中。全园撒施法成龄果园或密植园常用。究竟采用何种方法施基肥，应以果园具体情况而定，要注意隔年更换施肥位置，施肥后要浇足水。

四、冬季树干涂白防寒

果树冬季防寒的方法有果园灌封冻水、根颈培土、绑草把、树干涂白（图 2-10）等。

苹果树落叶后，土壤结冻前灌一次透水，灌水会直接给土壤带来热量，提高土壤温湿度，防止果树根系受冻，还可防止果树抽条。

苹果幼树根茎部是对冻害最敏感的部位，入冬前

图 2-10　苹果冬季涂白

用草把、废旧报纸、稻草绳将苹果树干包裹，然后用干燥疏松土壤将果树根颈部培盖约30cm厚，可有效保护果树，防止受冻。

苹果树干冬季涂白，可以增加树体反射直射光的能力，减少树干对热量的吸收，缩小温差，降低树干温度，使树体免受冻害，防止日灼和冻害的发生，并兼有消灭越冬虫卵和病原菌的作用。涂白剂的配方：水10份、生石灰3份、石硫合剂原液0.5份、食盐0.5份、油脂（动、植物油）少许（图2-11）。配制时，先化开石灰，把油脂倒入后充分搅拌，再加水拌成石灰乳，然后放入石硫合剂及盐水。

进行涂白时要注意将涂白剂充分搅拌，以利刷匀。如发现树干上已有害虫蛀孔，要用棉花浸药（内吸性农药如氧化乐果等）把蛀孔堵住后再进行涂白处理。涂白高度以离地1.2m为宜。涂抹要均匀，确保涂白剂与树干充分黏合。

图2-11　涂白材料与工具

任务实施

情景一　苹果休眠期修剪

1. 布置家庭作业，学生提前查阅下列问题：

（1）苹果（梨）常用树形及树体结构。

（2）休眠期修剪的意义、原则和依据。

（3）苹果（梨）的枝芽特性、丰产树形的特点。

（4）怎样做苹果（梨）的休眠期修剪？

（5）休眠期修剪的注意事项。

2. 教师播放光盘，安排小组讨论，要求学生提炼总结研讨内容，填写学习情境报告单。

3. 教师指导确定实施方案，填写实施计划，成果展示，完善实施计划，准备材料与用具。

4. 学生田间实施任务，教师进行过程评价。

情景二　苹果刻芽

情景三　苹果夏季修剪

情景四　苹果疏果

情景五　苹果套袋

情景六　苹果采收

情景七　苹果秋季修剪

情境八　苹果冬季防寒

其他情境操作均按照"资讯→计划→决策→实施→检查→评价"等工作过程进行设计实施。

复习思考题

1. 苹果常用树形有哪些？

2. 盛果期苹果树修剪要点有哪些？

3. 简述苹果幼树春季刻芽时期及主要方法。

4. 苹果夏季修剪的主要手法有哪些？

5. 苹果疏花疏果时期及操作要点有哪些？

6. 苹果套袋时期及方法有哪些？

7. 请简单介绍苹果增色常采用的措施。

8. 苹果冬季防寒有哪些措施？

任务 2 桃栽培管理

一、春季管理

（一）解除防寒

桃幼树冬季一般采用绑草把与根颈处培土相结合的措施进行冬季防寒（图2-12）。早春气温回升时，如果防寒土层内温度高于 10℃，则应及时为桃树解除防寒。第一次扒土一半，第二次全部扒除。用稻草、薄膜等覆盖幼树的，应将草把就地焚烧或将其带出园外。

图2-12 桃幼树绑草把防寒

（二）休眠期修剪

1. 桃主要树形

（1）自然开心形　主干高30~50cm，在主干顶端分生邻近或错落排列 3 个主枝，主枝与垂直方向的夹角为45°~60°。各主枝直线延伸，每个主枝两侧配置两三个侧枝，侧枝的分生角度是60°~70°，第一侧枝距主干60cm，各侧枝之间距离40~50cm。全树有 6~9 个侧枝，在主侧枝上着生大、中、小型结果枝组。这种树形主枝少，侧枝强，骨干枝之间间距大，光照好，枝组寿命长，成形快，修剪量轻，结果早，丰产。

（2）二主枝自然开心形　又称为"Y"形，适用于宽行密株的果园，一般株行距为 $(1~2)m×(4~5)m$，每亩栽 111~166 株。该树形干高 40~60cm，两主枝基本对生，夹角为80°~90°，即主枝开张角度45°左右，向行间延伸，每个主枝上培养 2~3 个侧枝，侧枝间距50~60cm。这种树形成形快，光照好，结果早，产量高，品质好。

（3）主干形　树体结构只有中央领导干，干上着生发芽枝，轮生在主干之上。无结果枝组，无主侧枝之分。种植密度为株距1.0m，行距2.5m，亩栽267 株。干高 50~60cm，树高2.3~2.5m，冠径1.0~1.5m。在中央领导干上，四周均匀分布20~30 个侧分枝，分枝角度为80°~90°。

2. 原则和依据

修剪原则：①因树修剪，随枝作形；②统筹兼顾，长远规划；③（整体平衡，局部协调）轻剪为主，轻重结合；④均衡树势，主从分明。

与修剪有关桃的生物学特性：①生长旺盛。②喜光性强，干性弱。③萌芽率高，成枝力强。④芽具有早熟性，成花易。⑤潜伏芽少，寿命短。

3. 修剪时期与修剪手法

桃休眠期修剪时期为最冷月过后至萌芽前。修剪手法采用短截、疏枝、回缩、缓放。

4. 桃修剪

下面以桃主干形树形为例介绍桃修剪技术。

（1）幼树整形技术　幼龄阶段一般为1~2年。主要栽培任务是促进芽体萌发和中心干生长。

1）栽培管理措施：除萌蘖、抹副梢。一年生桃苗春季定植后，随时抹去萌蘖，以集中养分，供接芽萌发生长。当接芽萌发长到30~50cm时，苗木开始萌发副梢，应及时抹去中心干上距地面50cm以下的副梢，50cm以上的副梢不抹去，培养成来年的结果枝。

2）拿枝软化，控制新梢生长。副梢长到40~50cm时，要对其拿枝软化，使之呈水平或略微下垂。

3）冬季修剪。冬季修剪时应去旺留壮，去直留斜。疏除基部粗度超过中心干粗度1/3的枝，保留大多为中庸偏壮的斜生枝，长度为30~50cm，粗度为0.5~0.6cm，并且都进行长放。中心干延长枝缓放不短截，其顶部50cm范围内不留副梢，在其基部留副芽短截，为下一年培养良好的结果枝打好基础。

（2）盛果期管理技术　定植后第三年，进入盛果期。此时期主要管理目标是：保持中心干强壮的优势；平衡中心干与侧生枝、树冠上部与下部的树势。

调整中心干与侧生枝、树冠上下部的平衡。只有保证中心干的绝对优势，树体才能负载起较大的产量。控制侧生枝的粗度与着生部位中心干的粗度比为1/7~1/5。盛果期后期，树冠容易出现"上强下弱"的现象，对此可在中心干强弱交界处进行环割，促进上部多结果，以果压势，削弱上部树势；也可在主干上距地面40cm内，在西南方向留一个牵制枝，其粗度为主干的1/5~1/3，上面着生10~15个侧生分枝，这有助于控制树冠上强现象和稳定树势。

（三）春季修剪

桃树修剪根据时期不同可分为休眠期修剪和生长季修剪，休眠期修剪即落叶后到发芽前完成，最适宜的时期是立春后进行，发芽前结束。生长期修剪是在果树生长期进行的修剪。桃树有早熟芽，易发生副梢，如不及时修剪，导致树冠内枝量过大，郁闭，不通风透光。因此，在除了进行冬季修剪外，应强调在生长期进行多次修剪，及时剪除过密、旺长枝条。

桃树春季修剪的目的是缓和树势，改善光照、节约养分。其主要修剪手法有以下几种。

1. 除萌、抹芽

在叶簇期（3~5cm）将主枝、侧枝背上部，主干上及大剪口附近发出的强旺枝（图2-13）、延长枝上剪口芽的竞争芽全部抹除。去双芽留单芽，去干橛、病虫枝、废芽及缩减未坐果的长果枝等。对砧木发出的萌蘖应尽早剪除。通过除萌抹芽，可以减少无用的新梢，集中养分，使留下的枝条发育充实，花芽和叶芽饱满。抹芽、除萌可以改善树冠光照条件，大大减少夏季修剪工作量和因夏季修剪树枝造成的伤口。

图2-13　桃树剪锯口处萌发芽

2. 疏梢

疏梢在叶簇期进行。除去过密的、无用的、内膛徒长的、剪口下竞争的新梢，选留、调整骨干枝延长梢；对冬剪时长留的结果枝，前部未结果的缩剪到有果部位；未坐果的果枝疏除。

二、夏季管理

（一）夏季修剪

桃树夏季修剪的意义是控制枝条加长生长，促使枝条下部形成充实饱满的花芽，延缓结果部位上移。主要修剪手法有以下几种：

1. 摘心

摘心（图2-14）可以控制结果部位上移，提高花芽的饱满度，小树利用摘心可以提早成形。摘心一般进行三次，即5月中旬至6月上旬对旺梢摘心，6月下旬至7月上旬对未停长的旺梢继续摘心，8月下旬至9月上旬剪去主、副梢顶端的嫩尖，使枝条发育充实，提高其成熟度。

图2-14　桃树新梢摘心

2. 扭梢

桃树扭梢多用于改造徒长枝为结果枝，同时能改善树体的光照条件。扭梢时期以新梢长到30cm左右尚未木质化时为宜，扭梢部位以距枝梢基部5~10cm处为宜。凡在主枝延长枝上的过旺新梢和树冠上部抽出的旺梢以及冬季短截后剪口旁抽生的强梢等，都要进行扭梢。扭梢是把直立的徒长枝扭转180°，使向上生长的徒长枝扭转为向下生长。

3. 疏枝

疏枝可以改善冠内光照条件。桃树是喜光作物，尤其在花芽分化期需要充足的光照。疏枝包括新梢和多次梢，疏除的对象包括竞争枝、纤弱枝、下垂枝、徒长枝、密生枝。

4. 短截

新梢短截一般在5月下旬至6月上旬。短截过晚抽出的新梢形成的花芽不饱满。短截新梢长度以留基部3~5个芽为好。8月以后，对摘心后形成的顶生丛状副梢，留下基部的一两个，把上部的副梢"挖心"剪掉。

5. 拉枝

拉枝是缓和树势、提早结果、防止枝干下部光秃的关键措施。拉枝一般在5~6月进行，这时枝干较软，容易拉开定形。桃树拉枝方法可因地制宜，采用撑、拉、吊、别等方法。拉枝的角度，一般控制在80°左右，但不宜拉至水平或下垂。

（二）疏果

桃幼果从受精坐果后到子房迅速膨大，经3~4周完成第一生长发育，到硬核期发育结束。同时，叶芽萌发、展叶，经过1周的缓慢生长（叶簇期）后，新梢进入迅速生长期。这期间幼果发育与新梢生长在营养竞争上矛盾较大。疏果目的是调节树体营养分配，控制桃园产量，保证幼果发育。

疏果前先根据树龄、树势和品种特点确定当年留果量。一般通过整形修剪、疏花疏果等措施，将每亩产量控制在 1250～2500kg，然后将产量分解到每株树上，再根据该品种的果形大小确定出单株留果数，最后将留果数分解到各主枝和结果枝上。

疏果分两次进行。第一次疏果在落花后 2 周左右进行，第二次疏果（定果）在落花后 4～6 周（硬核期前）结束。不同类型结果枝留果参考标准见表2-2。

表2-2　不同类型结果枝留果参考标准　　　　　　　　　　　（单位：个）

果枝类型	大型果	中型果	小型果
长果枝	1～3	2～4	3～4
中果枝	1～2	1～3	2～3
短果枝	1	1	1～2
花束状果枝	不留果	2～3 个枝留 1 果	1～2 个枝留 1 果

疏果时还应考虑结果部位和生长势，一般树冠外围及上部多留果，内膛及下部少留果。树势强的多留果，树势弱的少留果；壮枝多留果，弱枝少留果。留果量也可根据叶果比来确定，30～50 片叶可留 1 个果。也可根据果间距进行留果，小型果 5～7cm 留 1 个果，大型果 8～12cm 留 1 个果。

疏果时，先疏除萎黄果、畸形果、并生果、病虫果，再去密果、果枝基部果和朝天果。选留部位以果枝两侧、向下生长的果为好。长枝留中、上部果，中、短枝以尖端坐果较好（图 2-15）。

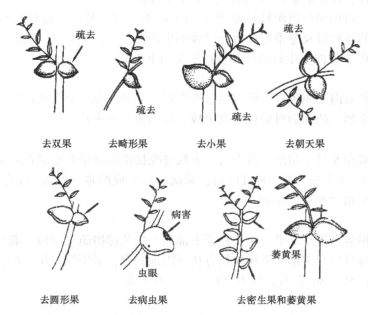

去双果　　　去畸形果　　　去小果　　　去朝天果

去圆形果　　　去病虫果　　　去密生果和萎黄果

图 2-15　疏除果类型

（三）桃果套袋

桃果套袋可以防止病菌感染、侵害果实；防止昆虫、鸟类、果蝇等危害果实；防止空气中有害物质及酸雨污染果实；防止强光照紫外线烧伤果实表皮；减少果实与其他物体相互摩擦以防损伤果面；减少喷洒农药次数，避免药物与果实接触，降低农药残留，生产无公害果品；为生育期的果实营造优良环境，改善着色，提高果面的光洁度；增加水果产量，并改善果实的品质，从而提高经济效益，增加果农收入。

1. 果袋选择及使用方法

果袋类型主要有塑料袋和纸袋，纸袋又分单层和双层，颜色有浅色和深色（图2-16）两种。桃果套袋应选用避光、疏水、上口有绑丝、下有透气孔、双层透气性好的专用纸袋，规格为180mm×155mm。

桃盛花后30d内要进行疏果，在第二次生理落果（硬核期）即谢花后50～55d进行套袋。套袋时间以晴天9～11时和15～18时为宜。套袋前2～3d全园要喷施1次杀虫菌剂，可喷50%混灭威乳剂800倍液，或10%吡虫啉5000倍液，或20%灭扫利2500倍液。

图2-16　桃果实套袋

套袋前将袋口朝下竖放在潮湿的地面上，或在袋口处喷些水，使之柔韧以便使用。套袋时，先撑开纸袋并使其膨起，果袋两底角的通气放水孔张开。果实套入后，果柄或母枝对准袋口中央缝，从中间向两侧依次按"折扇"方式折叠袋口，然后用铁丝扎紧袋口。套袋顺序应先上后下、先里后外。

果实在采收前20～25d除去外层袋，采前7～10d全部去除，当果袋内果实开始由绿转白时，就是摘袋最佳时期，摘袋过早或过晚都达不到预期效果。过早去袋的果实与不套袋的无差别；摘袋过晚，果面着色浅，贮藏易褪色，影响销售。摘除果袋时先摘上部外围果，后摘下部内膛果。

2. 注意事项

套袋前需注意：影响套袋的叶片全部摘掉，不可把叶片套入袋内；桃套袋后果实的可溶性固形物一般会降低，应注意多施农家肥，控制浇水，适时采收。采收前注意喷药安全间隔期。

（四）土肥水管理技术

适时中耕除草，保持树盘内清洁无杂草。花后追施壮果肥，可提高坐果率，保证幼果生长、新梢生长和根系生长对营养的需要。一般在谢花后1周施入，以速效氮肥为主，施肥后灌水。

进入硬核期以后应浅耕（约5cm），注意尽量少伤新根。雨季前将草除尽，雨季只除草，不松土。在硬核期进行一次追肥，对提高坐果、保证果实发育和花芽分化作用明显。这次追肥应氮磷钾配合施用，以磷钾肥为主。这期间可喷0.3%尿素和0.2%磷酸二氢钾2～3次。出现缺素症状时，及时补充喷施相应的微量元素。如缺铁可喷施1000～1500mg/kg的硝基黄腐酸铁，每隔7～10d喷1次，接连喷3次。出现缺镁症状可喷施0.2%～0.3%的硫酸镁，效果较好。在进入雨季后应注意桃园排水。

三、秋季管理

（一）桃采收及采后处理

桃果实的风味、品质和色泽主要是果实在树上经过生长发育而形成的，采收后的果实几乎不会因后熟而增加。果实采摘过早时品质差、产量低；采收过晚时机械损伤重、落果多、糖分低、风味差且不耐贮运。因此，桃果的采收要科学合理适时，其采收遵循原则如下：

1. 品种特性及用途

根据桃树品种的特性、用途不同（生食或加工）、距离市场远近（销售）等情况及时地采摘果实。若是在当地市场鲜果销售，应在果实八至九分成熟期采收；在异地鲜果销售（远途运输），应在果实七至八分成熟时采收；若是加工用桃，应在果实绿色褪尽八至九分成熟时采收（此期采收加工的成品口味好），但是若用溶质品种，宜在七至八分成熟时采收（可减少加工或处理的损耗）。

2. 成熟期

桃果实成熟期分七分熟、八分熟、九分熟、十分熟 4 个时期。当果实底色发绿，果实充分发育，果面基本平展无坑洼，中晚熟品种在缝合线附近有少量坑洼痕迹，果面毛茸较厚时，称为七分熟期；当果面丰满，毛茸减少，果肉稍硬，有色品种阳面有少量着色时，称为八分熟期；当果实绿色开始减退，阴面或局部仍有淡绿色，毛茸少，果肉稍有弹性，芳香，有色品种大部分着色，且表现出该品种风味特性时，称为九分熟期；当果实毛茸易脱落，无残留绿色，溶质品种桃柔软多汁，皮易剥离时，称为十分熟期。

3. 采收方法

桃果柔软多汁，采收必须极其仔细。采收时要分品种根据不同的成熟度要求，分批采收。采果时由树下而树上，由外而里逐枝进行，防止漏采。采果人员修短手指甲，轻拿轻放。

4. 分级

鲜桃果实质量标准主要以果实大小、着色度为主要指标进行分级，基本要求是不允许有碰、压伤、磨伤、日灼、果锈和裂果。根据果实大小分级标准见表 2-3。

表 2-3　鲜桃果实质量标准中依据果实大小分级标准（河北省）

品 种 类 型	果 实 类 型	特等/g	一级/g	二级/g
普通桃	大果型	≥300	≥250	≥200
	中果型	≥250	≥200	≥150
	小果型	≥150	≥120	≥120
油桃和蟠桃	大果型	≥200	≥150	≥120
	中果型	≥150	≥120	≥100
	小果型	≥120	≥100	≥90

5. 包装

就地近销包装多用塑料周转筐，盛果筐要用有弹性的麻布或蒲包衬垫，防止刺伤果实。容器不宜过大，每筐以装 30kg 为宜，码放果实要紧凑，不留空间，以防在运输中摇晃滚动。同时，采下的果实不能在阳光下暴晒，应在阴凉处贮放。出口包装要用纸箱或木箱，上下用瓦楞纸等衬垫。

（二）桃秋季修剪

桃树采果以后，继续加强生长后期修剪。通过修剪，可以有效改善树冠的通风透光条件；减轻病虫危害；可调理树体的营养分配与利用，减少养分的无效消耗；有利于营养积累和贮藏，也可促使枝条生长充实，促进花芽分化，形成充实饱满花芽。

修剪时间一般在9月上、中旬。修剪主要手法为短截、疏枝和回缩。

1. 短截

对没有停止生长的新梢进行摘心或剪梢，促进下部枝梢成熟。

2. 疏枝

对没有控制住的旺枝可从基部疏除。新长出的二、三次枝可从基部疏除。疏除过密枝、细弱枝、下垂枝、病虫害枝及树冠上部的无利用价值的直立枝，对于部分趋向衰弱的老枝组，适当疏剪纤细枝，减少消耗营养，改善树冠光照和通风状况。

3. 回缩

适当回缩重叠枝、交叉枝及一些衰老的结果枝组。

四、冬季管理

桃树幼树树体防寒一般在果树落叶后，土壤封冻前进行。可用稻草、废农膜、草绳等物，把树干、大枝丫杈处包严，重点是树干的南面和大枝丫杈处，包扎后在主干基部培一个小土堆，高40～50cm，以保护根颈，加固包扎物。

任务实施

情景一　桃解除防寒草把

1. 布置家庭作业，学生提前查阅下列问题：

（1）桃生物学特性、当地的气候条件。

（2）解除防寒草把的时期。

（3）解除防寒的方法。

（4）解除防寒草把的注意事项。

2. 学生利用知识平台，小组讨论，要求学生提炼总结研讨内容，填写学习情境报告单，教师总体调控。

3. 教师指导确定实施方案，填写实施计划单，成果展示，完善实施计划，准备材料与用具。

4. 学生田间实施任务，教师进行过程评价。

情景二　桃休眠期修剪

情景三　桃春季修剪

情景四　桃夏季修剪

情景五　桃疏果

情景六　桃套袋

情景七　桃采收

情景八　桃秋季修剪

情景九　桃防寒

其他情境操作均按照"资讯→计划→决策→实施→检查→评价"等工作过程进行设计实施。

复习思考题

1. 目前桃树主要树形有哪些？
2. 以目前密植桃园采用的主干形为例，介绍其整形修剪。
3. 桃疏果技术要点有哪些？
4. 简述桃果实套袋时期与方法。
5. 以绑草把和根颈处培土为例，介绍桃幼树防寒技术要点。

任务3　葡萄栽培管理

知识平台

一、春季管理

（一）出土上架

我国北方大部分地区葡萄越冬要进行埋土防寒，要求春季适时出土。

1. 葡萄出土的时间

一般气温稳定在10℃以上、冬芽开始萌动前进行出土。葡萄出土过早，容易遭受晚霜危害和枝条失水；出土过晚，埋在地下的枝条芽体膨大，出土上架极易碰伤萌发芽。

2. 葡萄出土步骤

先用铁锹或镐锄将防寒土堆两侧的土去掉一部分，再用钉钯、四齿类工具小心地将其余防寒土除去（图2-17）。我国辽宁地区防寒物一般是两层草苫上面覆盖一层无纺布，然后上面覆土。这样去除防寒土后，将无纺布上面碎土处理干净后卷起，留待秋后再用。草苫（图2-18）拉至葡萄行间进行晾晒，然后堆起后覆盖防雨塑料布。比较大型的主架葡萄园，为了提高出土效率，可利用拖拉机牵引犁铧去除防寒土堆两侧的土，然后再用人工将葡萄扒出。

图2-17　葡萄春季除防寒土

图2-18　葡萄撤除覆盖草苫

3. 葡萄上架及喷施清园剂

使枝蔓在架面上均匀分布，将各主蔓尽量按原来的生长方向绑缚于架上，保持各枝蔓间距离大致相等（图2-19）。棚架上各龙干间距50～60cm，尽量平行向前延伸。通常采用"8"字形引缚，使枝条不直接紧靠铅丝（镀锌钢丝），又有增粗的余地。立架上枝蔓呈扇形分布，较短的主蔓在中间，较长的主蔓分布两侧，双壁立架上两壁的枝蔓数应大致相同，主蔓上之侧蔓以及结果母枝，皆力求在架面上均匀分布，应避免枝蔓的交叉、重叠、密挤。上架后用3～5°Bé的石硫合剂，全园喷洒，不放过任何一处角落，包括树干、枝杈、立柱、架丝、地面等，以降低发芽后的病虫指数。

图2-19 葡萄上架

（二）整地施肥

平整园地，对于埋土防寒后撤下的防寒土进行整平，结合整个园地进行畦埂修整。对于未秋施基肥的果园，进行春施肥。要根据上年的产量来施，做到"斤果斤肥"。一般施入45%的硫酸钾型复合肥50～80kg/亩加10kg/亩益生元，加3000～5000kg/亩腐熟有机肥（鸡粪、猪粪等圈肥）。在离树干50cm处开30cm深的沟，然后浇1次透水。如果上年已经秋施基肥的果树，只需施尿素，15kg/亩，结合灌水施入即可。

（三）春季修剪

春季修剪主要是抹芽、定枝、疏花序。

葡萄早春萌发的芽眼较多，如不及时进行处理，将产生大量新梢，导致架面郁闭，不利于坐果，直接影响葡萄的产量及品质。

葡萄抹芽时期在萌芽后至展叶初期，当芽长到1～2cm时开始，一般进行两次。第一次抹芽将主蔓基部40～50cm以下无用的芽全部抹去，结果母枝上发育的基芽和双芽（图2-20），三生芽中的弱芽及早抹去，保留粗大芽，第二次抹芽在芽长出2cm左右，能够看清有无花序时进行；将无生长空间的瘦芽和结果母枝前端无花序及基部位置不当

图2-20 抹除双生芽

的瘦弱芽抹去，保留前端有花序的芽作为结果枝及基部位置较好的芽作预备枝或营养枝。

当新梢长到15～20cm时进行定梢。疏枝时，首先疏除过密和过弱的新梢，在新梢生长势相近时，疏密不疏稀，疏前不疏后。新梢长到20cm以上时开始疏花序定果，即按负载量要求疏花序（图2-21），一般壮枝留1～2个花序，中庸枝留1个花序，延长枝及细弱枝不留花序。定梢定果后及时引绑固定，防止风折。

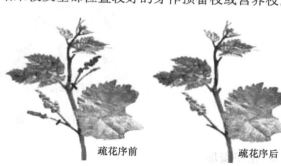

疏花序前　疏花序后

图2-21 疏花序

二、夏季管理

（一）夏季修剪

1. 摘心

摘心又称为打头、打顶、掐尖、打尖等，是把生长的新梢嫩尖连同数片幼叶一起摘除的一项作业。即摘去新梢尖端的幼嫩部分，目的是在新梢与果穗争夺养分时，使养分多向果穗供应，以防止落花。新梢的摘心一般在花前一周至始花期进行。对于落花落果严重、坐果率低的品种实行早摘心少留叶，这对于提高坐果率的效果非常明显，如玫瑰香、巨峰系品种等，一般在开花前 4～7d 开始至初花期进行摘心。摘心的程度，常以花序以上保留的叶片数为标准，一般在花序以上保留 3～5 片叶（图 2-22）。对于坐果率高的品种如无核白鸡心、红地球、瑞必尔、黑大粒、藤稔、金星无核等品种实行晚摘心多留叶，一般在开花后即落果期进行，在花序以上保

结果枝摘心　　　营养枝摘心

图 2-22　摘心

留 5～7 片叶。此外结果枝摘心还要考虑枝条的生长势，结果枝生长势强时多留叶，反之则少留叶。营养枝摘心程度根据不同地区生长期的长短而不同，此外，营养枝摘心还要考虑品种特点、架面空间大小、新梢密度等因素。

2. 副梢处理

葡萄夏芽萌发后形成副梢，在结果期副梢生长对树体营养消耗较大，需要处理副梢。结果枝上的副梢只保留顶端 1～2 个，其余的全部从茎部抹除。留下的副梢也只留 3～4 片叶子摘心，以后再萌发的均照此处理。幼树及营养枝或延长枝上的副梢，一般都留 1～2 片叶子摘心。如在夏秋季影响通风透光时，可酌情疏掉部分副梢。

3. 摘心去卷须

开花前 3～5d 开始摘心，结果枝在花序上留 4～8 片叶摘心。并进行副梢摘心，同时要及时摘除卷须（图 2-23）。

图 2-23　葡萄去卷须

4. 花序整形

花序整形是掐穗尖和疏副穗，可在花前 5～7d 与疏花序同时进行，对花序较大和较长的品种，要掐去花序全长的 1/5～1/4，过长的分枝也要将尖端掐去一部分。对果穗较大、副

穗明显的品种，应将过大的副穗剪去，并将穗轴基部的 1~2 个分枝剪去（图2-24）。通过掐穗尖和疏副穗可将分化不良的穗尖和副穗去掉，营养集中，坐果率提高，使果穗紧凑，果粒大小均匀，穗形较整齐一致。

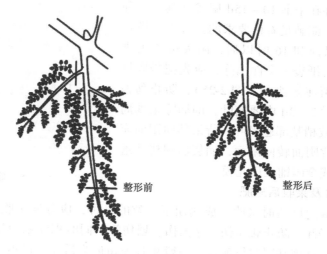

图 2-24　花序整形

（二）花果管理

葡萄花期的长短通常与气候和品种有关，天气晴朗时花期多为 6~7d，气温越高花期越短。开花期如阴雨不断则花期延长，而且正常的授粉也会受到严重影响。通过花期放蜂、花期喷施钙、硼等方式，可以有效提高坐果率。

葡萄坐果后，在疏花序的基础上补充疏果穗。对留下的果穗，先抖动果穗以震落发育不良的果粒，将果穗摆顺。

花后 20d 疏果粒。通过疏粒使果穗大小符合标准、穗重均衡、果粒匀整，提高商品性能。标准穗重因品种而异，小粒果、着生紧密的果穗，以 200~250g 为标准；中粒果、松紧适中的果穗，以 250~350g 为标准；大粒果、着生稍松散的果穗，以 350~450g 为标准。如对龙眼、玫瑰香、牛奶等品种，大型穗可留 90~100 粒果，穗重约 500~600g；中型穗可留 60~80 粒，穗重约 400~500g。巨峰每穗可留 30~50 粒，穗重约 350~500g；藤稔等可控制在每穗 25~30 粒，穗重约 400~500g。

葡萄疏粒后进行套袋，套袋前全园喷施一次 1000 倍 50% 多菌灵或 800 倍 70% 甲基托布津。然后选用优质双层纸袋或单层纸袋进行套袋。

（三）肥水管理

花后 4~8d 追施壮果肥，每公顷施饼肥 1000~1500kg，尿素 220kg，钾肥 150kg，硫酸钾复合肥 370kg 效果较好。尿素的最佳施肥期应在花后 4~6d，施肥后灌水。果粒开始膨大后，每 10d 喷一次 3%~5% 的草木灰和 0.5%~2% 的磷肥浸出液，或 0.1%~0.3% 尿素，或喷施 0.2%~0.3% 的磷酸二氢钾，连续喷施 3~4 次，对提高果实品质有明显作用。果实发育前期，喷过磷酸钙浸出液和尿素；果实发育中后期（重点在果实着色期）喷磷酸二氢钾，还可喷钙、锰、锌等微肥。

三、秋季管理

（一）果实增色

紫红色葡萄品种在采前 10 ~ 15d 摘袋（其他品种以及纸袋透光度高，能满足着色要求的，可不摘袋）。时间在晴天 10 时以前和 16 时以后，阴天可全天进行。摘袋时，不要将纸袋一次性摘除，应先把袋底打开，使果袋上部仍留在果穗上（图 2-25），防止鸟害及日灼。摘袋前、后 2 ~ 3d 内要摘叶，即摘除果穗周围 5 ~ 10cm 范围内枝梢基部遮光叶。待果穗向阳面充分着色后，将果穗背阴面转向阳面，摘袋后视树体透光情况可在树冠下或全园铺设反光膜。

图 2-25 葡萄摘袋初期

（二）果实采收及采收后施肥

采收根据果实成熟度适时采收，成熟期不一致的品种，应分期采收。采收时轻摘、轻拿、轻放、轻装、轻卸，防止碰压伤、摩擦伤、划伤等，同时剔除病虫果、伤果等残次果。采收后应该施基肥。秋施基肥愈早愈好，一般 9 月中旬最为适宜，最迟不过 11 中旬。所施的氮、磷、钾三要素配合，施入腐熟猪、牛、羊栏有机肥及三元复合肥。

四、冬季管理

（一）冬季修剪

葡萄冬季修剪可以使幼树扩大树冠，建造树形。盛果期树通过修剪调整枝蔓分布和枝条密度，维持良好树体骨架，确保有足够的结果空间、通风透光和树势健壮，达到丰产、稳产、优质高效的目的。

葡萄冬季修剪一般在 11 月下旬至第二年 1 月下旬之间进行，修剪过早，影响树体营养积累，而修剪过晚，则会因为春季伤流过重而削弱树势，造成减产。冬季修剪通常采用短截、疏剪和回缩等手法。北方需要下架的葡萄产区，冬季修剪一般在葡萄落叶后和埋土下架以前进行。修剪顺序为先剪延长头后侧枝，先枝组后单枝，先长枝后弱枝，认准花芽保产量。

下面介绍葡萄冬季修剪的主要内容：

1. 延长头的修剪

短截是葡萄修剪中常用的方法之一。短截一条枝蔓，产生局部反应，全株短截，整株产生反应。葡萄枝蔓短截后，对剩下部分有局部刺激作用，可以促进剪口下侧芽的萌发。按留芽的多少，分为长梢（8 ~ 11 芽）、中梢（4 ~ 7 芽）、短梢（2 ~ 3 芽）、超短梢（1 芽）、极长梢（12 芽以上）以及长、中、短梢结合修剪等方法。一般延长头从基部起留 5 ~ 7 个饱满芽中梢修剪。

2. 结果母枝及枝组的修剪

短梢修剪，结果单位只有一个结果母蔓，不留预备枝，萌发结果后，仍留 1 个新梢作为结果母蔓，每年如此修剪。中、短梢修剪，结果单位可以不留预备枝，也可以留预备枝春季发芽后，在 1 个结果母蔓上留两个新蔓；冬季修剪时，上部一个用中梢修剪，下部一个用短梢修剪，作预备枝；次年，在预备枝上再培养两个新蔓，修剪方法与上一年相同，而构成一个新的结果单位。在具体修剪时采用的短截手法还应考虑到葡萄的品种特性、枝蔓生长强弱和整形方式等方面的差别。比如，巨峰、辽峰用短梢修剪，坐果率高，果穗较紧凑、均匀，而红提、晚无核等成花节位较高，宜采用中梢、长梢为主的修剪方法。

3. 营养枝及预备枝的修剪

一般留 3~4 个芽下剪。疏除病虫枝、过密枝、细弱枝。

4. 老树更新

更新方法很多，最主要的是利用预备枝，留 6~8 个芽下剪培养成新的主枝或侧枝；其次锯头蜡封全面改造，促使萌发新枝。

（二）埋土防寒

葡萄植株根系在地表以下 20cm 才有较多分布，故在冻土层不超过 20cm 的地区，根系越冬对植株的影响不是主要矛盾，重点是保护枝蔓不受低温与抽条危害。防寒覆土 20~30cm，葡萄即可安全过冬。

在当地土壤封冻前 15d 开始埋土，华北地区 11 月上中旬土壤稍冻结时为适宜的埋土时期。

埋土方式取决于当地气候条件，关系到葡萄越冬的安全性。具体可采用 4 种方式。在冬季绝对最低温度高于 -15℃ 的地区可采用局部埋土法，即在植株基部堆 30~50cm 高的土堆。在稍冷的地区可采用塑料膜防寒，先将理顺捆好的枝蔓上盖麦草、稻草或其他柔软杂草 40cm，然后盖上塑料薄膜，周边用土压严，注意塑料薄膜不能破洞。在冬季温度较低地区采用地上全埋法，埋土前清理栽植沟，可加深 10cm 左右，然后将枝蔓下架，顺沟理好捆扎，用土埋严。为防止出土时损伤枝蔓，提高防寒效果，埋土时可盖一层 10~15cm 厚的草，然后覆土。更寒冷地区则实行地下全埋法，其方法是在葡萄行间挖 50cm 深的防寒沟，然后将枝蔓压入沟内再覆土，或先在植株上覆盖塑料薄膜、干草或树叶后再覆土，也可先覆盖 2~3cm 厚的草秸等再覆土。覆草埋土时，鼠害严重地区应投放毒饵灭鼠。

埋土的方法是：先将下架葡萄枝蔓尽量拉直，不得有散乱的枝条，除边际第一株倒向相反外，同行其他植株均顺序倒向一边，后一株压在前一株之上，如此株株首尾相接，形成一条龙，捆扎稳固，以便埋土和出土。无论采用何种防寒法，埋土时都应在植株 1m 以外取土，以免冻根。土堆的宽度与厚度根据当地气候条件决定。埋土时土壤应保持一定湿度。

任务实施

情景一　葡萄出土上架

1. 布置家庭作业，学生提前查阅下列问题：

（1）葡萄出土时间。

（2）葡萄出土上架前的准备工作。

（3）葡萄出土过程及注意事项。

（4）葡萄上架方法及注意事项。

2. 学生利用知识平台，小组讨论，要求学生提炼总结研讨内容，填写学习情境报告单（附表1），教师总体调控。

3. 教师指导确定实施方案，填写实施计划单，成果展示，完善实施计划，准备材料与用具。

4. 学生田间实施任务，教师进行过程评价。

情景二　葡萄春季抹芽定枝

情景三　葡萄夏季修剪

情景四　葡萄无核处理

情景五　葡萄套袋

情景六　葡萄采收

情景七　葡萄冬季修剪

情景八　葡萄防寒

其他情境操作均按照"资讯→计划→决策→实施→检查→评价"等工作过程进行设计实施。

复习思考题

1. 目前葡萄主要架形有哪些？树形有哪些？

2. 请简要介绍葡萄出土上架的技术要点。

3. 请介绍葡萄果实无核技术要点。

4. 请简述葡萄果实套袋时期与方法。

5. 请介绍葡萄冬季修剪技术要点。

任务4　榛子栽培管理

知识平台

一、春季管理

（一）休眠期整形修剪

1. 主要树形

目前生产上平欧杂交榛的主要树形有单干形和丛状形，下面分别介绍一下。

（1）单干形

1）树体结构：干高 20~40cm，树高 2.0~3.0m，树冠直径 3.0m 左右，主枝开张角度 60°~70°左右，骨干枝 10 个错落均匀排列在主干上，主枝枝头层间距在 40cm 以上。中心干上的主枝不轮生，骨干枝上延长枝单轴延伸。

2）整形过程（图 2-26）：定植时就定干，在苗木的中上部进行短截，剪留 50cm。

第二年的修剪选留中心干延长枝。要选留生长健壮的枝条，一般选剪口下的第一个枝作中心干延长枝。在饱满芽上方进行短截。如剪口下第二个枝条生长强旺。发生竞争时，可用其代替中心干延长枝头，或者对其重短截以消除竞争。生长当年对生长角度、方位合适的枝条可选作主枝，并进行轻短截，剪掉枝长的1/5左右。对角度方位不好的强旺枝进行重短截，剪掉枝长的 4/5 左右。其余弱小枝缓放不动。距地面 20cm 以下的枝条及基部萌蘖枝全部清除。

第三年的修剪先在中心干顶部的分枝中。选较直立健壮的作为中心干的延长枝，在饱满芽上方轻短截。继续选留主枝，并对其在饱满芽上方轻短截。其余枝条，强旺的重短截，偏弱的轻短截，生长缓和健壮的缓放不动（留作结果母枝）。中心干及主枝延长枝以外的枝条短截总量应该为 50%~60%。第四~六年进入初果期，从以整形为主、边整形边结果逐步转为以结果为主、继续调整树形，但还没有最后完成整形任务，树冠还不够圆满。第三年主枝基本选留完毕，第四年以后只作局部调整，继续扩大树冠。在修剪上要求继续对中心干、主枝延长枝进行短截。

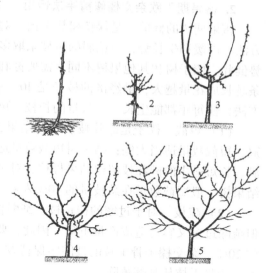

图 2-26　榛子单干形整形修剪过程
1——一年生定干　2——二年生重截
3—三年选留主枝　4——四年生树形完成
5—五年生树轻修剪，扩大树冠

第七年以后经过几年的修剪，六年生树已形成了低干多主枝半圆形树冠，树体大小、枝芽总量基本达到丰产树的要求，开始进入盛果期。此时的修剪就是调整树势，保证树体稳健，每年都能培养出数量充足的结果母枝，连年丰产稳产。

（2）丛状形

1）树体结构：通常保留均匀向四周伸展的四五个基部枝作主枝，主枝上有侧枝，侧枝上着生结果枝组，树高 3.0m 左右，树体呈丛状球形。丛状形树在幼树期产量较高，但进入盛果期后，由于基部多主枝整形，内部生长空间不够，易造成内部枝条枯死，结果部位外移，产量下降。因此，丛状形整枝在生产上很少应用。但是，栽植小苗的，山地土壤瘠薄、生长发育差的，基部枝萌生过多的，为了提早结果。宜采取丛状形整形。

2）整形过程（图 2-27）：第一年，选四五个基部枝作主枝，进行短截，其余枝疏除；第二年到第三年，对已选留的主枝及侧生枝进行轻短截；第四年即形成丛状形树冠，注意及时清除萌蘖枝。

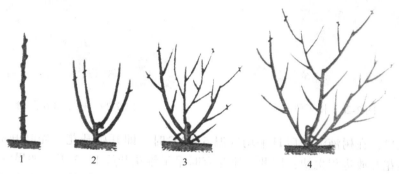

图 2-27　榛子丛状形整形修剪过程
1——一年生定干　2——二年生选留主枝　3— 三年生整形修剪　4—四年生树形完成

2. 盛果期平欧杂交榛修剪手法运用

盛果期树的修剪一是保持树势平衡。对强旺的主枝采取少短截、重短截、多疏枝的修剪方法，以缓和生长势；对偏弱的主枝采取多短截、轻短截、少疏枝的修剪方法。二是保证树势健壮。榛子树和其他果树不同，需要健壮的长枝结果。枝条成花量和枝条长度成正比，枝条越长成花量越大，最经济的枝长是 40～80cm。因此，在修剪上通过适度的截、疏、缓等方法，使每年都能生长一定数量的长枝，可有效提高榛子的产量。

（1）短截　榛子是靠壮枝、壮芽结果，平榛的平茬实际上就是短截。幼树为了扩大树冠，短截数量适当大些；结果树短截数量适当小些。要短截徒长枝、强旺枝、超长枝。芽饱满、长短适中的健壮枝留作结果母枝，对全树 1 年生枝进行短截，剪掉枝条的 20%～80%；结果树一般短截数量在总枝量的 30% 左右。

（2）疏枝　对于过密的徒长枝、细弱枝要根据情况适当疏除。枝条过密影响通风透光，但疏除过多又容易造成产量下降。因此，要注意疏枝量。正常情况下，疏枝量不超过总枝量的 20%。杂交榛子骨干枝的枝间距保持在 40cm 以上。低于 40cm 的，对其过密或生长方向不适的骨干枝从基部疏除。

（3）拉枝　树体角度开张有利于扩大树冠，增加结果体积。但榛子由于基生枝优势强，角度过大，易造成前端生长势减弱、后部冒条，反而不利于树冠扩大。因此，榛树主枝开张角度应较其他果树适当小一些，一般以不超过 70° 为宜。

（二）榛子开花

榛子的花为雌雄同株异花，即单性花，先开花后展叶。雌花为头状花序或单生，包于芽鳞内，红色柱头露出（图 2-28）；着生于一年生枝的中上部或短枝、丛枝顶部的混合花芽中。雌花开放时，在花的顶端伸出一束柱头，呈鲜红色或粉红色，向外展开，柱头长 5～8mm，每一花序的柱头数不等，约 8～30 枚，每朵花有两枚柱头，授粉后柱头干枯变黑。

雄花为柔荑花序，常有 2～7 个排成总状，着生于新梢中上部的叶腋间，每个花序呈现圆柱形（图 2-29），其上着生数百枚小花，花药黄色。一般榛园花期借风媒传粉。

图 2-28　榛子雌花

图 2-29　榛子雄花散粉

榛树开花早，在树液流动后日平均气温 6～8℃ 时，即开始开花，先叶开放。春季气温回升得快，雄花开放进程也快；因此，雄花有时早于雌花开放 1～3 天，如果气温上升缓慢，雌雄花则同时开放。雄花开花是以雄花序松软开始，然后花序伸长，花苞片裂开，花粉黄色，以风为媒介。雌花的开放是雌花芽的顶端微露出红色（或粉红色）柱头为始，柱头鲜艳，湿润而光亮。大连地区3月下旬开花，4月中旬结束，一般持续6~14d，雌花持续10~14d。表2-4为辽宁熊岳地区榛子物候期调查表。

表2-4 辽宁熊岳地区榛子物候期调查表

时 期	物 候 期
3月中旬	树液流动
3月下旬	雄花序松散
3月下旬	雌花露红
4月上旬	萌芽
4月中旬	展叶
4月下旬	新梢生长
5月上旬	子房膨大
5月下旬	新梢旺长
6月上旬	果实膨大期
5~10月	雄花花芽分化
6~7月	花芽分化
7月底	果实缓慢生长期
8月中旬	果实成熟
8月末	果实采收
11月初	落叶

榛树建园应有花期相同或相似的品种做授粉树配置，一般同一园以三个品种为宜，比例可为（5~6）∶1。榛子的雄花开放早于雌花，当雄花序伸长后但尚未散粉，将花序摘下，放入干净有阳光的室内，摊在纸上干燥，待花粉散出时收集于瓶中，置于冰箱等处保存备用。采取雄花序的授粉树可以是杂交榛子品种也可以是平榛品种。

当雌花柱头全部伸出时，进行人工点授。即将花粉用小毛笔蘸后，点在雌花柱头上，效果好。如果选择在晴朗天气，阳光充沛，其效果更佳。

二、夏季管理

北方常发春旱，有旱情及时浇水。幼果膨大和新梢生长旺盛期行二次灌溉。在果树行间开沟，把水引入沟中，靠渗透湿润根际土壤或采用果园滴灌、果园喷灌及微灌、果园渗灌等灌溉方式。

在榛树5~6年生以内的幼龄榛园，行间可间栽植矮秆作物或种绿肥，如豆类、马铃薯、甘薯、花生等。

榛树一般追肥两次：第一次为5月下旬至6月上旬，此时正值果实子房膨大期（图2-30）和新梢生长期；第二次为7月上旬至中旬，因6月上旬至7月中旬为坚果发育迅速及花芽开始分化期，此期间追肥对果实生长发育、花芽分化以及枝条充实极为重要。

在不育苗的榛园，要及时除萌。一般生长季进行三

图2-30 榛子果实膨大状

次。第一次在 5 月下旬到 6 月上旬，第二次在 7 月上中旬，第三次在 8 月下旬至 9 月上旬进行。

三、秋冬管理

（一）采收

1. 采收时期的确定

榛子的成熟期与品种特点及栽植地区有很大关系，平榛在东北地区，一般要在 8 月底至 9 月初成熟，平欧杂交榛一般在 8 月上中旬至 9 月上旬成熟，早熟品种在 8 月上中旬果实成熟，晚熟品种要在 8 月底至 9 月初采收；但是平欧杂交榛在北京、河北中部地区，同一品种成熟期一般能提前半个月左右。另外，对于榛果成熟期与栽植地也有关系，一般平地建园，地头榛果成熟期稍早；榛树在山坡建园，一般阳坡的榛树比阴坡成熟期要早；同一榛树上，树冠外围及顶部的果实首先成熟，树冠下部及内膛的果实晚熟。

榛树坚果必须充分成熟才能采收。过早采收，种仁不饱满充实，晾干后易形成瘪仁，降低其产量和质量；反之，采收过晚榛树坚果则自行脱苞落地，不易拣拾，易被鼠类咬食而减少收获量，所以适时采收很重要。果苞和果顶由白变黄，果苞基部有一圈变成黄色，俗称"黄绕"。此时，果苞内坚果用手一触即可脱苞，一般同一榛树采收期持续 7~10d。不同品种的榛果形状大小各不相同，要分别采收和处理，不要相互混杂。

2. 采收方法

（1）人工采收　树形较矮的榛子树，可直接以手采摘，采收时可连同果苞一同采下，采后集中运到堆果场脱苞。树形较高的榛子树，可以设法振动榛子树大枝，使榛果落地，再集中收集起来；也可待其自然熟透让果实脱苞落地，再拣拾集中起来。一般隔天拣果 1 次。采用此法采收，必须事先清理园地。保持园地干净。采收榛果时要注意不要碰伤及折断树枝。

（2）机械采收　机械采收方法适用于栽植面积较大的榛园。采收之前，先将园地清理干净，平整土地。采收时，先用振动机抓住榛子树大枝将榛子振落地面，然后用吸收机收集起榛果。采收的带苞榛子或新鲜榛子，水分含量大，杂质多，需经过脱苞、除杂、晾晒等工序才能达到商品榛子的要求。

（二）秋施基肥

采收后的榛园要及时秋施基肥。一般在 9 月上旬为好。肥料以有机肥为主，可适当配合部分氮磷钾复合肥。基肥施用量：2~3 年生榛树，7~10kg/株；4~5 年生 30~40kg/株；6~7 年生 50~60kg/株；以后随着产量和树龄的增加而增加。

（三）冬季防寒

榛树落叶后，清扫榛园落叶，统一焚烧，10 月上中旬浇防冻水一次，然后根部培土防寒。根据土壤墒情，必要时浇一次透水。

🐾任务实施

情景一　榛子冬季修剪

1. 教师提出问题：标本园内的平欧杂交榛是每年修剪吗？怎么修剪？引出情境一榛子

冬季修剪技术。

2. 学生分组自主学习知识平台，回答以下三个问题，填写情境报告单，教师巡回指导。

（1）平欧杂交榛子的常用树形有几个？请说明并介绍各树形的树体结构。

（2）请介绍主干形榛树树形的整形过程。

（3）请介绍平欧杂交榛盛果期修剪方法。

3. 学生以组为单位讲解三个问题并提交任务实施单，教师总结完善问题，解决修剪中必备的理论问题；教师对正确的任务实施单签字后，学生方可实施任务。

4. 学生田间实施修剪任务，教师进行过程评价。

情景二　平欧杂交榛子防冻液喷施

情景三　平欧杂交榛子授粉

情景四　平欧杂交榛子果实采收

其他情境操作均按照"资讯→计划→决策→实施→检查→评价"等工作过程进行设计实施。

复习思考题

1. 目前平欧杂交榛子的主要树形有哪些？
2. 平欧杂交榛子休眠期修剪常用的手法有哪些？
3. 榛子授粉树配置的影响因素有哪些？
4. 榛子花器官特点有哪些？
5. 平欧杂交榛子采收方法有哪些？
6. 平欧杂交榛子防止冻害的主要方法有哪些？

任务5　蓝莓温室栽培管理

知识平台

一、北方果树设施的类型

我国北方果树常用的设施栽培类型有塑料大棚、日光温室。

（一）塑料大棚

塑料大棚是一种简易实用的保护地栽培设施，是一种不经人为加温，只利用日光温度和土温积聚而进行果树设施栽培的方式，建造容易、使用方便、投资少，适合我国经济欠发达地区使用。因此，塑料大棚栽培模式被称为"塑料棚保温栽培"。

塑料薄膜大棚按棚顶形状可分为拱圆形、屋脊形；按骨架材料可分为竹木结构、钢筋混凝土结构、钢架结构、钢竹混合结构等；按连接方式可分为单栋大棚、双连栋大棚、多连栋大棚、竹木结构大棚。

（二）日光温室

随着塑料工业和保温建筑材料的发展，日光温室在世界各国普遍采用。其特点是充分利用日光增温、密闭性好、散热少、保温效果好、便于生态因子的控制、投资较低、节约能源。温室按照覆盖的材料可分为玻璃温室、塑料温室。玻璃温室透光性和保温性优于塑料日光温室，但造价较高，目前，我国果树设施栽培采用塑料日光温室较多。塑料薄膜日光温室前坡面为采光面，通常夜间用保温被覆盖，东、西、北三面为围护墙体。

二、日光温室的环境条件特点

（一）光照

寒冷季节光照强度弱，成为生产的限制因子。由于保温覆盖，寒冷季节光照时数少；光照分布南强北弱，上强下弱，东西山墙附近上午或下午有三角形弱光区；室内紫外线辐射强度比玻璃温室高。

（二）温度

气温常年高于露地，保温性能好的温室可四季生产。气温日变化规律与外界相同。气温分布严重不均：白天气温上高下低，中部高四周低；夜间北高南低；地温相对稳定，变化幅度小，中部高四周低，前底角处地温最低。

（三）空气湿度

空气的绝对湿度和相对湿度均高于露地。空气相对湿度（RH）日变化大；局部湿差大。温室越大，RH 日变化越小，局部湿差较大，夜间作物沾湿现象严重，易诱发病害。

（四）气体的变化状况

CO_2 浓度变化较大，早晨揭苦前可达 1100～1300mg/L；容易出现 NH_3、SO_2、C_2H_4、Cl_2 等有毒气体危害。日出后 1h，CO_2 浓度下降至 300mg/L 左右，日出后 2～3h 后风口打开后，由于温室外的 CO_2 进入温室内，温室内的 CO_2 浓度开始回升，但由于温室的通风量比较小，到下午覆盖草苦前，温室内的 CO_2 浓度始终低于温室外。覆盖草苦后，植物光合作用停止，温室内的 CO_2 浓度开始迅速回升。生产上用人工增施 CO_2 来补充棚内该气体的不足。

（五）土壤环境

土壤养分转化和有机质分解速度快，肥料利用率高，土壤盐分浓度大，常因此发生作物生育障碍；土壤湿度稳定；土壤中病原菌聚集，易造成土传病害的大面积发生；盲目施肥还会导致土壤营养失衡等一系列问题。

三、设施果树的类型

目前，中国果树设施栽培的模式主要包括促成栽培、半促成栽培、延迟栽培、抗灾栽培和南果北移或北果南移栽培 5 种栽培模式。在上述几种果树设施栽培模式中，以促成栽培模式为主，抗灾栽培模式次之，延迟栽培为辅，简易保护栽培略有发展。

1. 促成栽培

促成栽培是指果树未进入休眠或未完成自然休眠的情况下，人为控制进入休眠或打破自然休眠，使果树提早进入或开始进入下一个生长发育期，实现果实提早成熟上市。一般草莓上采用促成栽培较多。

2. 半促成栽培

在自然或认为创造低温的条件下，满足果树自然休眠对低温量要求，自然休眠后，提供适宜的生长条件，使果实提早生长发育，使果实提早成熟上市。果树设施栽培大多采用半促成栽培，通过半促成栽培，葡萄、桃、杏、樱桃、李等均可提早 1～2 个月上市。

3. 延迟栽培

通过选用晚熟品种和抑制果树生长的手段，使果树推迟生长和果实成熟，实现果实在晚秋或初冬上市。果树延迟栽培，是以延长成熟期、延迟采收、提高果实品质为目的的栽培模式，既能生产出高品质果品，又可省去或降低鲜果贮藏费用，实际上起到延长鲜果货架期和降低贮藏成本的作用，并获得较高市场差价。

4. 抗灾栽培

近几年，由于气候的异常变化（风、霜、雨、雪、旱、涝、雹、低温、日灼、突发性病虫害等），往往会给果树产业带来严重的经济损失。抗灾栽培是利用设施棚架坚固的结构来抵御自然灾害，使树体免受灾害的损伤，同时利用棚架的微环境易控制的特点还可使果实适当提早成熟。比如，南方葡萄的避雨栽培。

5. 南（北）果北（南）移

在设施栽培条件下，通过人为创造适宜果树生长的各种生态因子，扩大果树的种植范围，打破了果树种植传统上适地适栽的模式，丰富了各地种植的果树种类，从而节省了因果树种植区域的限制需要调运果品的运输费用，也促进了果树产业的发展。产于热带、亚热带的番木瓜、阳桃北移辽宁，采用日光温室栽培使果树可以安全越冬，正常结果。

四、蓝莓温室栽培

蓝莓是全球新兴的保健浆果。自20世纪80年代引种以来，蓝莓种植在我国得到了较快的发展，但由于蓝莓种植对气候、土壤、水质等条件要求较高，再加上果实成熟期集中，收获期短，鲜果保存难度大等原因，难以实现一年内蓝莓鲜果的长期供应，蓝莓种植业的发展也受到了一定的制约。采用温室大棚促成栽培技术，能提高蓝莓种植的地域适应性，增加产量，实现反季节生产，提高果实的商品价值，同时实现蓝莓生产的高产、优质和高效的目标。现将蓝莓温室大棚促成栽培的主要技术介绍如下。

（一）品种的选择

虽然蓝莓温室大棚促成栽培有更大的适应性，但为了节约成本、易于生产管理，品种选择时仍然要依据当地土壤、气候条件、品种特性、生产目的等因素进行综合分析，选择适宜的品种，以达到蓝莓生产与管理的边际效益。目前，我国引进、改良的蓝莓品种近200个，适合在全国各气候条件下栽培。这些品种可以分为四大类：高丛蓝莓、半高丛蓝莓、矮丛蓝莓和兔眼蓝莓。其中高丛蓝莓又分为北高丛蓝莓和南高丛蓝莓两种。蓝莓的各大种群各有其特点，分别适宜我国不同地域的气候条件。蓝莓品种的选择应结合不同品种的特点进行。

1. 高丛蓝莓

高丛蓝莓又分为南高丛蓝莓和北高丛蓝莓两类。南高丛蓝莓的特点是耐湿热，抗寒性较强，树高2m左右，果实较大，果实直径1cm左右，对低温的要求量约为200h，即使在无霜期为260d以上的地域也能栽培，露地栽培适宜在长江流域以南发展，在北方进行温室种植可选用该系列品种。北高丛蓝莓抗寒性强，但不耐旱涝，树高1~3m，果实较大，品质好，风味佳，要求生长期在160d以上，露地栽培适宜在我国的南方高海拔地区和长江以北大部分地区种植，北方地区也可以利用保护地种植。

2. 半高丛蓝莓

半高丛蓝莓与北高丛蓝莓一样，需要生长日数为160d以上。其特点是抗寒性强，树高在 1m 左右，果实比矮丛蓝莓大，但比高丛蓝莓小，属于中型果，对土壤条件要求较高，露地栽培适合我国华北、西北、东北地区。由于半高丛蓝莓的果实较小，风味和果实颜色不及高丛果实，如果大棚以生产鲜果为目的，不宜选择半高丛蓝莓品种。

3. 矮丛蓝莓

矮丛蓝莓生长期较短，约在 100～150d 间。矮丛蓝莓的特点是抗旱、抗寒能力强，树高 30～50cm，果实较小，宜作加工原料，也适合家庭盆栽和庭院养殖。露地栽培适宜在我国东北地区，不宜作为大棚种植的选择品种。

4. 兔眼蓝莓

兔眼蓝莓生长日数在 266d 为宜。其特点是耐湿热、抗旱能力强，抗寒能力差，对土壤条件适应性较强。树体高大，最高可达 10m，寿命长，常绿，果实大而硬，但风味欠佳。露天栽培适宜在长江流域以南发展。因其树体高大、晚熟等原因不适宜利用温室大棚反季促成栽培。

（二）土壤条件及土壤改良

土壤的 pH、有机质含量、含水性、透气性、排水性等条件对蓝莓生长会产生重大影响，是蓝莓能否种植成功的重要前提。

1. 土壤酸碱度

蓝莓喜酸性土壤，大多数蓝莓可以在 pH 为 4.13～5.13 的酸性沙质土壤中正常生长，但是不同蓝莓品种对土壤 pH 要求范围不同。高丛蓝莓适宜的土壤 pH 为 4.3～4.8，而以 4.5 为最好，其 pH 下限为 3.8，低于 3.8 则对植株生长造成伤害。兔眼蓝莓选用土壤 pH 要在 7.0 以下，以 4.0～6.0 为最适。

2. 土壤有机质含量

蓝莓适宜在有机质含量为 3%～15% 的土壤环境中生长，高丛蓝莓尤其需要有机质含量高的土壤，必须在有机质含量 3% 以上的土壤中才能健康生长。

3. 土壤通气性、保水性

蓝莓栽培的有效土层一般要保持在 50cm 左右，确保土壤的通气性和保水性在蓝莓栽培中至关重要，尤其是高丛蓝莓要求有更好的通气性和保水性。进行 30～40cm 的深耕，然后根据土壤条件，适当加入腐熟的苔藓、锯末、牛粪等，之后在栽种苗木时要打 30cm 高的垄台，以满足蓝莓生长要求。

4. 土壤酸碱度的调节方法

我国大部分地区的土壤主要存在的问题是 pH 偏高，温室大棚栽培可以在种植前制作适合蓝莓生长的有机土，但也很难完全达到品种对土壤 pH 的要求，所以在栽种前要对土壤进行酸碱度的调节。目前，国内外采用的较普遍的土壤调节方法就是施用硫黄来调节土壤 pH。

硫黄对土壤 pH 调节主要特点是效果持久稳定。硫黄施入土壤中后，需要 30～50 d 分解后才能起到调节土壤 pH 的作用。土壤 pH 的调节目标确定在 4.15 为宜，如果经过调节未达到预期目标，可以采用 90% 水溶性硫黄喷洒的方法进行第二次调节。在沙质土壤条件下，每降低 1 个百分点，可按 15 g/m^2 水溶性硫黄的标准处理，其他土质用量为沙质土的 2 倍。但水溶性硫黄每次施用量以不超过 178kg/hm^2 为宜，必须超量施用的情况下，要分春秋两次施用。

（三）定植密度与品种的搭配

1. 定植密度

在露地栽培中，高丛蓝莓一般采用 1.0m×2.0m 的株行距。利用温室进行促成栽培一般要求栽培密度略高于露地，株行距一般选用 0.5m×1.5m 的距离。

2. 整地

一般露地种植定植穴的规格为 1.0m×1.0m×0.5m。定植穴挖好后，将取出的泥土掺入磨碎的松树皮和泥炭或松林下的腐殖土等，混合均匀后回填入穴内，回填土要高出地面 20~30cm，在土壤酸度不够的情况下可掺入适量硫黄粉。温室栽培可借鉴露地栽培的整地方法，但是一定要比露地栽培整地的深度和程度高，一般最好是全面整地，利用园土 50%，再加入 50% 的草炭、腐叶土等，提高土壤的有机质含量和通气性。整地后做成高 20~30cm 的畦，栽植时直接将苗木植入即可。

3. 品种配置与定植时间

高丛蓝莓自花可以结实，但几个品种搭配可明显提高结实率。所以在进行蓝莓温室大棚促成栽培时，选用的高丛蓝莓最好要配置两个以上品种相互授粉，以提高产量和品质。主栽品种与授粉树配置比例一般为（2~3）∶1。一年生苗的定植深度为 15~20cm，苗木每增长一年，一般定植深度增加 5cm，覆土踩紧压实。如果利用钵苗，一年四季均可定植。

（四）生产管理

1. 施肥

蓝莓对肥料的需求量很低，在土壤酸度满足的情况下，一般只需施入少量氮肥，过多施肥往往会导致肥料过量而伤害树体，影响产量。禁止使用硝态氮，用尿素较好。在施用钾肥时，切忌施氯化钾，可使用硫酸钾等。生产上应尽量施用有机肥和农家肥，如猪、牛粪，也可以播撒绿肥，如白三叶等。

施肥方法一般以沟施为宜，可有效减少肥水流失。施化肥时沟宽 20~25cm，沟深 10~15cm。秋、冬季施农家肥或压青时，沟宽 30~35cm，沟深 35~40cm。绿肥则通过翻挖压青埋入土中。施肥时间一般是在萌芽、果熟和采后分三次供肥。

2. 灌水

蓝莓根系分布浅，喜湿润，及时灌水十分必要。灌水需要注意水源和水质，深井水一般pH 偏高，且钠和钙含量高，长期使用会影响蓝莓的生长和产量，可在灌水时用硫酸将 pH 调至 4.15 左右再灌，但应间隔三次灌水再灌一次酸水。

3. 温度控制

促成栽培的关键是要促进果树花芽分化和在一定程度上打破果树休眠。低温需求量不足时会造成发芽不良、开花不齐，影响果实的产量和质量。实现蓝莓反季节生产的关键是适时调整蓝莓的休眠时间，使其提早萌芽开花。高丛蓝莓的需冷量要在 0~7.2℃ 的低温状态下，积累时间 800~1200 h。兔眼蓝莓的需冷量最少也得 300h。棚内蓝莓生长的适温为 20~25℃，最高不能超过 30℃，最低不能低于 12℃。

4. 整形修剪

蓝莓幼树期以去花芽为主，目的是扩大树冠，增加枝量，促进根系发育。定植后第二年、第三年春疏除弱小枝条，第三年、第四年仍以扩大树冠为主，但可适量结果。一般第三年株产应控制在 1kg 以下，以壮枝结果为主。成龄树的修剪主要是控制树高，改善光照条件，以疏枝为主，疏除过密枝、细弱枝、病虫枝以及根蘖。根势较开张品种疏枝时去弱留强；直立品种去中心干，开天窗，留中等枝。大枝结果最佳结果树龄为五、六年生，超过要及时回缩更新。弱小枝抹除花芽，使其转壮。成年树花量大，要剪去一部分花芽，一般每个壮枝留 4 ~ 6 个花芽。

5. 授粉

温室大棚种植蓝莓时，授粉方法最好选择蜜蜂授粉（图2-31）与人工授粉相结合的方法。每个温室大棚内可以在开花期放置一个蜂箱，通过蜜蜂进行授粉，但会出现个别遗漏的地方，这时需要采用人工授粉补救，也可以喷洒低浓度的赤霉素促进果实膨大。

6. 采果

高丛蓝莓的果实成熟期不一致，一般采收持续 3 ~ 4 周，所以采收要分批采收，一般每隔一周采果一次。采收后放入塑料食品盒中，再放入浅盘中，运到市场销售，应尽量避免挤压、曝晒、风吹雨淋等。

图 2-31　蓝莓开花与坐果

任务实施

情景一　设施结构及保护地蓝莓品种选择

1. 教师课上提出问题：

（1）保护地的类型有哪些？

（2）调查温室，说明其结构。

（3）简述保护地蓝莓品种选择原则。

（4）简述保护地蓝莓主要品种及各自特点。

2. 学生分组学习知识平台，填写情境报告单。教师巡回指导。

3. 学生以组为单位讲解四个问题并提交任务实施单，教师总结完善问题，解决调查中必备的理论问题；教师对正确的任务实施单签字后，学生方可实施任务。

4. 学生调查蓝莓温室，填写调查清单及蓝莓品种调查表，教师进行过程评价。

情景二　保护地蓝莓温光水气调控

情景三　保护地蓝莓采后修剪

其他情境操作均按照"资讯→计划→决策→实施→检查→评价"等工作过程进行设计实施。

复习思考题

1. 设施果树栽培主要栽培设施有哪些？

2. 设施果树生产类型有哪些？

3. 设施栽培中，环境影响因素的特点是什么？

4. 简述蓝莓设施栽培中土壤改良的意义及技术要点。

项目 ③ 果品贮藏加工

任务 1 苹果冷库贮藏

知识平台

通过贮藏可以最大限度地延缓园艺产品的衰老进程，减少变质腐烂，为满足市场对优质园艺产品的需求提供保证。果品贮藏方式按温度条件可分为两大类，即常温贮藏和人工冷却贮藏两种。常温贮藏主要是利用自然低温来创造并维持适宜贮藏的温度条件，一般是在晚秋至早春气温低时贮藏，其设施简单，费用较低，可因地制宜地灵活建造，如果实的沟藏、窖藏、通风贮藏、冻藏等。人工冷却贮藏也叫机械冷藏，需要配置各种制冷装置（机械），在一定环境中达到适宜的低温，进行较长时期的贮藏。在调整温度的基础上调控贮藏环境中的气体成分，延长贮藏期的方式称为气调贮藏。下面以苹果为例介绍其常用的贮藏方法。

一、简易贮藏

简易贮藏多数是在产地进行，由于受自然气候条件影响较大，贮藏期间温湿度条件控制不能很准确，所以，贮期较短，贮藏质量较差，损耗较大，有时甚至会出现不同程度的热烂或冻损。苹果简易贮藏的过程：采收后不要直接入沟（窖），应先在阴凉通风处散热预冷，白天适当覆盖遮阴，夜间揭开降温，待霜降后再进行贮藏。贮藏期间应根据外部自然条件的变化，利用通风道、通风口，通过堆码时留有空隙，在早晚或夜间进行通风降温防热。利用草帘、棉被、秸秆等进行覆盖保温防冻。一般可贮至来年 3 月。简易贮藏主要适用于国光、红富士等晚熟苹果，对金冠、元帅等中熟苹果不适宜。

二、通风库贮藏

通风库贮藏前期温度偏高，中期又较低，一般适宜贮晚熟苹果。入库时就分品种、分等级码垛堆放，堆码时，垛底要垫放枕木（或条石），垛底离地 10 ~ 20cm，在各层筐或几层纸箱间应用木板、竹篱笆等衬垫，以减轻垛底压力，便于码成高垛，防止倒垛。码垛要牢固整齐，不宜太大，为便于通风，一般垛与墙、垛与垛之间应留出 30cm 左右空隙，垛顶距库顶50cm 以上，垛距门和通风口（道）1.5m 以上，以利通风、防冻。贮期主要管理是根据库内外温差来通风排热。贮藏前期，多利用夜间低温来通风降温。有条件最好在通风口加装流风机，并安装温度自动调控装置，以自动调节库温尽量符合其贮藏要求。贮藏中期，贮果易遭受冻害，故减少通风，库内应在垛顶、四周适当覆盖，以免受冻。通风库贮藏后期，库温会逐步回升，这期间要每天观测记录库内温度、湿度，并经常检查苹果质量，检测果实硬度、糖度、自然损耗和病、烂情况。出库顺序最好是先贮藏的贮果先出库。

三、冷库贮藏

苹果适宜冷藏，尤其对中熟品种最适合；其中元帅系品种应适时早采，金冠苹果应适时晚采。贮藏时最好分品种分别分库贮藏。采后应在产地树下挑选、分级、装箱（筐），避免到库内分级、挑选，重新包装。入冷库前应在走廊（也称穿堂）散热预冷一夜再入库。码垛应注意留有空隙。尽量利用托盘、叉车堆码，以利堆高，增加库容量。一般库内可利用的堆码面积为70%左右。冷库贮藏管理主要是加强温湿度调控。一般在库内中部、冷风柜附近和远离冷风柜一端挂置棒状水银温度表和毛发湿度表，每天最少观测记录三次温度、湿度。库温上下幅度最好不超过1℃。冷库贮藏苹果，往往相对湿度偏低，所以，应注意及时人工喷水加湿，保持相对湿度在90%~95%。冷库贮藏元帅系苹果可到新年、春节；金冠苹果可到第二年3~4月；国光、青香蕉、红富士等到第二年4~5月，质量仍较新鲜。但若想其色泽和硬度变化少，最好是利用聚氯乙烯透气薄膜袋作衬箱装果，并加防腐药物，以利于延迟后熟、保持鲜度、防止腐烂。

四、气调贮藏

苹果尤以中熟品种金冠、红星、红玉等最适宜气调冷藏。这些品种通过气调贮藏控制后熟效果十分明显。气调冷藏比普通冷藏能延迟贮期约一倍时间。贮至第二年6~7月时，仍可保持质量新鲜。气调贮藏可供远运，调节淡季及出口。我国常采用简易的气调库，即用塑料薄膜帐把苹果贮藏垛包封起来，贮藏在冷库或通风库等内。薄膜帐一般选用0.1~0.2mm厚的聚氯乙烯薄膜粘合成的帐子，容量为2.5~10t。封帐时，在帐底先铺整片塑料薄膜，上放枕木或砖作为垫，在其上将经过预冷的苹果箱或筐码成通风垛，然后用帐子罩上果垛，最后将帐底与帐壁四面的下边缘紧紧地卷在一起，埋入预先挖好的小沟内，用土压紧，或用砖块将卷边压紧。

五、苹果冷库贮藏技术

（一）入库前准备

果实入库前，库房彻底清扫消毒。可用硫黄熏蒸，每立方米用硫黄10g加锯末搅拌均匀，点燃发烟后密闭2d，然后打开库门及通风口通风。也可使用福尔马林1份加水40份配成溶液，喷布地面、墙壁、天花板，密闭24h，然后打开库门及通风口通风2~3d。

（二）果实入库

入库后果箱按井式方法堆码，垛与垛之间留有通道。以利通风和管理。垛距应在10cm以上，踩顶距天花板50cm以上。注意避开冷风机出风口，以防果实受冻。使用塑料袋贮藏果实的，在每个袋上打4~5个直径1cm左右的圆孔，以利于通风换气，然后再装入果筐内堆码。

（三）入库后管理

果实入库后要记录温湿度和果实的变化，以便于及时调节指标，满足果实贮藏要求。

1. 温度

苹果贮藏适宜温度为 0℃ 左右，冷库温度一般要控制在 $-1\sim0℃$。在库内不同位置设 5 个以上测温点。从冷库中取出果品时，为防止骤然升温使果面凝结水珠，色泽变暗，果肉变软，出库时应逐步升温。

2. 湿度

苹果贮藏适宜的相对空气湿度为 90% 左右。库房湿度过低，果实易失水皱皮，可采用地面洒水、铺湿锯末，或在鼓风机前安装自动喷雾器，随冷风吹出，将水雾送入库房，增加空气湿度。

3. 通风换气

果实贮藏期内应及时通风换气，防止二氧化碳和乙烯气体积累，导致果实后熟衰老，果肉变色，品质下降，缩短贮藏期。换气分两种情况进行：一是在库内外温度相近时通风换气，及时排除库内浑浊气体，避免因通风换气造成库内温度波动；二是库内空气流通，通风时风速不宜过大，一般每天保持库内风机运转 $6\sim8h$ 即可。

任务实施

苹果冷库贮藏

1. 教师提出问题，学生查阅苹果冷库贮藏方法。学生根据苹果特性写一份苹果贮藏加工方案。

2. 小组讨论，将每个同学好的思路，补充完善到一个方案中，作为实施方案。

3. 学生以组为单位讲解三个问题并提交任务实施单。教师总结完善问题，解决苹果冷库贮藏中必备的理论问题；教师对正确的任务实施单签字后，学生方可实施任务。

4. 依据实施方案，在冷库分别进行这几种果品的贮藏训练，分别设计贮藏过程中温度、湿度和气体成分的分析观察。

5. 教师进行过程评价。

复习思考题

1. 影响果品贮藏品质的主要因素是什么？如何影响？
2. 试比较简易贮藏、通风贮藏、机械冷藏、气调贮藏的异同点。

任务 2　黑加仑果汁加工

知识平台

果汁中含有糖分和酸分，维生素、无机盐及芳香油等物质，在风味和营养上接近于鲜果。本文就澄清类、浑浊类、浓缩类为例从果汁工艺流程、果汁加工过程及注意事项三个方面来介绍果汁加工工艺。

一、果汁工艺流程

选料、清洗→破碎、压榨、粗滤→调配（糖浆、柠檬酸、稳定剂、色素、香精等）→过滤→均质、脱气→瞬时杀菌→冷却→无菌灌装果汁饮料→密封→二次杀菌→冷却→检验→贮存。

二、果汁加工过程

1. 原料的选择和洗涤

黑加仑果实（图3-1）应具有成熟度适宜、新鲜、汁液丰富易取，出汁率高，风味好，芳香浓郁，色泽稳定，酸度适当，无病虫害、无烂现象、无异味的果实。一般可采用清水冲洗，必要时可先用洗涤剂或 0.2%～0.5% 稀盐酸清洗以除去残留农药，然后再用清水冲洗。

2. 破碎和压榨、粗滤

为了提高出汁率，采用破碎（大小适当，一般以 0.2～0.4cm 为宜）和热压榨法，压榨前果肉可加热 60～70℃，15～30min。热处理有利于果实中果胶、营养物质和色素等成分的溶出，同时破坏了果实中的氧化酶及其他酶类，利于下一步果胶酶的作用。可添加的商业果胶酶由黑曲霉制得，作用 pH 为 2～6，最适 pH 为 3～4，最适作用温度为 45～55℃，作用时间为 2～4h。酶分解果肉中的果胶物质，使其黏

图3-1　黑加仑坐果状

度降低，要严格控制使用量。酶用量随果胶酶的种类和活力而异，一般在 0.005%～0.1% 范围内。粗滤在压榨的同时完成，其目的是除去果汁中的种子、果皮和粗大的颗粒及其他悬浮物，防止果汁变质。对于透明果汁，粗滤后还要进行精滤等处理。

3. 澄清果汁的澄清和过滤

澄清果汁俗称透明果汁，经压榨过滤后、静置或加澄清剂澄清而得，果汁中不含果肉微粒和果胶物质，稳定性能好。澄清是将果汁在真空条件下进行迅速加热到 78～88℃，维持 1～3min，然后迅速冷却，避免氧化和香气的损失。果汁澄清后，经压滤机或精滤机、离心分离器等过滤就可得到透明的果汁。

4. 果汁的调配

果汁要根据营养与口味来适当调配，糖酸的比例是决定其口味和风味的主要因素。也可添加适量的食用色素和食用香精，以改善果汁色泽和风味。调配前应对果汁进行测定，用糖度计和酸度计来计算添加量。

5. 杀菌、灌装、密封、冷却、贮存

调配后的果汁先杀菌，果汁在 80℃ 以下 30min 就可达到杀菌的目的。在无菌条件下进行冷却包装，使用无菌包装机，一般以复合塑料膜或纸容器作为材料，包装材料在杀菌后保证没有再污染的情况下才能使用。果汁杀菌的目的，一是抑制各种微生物生长，二是破坏酶类。杀菌的对象主要是酵母菌和霉菌。酵母菌在 66℃ 下 1min，霉菌在 80℃ 下 20min 即被消灭。一般果汁制品宜贮存在 4～6℃ 环境下。

三、注意事项

1. 在生产中要尽量避免受热

果汁高温受热会产生热臭或蒸煮味，并造成大量损失。为了使果汁饮料的营养不受损

失，达到或超过原水果风味，应采用无菌灌装法。

2. 适当添加赋香剂增强香味的效果

纯果汁饮料本身的自然香气很容易在产品加工、贮存过程中损失，必须适当添加香精等赋香剂加以弥补。一般添加与自身香味相同的香精。添加剂和添加量一定要符合国家相应的标准。

3. 适当添加维生素 C，以替代自身维生素 C 的损失

破碎、胶磨、均质、加热等工序，都会导致维生素 C 的损失，适当添加万分之一的维生素 C，既可护色、抗氧化，又可以起到保护果汁营养不受损失的效果。

4. 产品质量标准（产品评价）

（1）感官质量标准　具有原料果特有的色泽，具有原料果应有的香味和气味，果肉细腻并均匀地分布于液汁中。

（2）品评方法　具有一定的黏度，用一般感官评定法和模糊综合评判法评定法进行制成品品质评。

任务实施

黑加仑果汁制作

1. 教师提出问题，学生查阅黑加仑果汁的制作方法。学生根据黑加仑特性写一份的黑加仑果汁加工方案。

2. 小组讨论，将每个同学好的思路，补充完善到一个方案中，作为实施方案。

3. 学生以组为单位讲解三个问题并提交任务实施单，教师总结完善问题，解决果汁酿制中必备的理论问题；教师对正确的任务实施单签字后，学生方可实施任务。

4. 依据实施方案，在果蔬加工车间进行小组轮动黑加仑果汁制品加工制作。

5. 教师进行过程评价。

复习思考题

1. 果汁的特点及种类有哪些？
2. 试用图框表示黑加仑浑浊果汁工艺流程。
3. 试用图框表示黑加仑澄清果汁工艺流程。

任务3　蓝莓果醋和果酒的酿制

知识平台

果酒营养丰富，除乙醇外，还有糖、有机酸、酚类及维生素等，因而具有保健功能。不仅可以促进血液循环和机体的新陈代谢，控制体内胆固醇水平，改善心脑血管功能，还具有利尿、激发肝功能和抗衰老的功能，而且其中大量的多酚物质能抑制脂肪在人体中的堆积。以水果为原料加工而成的果醋，富含多种对人体有益的有机酸，有解除疲劳、预防动脉硬化等保健作用，具有促进肝病、胃炎等疾病康复的功效。果醋酸味温和、口感优良、具有果香，近年来成为食醋一族的新宠。下面以蓝莓为例介绍其果酒、果醋加工流程。

一、蓝莓果酒加工

（一）原料

蓝莓（图3-2）、干酵母、白砂糖、柠檬酸、亚硫酸盐（SO_2含量为6%）。

（二）仪器与设备

榨汁机、过滤器、离心分离机、自动控温发酵罐、自动控温沉降罐、无菌贮罐、饮料泵、调配罐、超高温瞬时灭菌机、灌装封口机、折光计、自动酸度滴定仪。

（三）工艺流程及操作要点

1. 工艺流程

图3-2　蓝莓果实

　　　　　　果胶酶、亚硫酸　　　　　白砂糖、柠檬酸
　　　　　　　　　↓　　　　　　　　　　↓

蓝莓果分选→清洗→破碎→榨汁→果浆→调整成分→主发酵→后发酵→澄清处理→陈
酿→蓝莓原汁→均匀调配
　　　↑

添加活性酵母→冷处理→过滤→杀菌→包装→成品

2. 操作要点

（1）原料选择与处理　要求果农采摘时进行分选。分选主要是将发霉、变坏果粒分选出来，否则经过封装和运输就容易扩大感染，对酿酒不利。

（2）破碎与榨汁　将选择处理好的蓝莓果用破碎机进行破碎。果肉的破碎率应达到97%以上，以便在发酵过程中果肉与酵母菌充分接触。在破碎期间，添加适量的亚硫酸和果胶酶。亚硫酸盐中含有的SO_2在果酒生产有抑制杂菌生产繁殖、抗氧化、改善果酒风味和增酸的作用；果胶酶可以提高果酒的产量和质量，改善香气与品质。

（3）调整成分　将蔗糖、柠檬酸等其他辅料溶解后送入到调配罐中进行调配，用柠檬酸调节酸度pH为3.2~3.5，蔗糖调糖度按最终生成15% vol（酒精度）计算补糖。

（4）主发酵　在上述已调整成分的浆中，添加1.5%左右酵母进行接种，发酵温度控制在22℃左右。蓝莓浆分离所得的一次汁，按发酵后酒度达15%~16% vol加砂糖。砂糖分两次加，第一次加1/2~3/4，在18~23℃下，发酵3~4天后，加所余的糖。在主发酵的6~8d内，每天搅汁二次，每次30min。发酵为密闭发酵，发酵期20~30d。当残糖至0.5%以下时，停留2~3d，再换桶一次，即为原酒。

（5）后发酵过程　主发酵之后需要有后酵过程，这主要是为了降低酸度，改善酒的品质。后酵期间加强管理，保持容器密封，桶满。蓝莓酒贮存室温度要求8~15℃。贮酒室单独存在，窖内有风机排风，排出二氧化碳，后酵保持60d左右，然后过滤除去杂质。

（6）发酵酒的下胶澄清　蓝莓酒是一种胶体溶液，是以水分为分散剂的复杂分散体系，其主要成分是呈分子状态的水和酒精分子，而其余小部分为单宁、色素、有机酸、蛋白质、金属盐类、多糖、果胶质等，它们以胶体（粒子半径为1~100nm）形式存在，是高度分散的热力学不稳定体系，因此在销售过程中，易出现失光、浑浊，甚至沉淀现象，影响蓝莓果酒的感官质量。采用合适的澄清剂能够使酒液澄清透明；同时去除蓝莓果酒中引起混浊及颜色和风味改变的物质。一般在室温 18～20℃ 条件进行下，用蛋清粉与皂土制备成的下胶液作为澄清处理剂。

（7）冷处理　冷处理工艺对于改善蓝莓酒的口感、提高蓝莓酒的稳定性起着非常重要的作用。冷处理方式采取直接冷冻，控制温度为 -4～2.5℃，用板框式过滤机趁冷过滤。

（8）过滤，杀菌及包装　按配方要求将原酒调配好后，进行理化指标检验和卫生指标检验。合格的蓝莓酒半成品经过滤机、杀菌机、灌装机、封口机等进行装瓶、封口，置于80℃ 的热水中杀菌 30min，冷却，按食品标签通用标准贴上标签并喷上生产日期，即为蓝莓酒成品。

二、蓝莓果醋加工

1. 工艺流程

蓝莓→挑选清洗→破碎榨汁→糖酸调整→酒精发酵→醋酸发酵→生醋→陈酿→澄清→过滤→装瓶→灭菌→检验→成品。

2. 操作要点

（1）原料的预处理

1）蓝莓汁的制备。取新鲜成熟的蓝莓果，挑出霉烂果及杂质，用清水冲洗干净后，投入榨汁机中榨汁，再将榨出的果汁连果渣一起放到储备罐中备用。

2）果汁成分的调整。果汁初始发酵的糖度、酸度是影响酒精发酵的主要因素，发酵前应调整果汁的糖酸度。

3）糖度的调整。如果不考虑发酵过程中中间产物，每千克全糖可产醋酸 0.6667kg。按下列公式调整蓝莓果汁糖度：

$$X = (B/0.6667 - A)W$$

式中　X——应加糖量（kg）；

　　　B——发酵后应达到的酸度（以醋酸计，g/g 蓝莓汁）；

　　　A——蓝莓汁含糖量（以葡萄糖计，g/g 蓝莓汁）；

　　　W——蓝莓汁质量。

4）果汁酸度调整。再按下式将蓝莓果汁的 pH 调整到 3.5。

$$m_2 = m_1(Z - W_1)/(W_2 - Z)$$

式中　Z——要求调整的酸度（%）；

　　　m_1——果汁调整后的质量（kg）；

　　　m_2——需添加的柠檬酸量（kg）；

　　　W_1——调整酸度前果汁的含酸量（%）；

　　　W_2——柠檬酸液浓度（%）；

（2）酒精发酵及管理　将高活性干酵母无菌条件下加入到 35℃、浓度为 2% 的糖水中复水 15min，然后温度降至 34℃ 条件下 1h，活化后备用。

将准备好的果汁灭菌后，按 2/3 体积装入发酵罐中，再将活化的酵母液加入发酵罐，搅拌均匀、密闭发酵。每天对发酵果汁的糖度、酒精含量进行测定。当果渣下沉，酒度和糖度不再变化时，蓝莓酒精发酵结束，滤出残渣，再将发酵液放入用来醋酸发酵的发酵罐中。

（3）醋酸发酵

1）醋母的制备。

① 固体培养：取浓度为 1.4% 的豆芽汁 100mL、葡萄糖 3g、酵母膏 1g、碳酸钙 2g、琼脂 2.5g，混合，加热熔化，分装于干热灭菌的试管中，每管装 4 ~ 5mL，在 1kg 的压力下灭菌 15min，取出，再加入酒精体积分数为 50% 的酒精 0.6mL，制成斜面培养基，冷却后，在无菌条件下接种醋酸菌种，30℃ 培养箱中培养 2d。

② 液体扩大培养：取 1% 豆芽汁 15mL、食醋 25mL、水 55mL、酵母膏 1g、酒精 3.5mL，装在 500mL 三角瓶中，无菌条件下，接入固体培养的醋酸菌种 1 支，30℃ 恒温培养 2 ~ 3d。在培养过程中，充分供给氧气，促使菌膜下沉繁殖，成熟后即成醋母。

2）醋酸发酵及管理。按原料的 10% 的比例，将醋母接入到准备醋酸发酵的蓝莓酒液中，搅拌均匀，给足氧气，每天观察发酵情况，并测定发酵液的酸度和酒度。当酒度不再降低，酸度不再增加时，发酵结束。

（4）陈酿　为提高果醋的色泽、风味和品质，刚发酵结束的果醋要进行陈酿。为防止果醋半成品变质，陈酿时将果醋半成品放在密闭容器中，装满，密封静置半年即可。

（5）精滤　陈酿的果醋含有果胶物质，长时间存放易沉淀影响感官品质，宜加果胶酶分解后再用离心机精滤。

（6）灭菌及成品检验　将澄清后的果醋，用灭菌机灭菌，趁热装瓶封盖，静置 24h，检验合格后即为成品。

任务实施

情景一　蓝莓果酒酿制

1. 教师提出问题，学生查阅蓝莓果酒的制作方法。学生根据蓝莓特性写一份的蓝莓果酒加工方案。

2. 小组讨论，将每个同学好的思路，补充完善到一个方案中，作为实施方案。

3. 学生以组为单位讲解三个问题并提交任务实施单，教师总结完善问题，解决果酒酿制中必备的理论问题；教师对正确的任务实施单签字后，学生方可实施任务。

4. 依据实施方案，在果蔬加工车间分别进行蓝莓果酒加工制作。

5. 教师进行过程评价。

情景二　蓝莓果醋酿制

1. 教师提出问题，学生查阅蓝莓果醋的制作方法。学生根据蓝莓特性写一份的蓝莓果醋加工方案

2. 小组讨论，将每个同学好的思路，补充完善到一个方案中，作为实施方案。

3. 学生以组为单位讲解三个问题并提交任务实施单。教师总结完善问题，解决果醋酿制中必备的理论问题，对正确的任务实施单签字。学生实施任务。

4. 依据实施方案，在果蔬加工车间分别进行蓝莓果醋加工制作。

5. 教师进行过程评价。

复习思考题

1. 果酒的种类及特点是什么？

2. 试用图文框表示蓝莓果醋的工艺流程。

3. 试用图文框表示蓝莓酒的工艺流程。

任务4 杏果脯制作

知识平台

果脯也称为蜜饯，是以桃、杏、李、枣或冬瓜、生姜等果蔬为原料，用糖或蜂蜜腌制而成的食品。

一、工艺流程

原料选择→去皮切分→原料预处理（硬化、熏硫或染色）→漂洗→预煮→糖制（蜜制、煮制或二者交叉进行）→烘干→果脯

$$\downarrow$$

上糖衣→糖衣蜜饯

二、工艺要点

1. 原料选择

一般选用新鲜的原料，或盐渍的半成品、罐藏和亚硫酸保藏的原料。总要求：

（1）合适的种类和品种　肉质紧密、耐煮性强。如制作杏脯的鲜杏要求色泽金黄（图3-3），肉质细腻，具有韧性，成熟不软不绵，易离核，耐贮存。北京的"铁叭达""山黄杏"是比较理想的原料品种，而水分多，容易变软变绵的"水胎"和"绵胎"杏种不可采用。

（2）适当的成熟度　绿熟至坚熟时采收。

（3）新鲜完整饱满的状态　不同原料稍有不同。

图3-3　杏果实

2. 原料处理

果蔬糖制的原料前处理包括分级、清洗、去皮、去核、切分、切缝、刺孔等工序，还应根据原料特性差异、加工制品的不同进行腌制、硬化、硫处理、染色等处理。

（1）去皮、切分、切缝、刺孔　对果皮较厚或含粗纤维较多的糖制原料应去皮。大型果蔬原料宜适当切分成块、条、丝、片等，以便缩短糖制时间。小型果蔬原料，如枣、李、梅等一般不去皮和切分，常在果面切缝、刺孔。去皮、切分、切缝、刺孔，是为了除去不良部分，促进糖制时糖分的渗入，缩短糖制时间。

（2）保脆和硬化　目的：保持蜜饯制品松脆的质地，提高果肉的硬度，增强其耐煮性。常用的硬化剂：石灰、氯化钙、亚硫酸钙、明矾、亚硫酸氢钙。原理：钙、镁离子等与原料中的果胶物质生成不溶性盐类。

（3）硫化　目的：使制品色泽明亮，防止制品氧化变色，促进原料对糖液的渗透。一

般采用 0.1~0.2% 的硫黄熏蒸或 0.1~0.15% 的亚硫酸氢钠溶液浸泡。

（4）染色　将原料浸入色素溶液中着色。一般将色素溶于稀糖溶液中，在煮糖的同时完成染色。

（5）预煮　将饮用水煮沸，投入原料。预煮水同原料的比率通常为（1.0~1.5）：1，预煮时间以原料达半透明并开始下沉为度。预煮后立即投入到流动的清水中漂洗。在预煮中一些未经盐渍的新鲜原料，若含有苦味及麻味，为消除其味可加入 10% 的盐水，煮沸半小时除去苦麻味。凡经亚硫酸盐保藏、盐腌、染色及硬化处理的原料，在糖制前均需漂洗或预煮，以除去残留的 SO_2、食盐、染色剂、石灰或明矾，避免对制品外观和风味产生不良影响。

3. 糖制

糖制的方法有两种。一种为加糖腌制，也称为蜜制，这类制品在糖制过程中不加热或加热时间很短。蜜制逐步提高糖液浓度，使糖分缓慢扩散浸入内部组织达到平衡；适用于组织柔嫩不耐煮的原料；其缺点是腌制时间长。一种为加糖合煮，即为煮制。煮制使糖分尽快地渗入到果实里面，但又要防止失水干缩，适宜组织较紧密耐煮制的原料。煮制加工迅速，但色、香、味差，维生素损失较多。

4. 烘干和上糖衣

（1）烘干　除湿态蜜饯外，多数制品在糖制后需进行烘干，除去部分水分，使表面不粘手，利于保藏。烘烤温度不宜超过 65℃，时间 20~24h。制品要求完整、饱满、不皱缩、不结晶，质地柔软，含水量为 18~22%，含糖量达 60%~65%。

（2）上糖衣　干燥后用过饱和糖液浸泡一下取出冷却，使表面形成一层晶亮的糖衣薄膜，然后浸入 1.5% 的果胶溶液中，取出在 50℃ 干燥 2h，可形成一层透明的胶质薄膜。在干燥快结束的蜜饯表面，撒上结晶糖粉或白砂糖，拌匀，筛去多余糖粉，即得晶糖蜜饯。

5. 包装和贮藏

干燥后的蜜饯应及时整理或整形，然后按商品要求进行包装。果脯包装主要以防霉防潮为主，同时要保证卫生安全，便于贮藏运输。包装宜美观、大方、新颖，能反映制品面貌的目的，提高市场竞争力。

贮藏成品的库房要求保持清洁、干燥、通风，温度保持在 12~15℃，相对湿度 70% 左右。成品搬动时要轻拿轻放，防止损坏包装；运输中要防止日晒雨淋。

任务实施

杏果脯制作

1. 教师提出问题，学生查阅杏果脯的制作方法。学生根据杏特性写一份的上述杏糖制品加工方案。

2. 小组讨论，将每个同学好的思路，补充完善到一个方案中，作为实施方案。

3. 学生以组为单位讲解三个问题并提交任务实施单，教师总结完善问题，解决修剪中必备的理论问题；教师对正确的任务实施单签字后，学生方可实施任务。

4. 依据实施方案，在果蔬加工车间进行小组轮动杏糖制品加工制作。

5. 教师组织发动全体同学进行每个环节的小结。

复习思考题

1. 什么是果品糖制？
2. 糖制品的分类和特点是什么？
3. 试用图文框表示杏果脯的工艺流程。

任务5 山楂水果罐头制作

知识平台

罐头作为一种传统的商品，已经形成独特的工业体系。水果罐头在保存鲜度和营养方面仅次于现摘水果。从原材料的采摘到加工好的全过程很短，一般不超过6h。高温热处理使果品的所有生理过程停止。罐藏食品具有营养丰富、安全卫生，运输、携带、食用方便等优点，可不受季节和地区的限制，随时供应消费者，无须冷藏就可长期贮存。下面以山楂为例介绍一下山楂水果罐头的制作流程。

一、工艺流程

原料→选果→除蒂柄及果核→预煮和软化→装罐→排气和密封→注糖杀菌冷却→入库

二、操作要点

1. 原料

要求红果新鲜，呈红色或紫红色，果实直径不低于2cm，色泽鲜艳，无腐坏，无干疤、虫眼、黑斑及机械伤。原料贮藏在12～15℃，相对湿度70%左右；搬动时要轻拿轻放，防止损坏包装；运输中要防止日晒雨淋。

2. 除蒂柄及果核

用除核器顶端下刀，切至果核边缘，然后从果蒂处下刀把核顶出，防止破裂，并检查遗留果核，不能超过5%。

3. 预煮和软化

红果清洗三遍，放在温水中软化，水温不超过70℃，时间1～2min，然后捞出放入冷水中冷却2～3min。

4. 装罐配糖汁

将浓度30%糖水放在铜锅中，加热沸腾后，用绒布过滤备用。将玻璃瓶子洗刷干净后再用清水冲干净备用，胶圈应水煮5min。装罐与称量（500g瓶装）；每瓶正确称取红果肉200g，糖水305g，总净重505g。（如为四旋瓶306g装，装果肉140g）。

5. 排气与密封

在100℃的排气箱中（或排气热水柜，水位低于罐口3.3cm，罐头置于预制的铁丝笼内）加热10min，当瓶口中心温度达至75℃时在封盖机上进行密封。如用四旋瓶、六旋瓶，瓶盖要盖正，全部爪吃力，封盖后的罐头要检查是否封严。

6. 杀菌与冷却

密封后的罐头应及时进行杀菌。玻璃容易炸裂，故玻璃罐切忌冷热温差大，采取60℃、80℃、100℃逐渐升温，最后在100℃的沸水中保持20min杀菌，然后在清水池中分三步冷却（80℃、60℃、40℃各8～10min），至罐内温度冷至40℃左右。

7. 擦罐、保温、贴标、装箱

冷却后的罐头擦去表面水分及污物，进行保温贮存，如20℃时保温7d，如25℃可缩短为5d。罐头经保温之后，严格进行检验，合格后方可贴标签，装箱入库。箱外刷印标记，标示品名、规格、净重、生产日期等。

任务实施

山楂罐头制作

1. 教师提出问题，学生查阅山楂罐头的制作方法。学生根据山楂特性写一份的上述山楂罐头制作方案。

2. 小组讨论，将每个同学好的思路，补充完善到一个方案中，作为实施方案。

3. 学生以组为单位讲解三个问题并提交任务实施单，教师总结完善问题，解决修剪中必备的理论问题；教师对正确的任务实施单签字后，学生方可实施任务。

4. 依据实施方案，在果蔬加工车间进行小组轮动糖水山楂罐头加工制作。

5. 教师组织发动全体同学进行每个环节的小结。

复习思考题

1. 罐制品的种类和特点是什么？
2. 试用图文框表示糖水山楂的工艺流程。

模块2 蔬 菜

项目④ 认识蔬菜

任务1 蔬菜种类调查与识别

知识平台

一、蔬菜及蔬菜栽培的定义

蔬菜是指一切可供佐餐的植物的总称,包括一、二年生草本植物,多年生草本植物,少数木本植物以及食用菌、藻类、蕨类和某些调味品等,其中栽培较多的是一、二年生草本植物。蔬菜的食用器官多种多样,包括植物的根、茎、叶、花、果实、种子和子实体等。

蔬菜栽培是指根据蔬菜作物的生长发育规律和对环境条件的要求,确定合理的栽培制度和管理措施,创造适宜蔬菜作物生长发育的环境,以获得高产优质、品种多样并能均衡供应市场的蔬菜产品的过程。蔬菜栽培的主要任务就是要保证蔬菜产品数量充足、品质优良、种类多样和均衡供应。

二、蔬菜的分类

蔬菜种类繁多,据统计,世界范围内的蔬菜共有200多种,在同一种类中,还有许多亚种或变种。为了便于学习和研究,对蔬菜进行了系统性的分类。常用蔬菜分类方法有三种,即植物学分类法、食用器官分类法和农业生物学分类法。

(一) 植物学分类法

植物学分类法是依照植物自然进化系统,按科、属、种和变种进行分类的方法。采用植物学分类可以明确科、属、种间在形态、生理上的关系,以及遗传学、系统进化上的亲缘关系,对于蔬菜的轮作倒茬、病虫害防治、种子繁育和栽培管理等有较好的指导作用。但是植物学分类法中也存在一些不足,例如常见的马铃薯和番茄,均属于茄科蔬菜,但其生物学特性和栽培技术差异较大,不便于生产和研究使用。蔬菜按科分类如下:

1. 单子叶植物

百合科:大蒜、洋葱、韭菜、黄花菜、芦笋、卷丹百合、韭葱、大葱、分葱、薤。

姜科：生姜。

薯蓣科：普通山药、田薯（大薯）。

禾本科：毛竹笋、麻竹、菜玉米、茭白。

天南星科：芋、魔芋。

2. 双子叶植物

十字花科：萝卜、芜菁、芜菁甘蓝、芥蓝、结球甘蓝、抱子甘蓝、羽衣甘蓝、花椰菜、青花菜、球茎甘蓝、小白菜、结球白菜、叶用芥菜、茎用芥菜、芽用芥菜、根用芥菜、辣根、豆瓣菜、荠菜。

葫芦科：黄瓜、甜瓜、南瓜（中国南瓜）、笋瓜（印度南瓜）、西葫芦（美洲南瓜）、西瓜、冬瓜、瓠瓜（葫芦）、普通丝瓜（有棱丝瓜）、苦瓜、佛手瓜、蛇瓜。

豆科：豆薯、菜豆、豌豆、蚕豆、豇豆、菜用大豆、扁豆、刀豆、矮刀豆、苜蓿。

茄科：马铃薯、茄子、番茄、辣椒、香艳茄、酸浆。

菊科：莴苣（莴笋、长叶莴苣、皱叶莴苣、结球莴苣）、茼蒿、菊芋、苦苣、紫背天葵、牛蒡、朝鲜蓟。

伞形科：芹菜、根芹、水芹、芫荽、胡萝卜、小茴香。

藜科：根甜菜（叶甜菜）、菠菜。

落葵科：红落葵、白落葵。

苋科：苋菜。

睡莲科：莲藕、芡实。

唇形科：薄荷、荆芥、罗勒、草石蚕。

锦葵科：黄秋葵、冬寒菜。

旋花科：蕹菜。

楝科：香椿。

（二）食用器官分类法

大部分食用器官相同的蔬菜，其生物学特性和栽培技术基本相似。食用器官分类法按照蔬菜食用部分的器官形态，将蔬菜分为根菜类、茎菜类、叶菜类、花菜类、果菜类五类。但有的食用器官相同的蔬菜，生长发育特性及栽培方法却有很大差异，例如根茎类的藕和姜，它们的栽培方法都相差很远；还有一些蔬菜，在栽培方法上虽然很相似，但食用部分大不相同，例如甘蓝、花椰菜、球茎甘蓝。

1. 根菜类

肉质根类：以肥大的肉质直根为产品，如萝卜、芜菁、胡萝卜、根芥菜等。

块根类：以肥大的不定根或侧根为产品，如豆薯。

2. 茎菜类

肉质茎类（肥茎类）：以肥大的地上茎为产品，如莴笋、茭白、茎用芥菜、球茎甘蓝等。

嫩茎类：以萌发的嫩茎为产品，如芦笋、竹笋。

块茎类：以肥大的地下块茎为产品，如马铃薯、菊芋、草石蚕等。

根茎类：以肥大的地下根茎为产品，如生姜、莲藕等。

球茎类：以地下的球茎为产品，如慈姑、芋等。

鳞茎类：以肥大的鳞茎为产品，如洋葱、大蒜等．

3. 叶菜类

普通散叶菜类：以鲜嫩脆绿的叶或叶丛为产品，如小白菜、乌塌菜、茼蒿、菠菜等。

香辛叶菜类：有香辛味的叶菜，如大葱、分葱、韭菜、芹菜、芫荽、茴香。

结球叶菜类：以肥大的叶球为产品，如大白菜、结球甘蓝、结球莴苣等。

4. 花菜类

花器类：如黄花菜、朝鲜蓟等。

花枝类：如花椰菜、青花菜、菜薹等。

5. 果菜类

瓠果类：以下位子房和花托发育而成的果实为产品，如黄瓜、南瓜、西瓜等瓜类蔬菜。

浆果类：以胎座发达而充满汁液的果实为产品，如茄子、番茄、辣椒等。

荚果类：以脆嫩荚果或其豆粒为产品的豆类蔬菜，如菜豆、豇豆、蚕豆等。

杂果类：主要指菜玉米、菱角等上述三种以外的果菜类蔬菜。

（三）农业生物学分类法

农业生物学分类法综合考虑了蔬菜的植物学特性和栽培技术特点将蔬菜进行分类，比较适合蔬菜生产的要求，是目前我国园艺领域普遍采用的分类方法。具体分类如下：

1. 根菜类

根菜类包括萝卜、胡萝卜、根用芥菜、芜菁甘蓝、芜菁、根用甜菜等。以其膨大的直根为食用部分。生长期间喜冷凉气候。在生长的第一年形成肉质根，贮藏大量的水分和糖分，到第二年开花结实。在低温下通过春化阶段，长日照下通过光照阶段。均用种子繁殖。要求疏松而深厚的土壤。

2. 白菜类

白菜类包括白菜、芥菜及甘蓝等。以柔嫩的叶丛或叶球为食。喜冷凉、湿润气候，对水肥要求高，高温干旱条件下生长不良。多为二年生植物，均用种子繁殖，第一年形成叶丛或叶球，第二年才抽薹开花。栽培上，除采收花球及菜薹（花茎）者以外，要避免先期抽薹。

3. 绿叶菜类

绿叶菜类包括莴苣、芹菜、菠菜、茼蒿、苋菜、蕹菜等。以幼嫩的绿叶或嫩茎为食用器官。其中的蕹菜、落葵等能耐炎热，而莴苣、芹菜则好冷凉。由于它们大多植株矮小，生长迅速，要求土壤水分及氮肥不断的供应，常与高秆作物进行间、套作。

4. 葱蒜类

葱蒜类包括洋葱、大蒜、大葱、韭菜等，叶鞘基部能形成鳞茎，因此又叫"鳞茎类"。其中的洋葱及大蒜的叶鞘基部可以发育成为膨大的鳞茎，而韭菜、大葱、分葱等则不特别膨大。性耐寒，在春秋两季为主要栽培季节。在长日照下形成鳞茎，要求低温通过春化。可用种子繁殖（如洋葱、大葱等），也可用营养繁殖（如大蒜、分葱及韭菜等）。

5. 茄果类

茄果类包括茄子、番茄及辣椒。这三种蔬菜在生物学特性和栽培技术上都很相似。要求肥沃的土壤及较高的温度，不耐寒冷，对日照长短要求不严格。

6. 瓜类

瓜类包括南瓜、黄瓜、西瓜、甜瓜、瓠瓜、冬瓜、丝瓜、苦瓜等。茎蔓性，雌雄异花同株。要求较高的温度及充足的阳光，尤其是西瓜和甜瓜，要求昼热夜凉的大陆性气候及排水好的土壤。

7. 豆类

豆类包括菜豆、豇豆、毛豆、刀豆、扁豆、豌豆及蚕豆，多以新鲜的种子及豆荚为食。除豌豆及蚕豆要求冷凉气候以外，其他豆类都要求温暖的环境。具根瘤，在根瘤菌的作用下可以固定空气中的氮素。

8. 薯芋类

薯芋类包括马铃薯、山药、芋、姜等。以地下块根或地下块茎为食用器官。产品内富含淀粉，较耐贮藏。均用营养繁殖。除马铃薯生长期较短，不耐过高的温度外，其他的薯芋类，都能耐热，生长期亦较长。

9. 水生蔬菜

水生蔬菜包括藕、茭白、慈姑、荸荠、菱和水芹等生长在沼泽地区的蔬菜。在植物学分类上分属于不同的科，但均喜较高的温度及肥沃的土壤，要求在浅水中生长。除菱和芡实以外，都用营养繁殖。多分布在长江以南湖沼多的地区。

10. 多年生蔬菜和杂类蔬菜

多年生蔬菜包括竹笋、黄花菜、芦笋、香椿、百合等，一次繁殖以后，可以连续采收数年。杂类蔬菜包括菜玉米、黄秋葵、芽苗类和野生蔬菜。

🧑‍🏫 任务实施

蔬菜的识别与分类

1. 学生观看各种蔬菜的图片。教师介绍其分类地位，并引导学生主动思考，学会按照蔬菜的植物学特性确定其在分类法中的地位。

2. 学生观看蔬菜浸渍标本。

3. 学生以组为单位，在教师带领下，在蔬菜标本圃内观察各类蔬菜的生长状态，掌握其植物学特性，了解产品器官的特征。

4. 学生完成蔬菜的分类与识别技能单。

5. 教师利用图片、标本、实物对学生进行现场考核。

📄 复习思考题

1. 什么是蔬菜？什么是蔬菜栽培？
2. 蔬菜常见的分类方法有哪些？请分别说明各自的优缺点。

任务 2 蔬菜生物学特性调查

📚 知识平台

一、蔬菜的生育周期

蔬菜的生育周期是指蔬菜由种子萌发到再形成新的种子的整个过程。就一个生育周期而言，可以分为三个生长时期。

（一）种子时期

从母体卵细胞受精形成合子开始到种子发芽为止，经历种子形成期和种子休眠期。

1. 种子形成期

种子形成期是从形成合子开始到种子成熟为止。这一时期种子在母体上有显著的营养物质合成和积累过程，所以要求良好的营养和光照等环境条件，以提高种子的质量和生活力。

2. 种子休眠期

种子成熟后大多都有不同程度的休眠期。处于休眠状态的种子，代谢水平很低，需低温干燥的环境条件，以减少养分消耗，维持更长的寿命。种子经一段休眠以后，遇到适宜的环境便萌发。

（二）营养生长时期

营养生长时期是从种子发芽开始，到营养生长完成，开始花芽分化为止。具体又可划分为以下四个时期：

1. 发芽期

发芽期从种子萌动开始到真叶出现为止。此期所需要的能量及各种物质均由种子本身提供，因此，在生产上要求选用发芽能力强而饱满的种子，并创造适宜的发芽条件，保证种子迅速发芽，幼苗尽早出土。

2. 幼苗期

从真叶出现即进入幼苗期，其结束的标志因蔬菜种类而异。幼苗期开始植株进入自养阶段，靠自身光合作用制造的养分及根系吸收的水分和矿物质进行生长。幼苗生长代谢旺盛，光合作用所制造的营养物质大部分用于根茎叶的生长，很少有积累。果菜类蔬菜大多在此期开始花芽分化。此期绝对生长量很小，但生长迅速；对土壤水分和养分吸收的绝对量不多，但要求严格。此期对温度的适应性较强，具有一定的可塑性，是进行秧苗锻炼的依据。这一时期环境条件的优劣，会影响到一年生蔬菜的花芽分化以及结果数量和质量，直接关系到早熟性、丰产性。所以生产上要创造良好的环境条件，培育壮苗，为丰产打好基础。

3. 营养生长盛期

幼苗期结束即进入营养生长盛期。此期的中心内容是根、茎、叶的生长，植株形成强大的吸收和同化体系。一年生果菜类在此期间通过旺盛的营养生长，形成健壮的枝叶和根系，积累一定养分，为下一步开花、结实奠定良好基础；二年生的蔬菜在此期间通过旺盛的营养生长，形成特定的营养器官，积累并贮藏大量养分。因此，营养生长期也是养分积累期。

4. 休眠期

二年生或多年生蔬菜在进行旺盛营养生长之后，随着贮藏器官的形成即开始进入休眠期。休眠包括生理休眠和被迫休眠两种。生理休眠是由本身的遗传性决定的，即无论外界环境是否适宜生长，产品器官形成后必须经过一段休眠后，才能继续生长，如马铃薯。被迫休眠是产品器官形成后，由于不良的季节或环境而无法继续生长，是适应不良条件的一种被动反应，如大白菜、萝卜等。休眠中的植株个体内仍进行着缓慢的生理活动，同时消耗贮存的营养，其活动强度与环境密切相关。因此，应注意控制贮存环境条件，尽量减少营养物质消耗，使之安全度过不适季节，有充足的营养进行再次生长。

（三）生殖生长期

从植株开始花芽分化至形成新的种子为止为生殖生长期。可划分为以下三个时期：

1. 花芽分化期

从花芽开始分化至开花前的一段时间为花芽分化期。花芽分化是植物由营养生长过渡到生殖生长的形态标志。果菜类蔬菜一般在苗期就开始花芽分化。二年生蔬菜一般在产品器官形成，并通过春化阶段和光周期后，在生长点开始花芽分化，然后现蕾、开花。

2. 开花期

从开花至完成授粉受精过程为止为开花期。开花期是生殖生长的一个重要时期，植株对外界环境条件的抗性较弱，特别是对温度、光照及水分的反应敏感。温度过高或过低，水分过多或过少，光照不足等都会影响授粉受精，引起落蕾、落花。

3. 结果期

结果期是果菜类形成产量的关键时期。在此时期经授粉受精作用，子房发育为果实，胚珠发育为种子。果实的膨大生长，依靠的是叶片制造的光合产物不断向果实中运输。一年生的果菜类在开花结实的同时，仍要进行旺盛的营养生长，因此要供给充足的水分和养分，以利于果实和营养器官的正常生长发育。对于采收营养器官为产品的蔬菜种类，在非采种时期，应抑制生殖生长，促进产品器官的形成。

以上所述是蔬菜的一般生长发育过程。对于以营养体为繁殖材料的蔬菜，如薯芋类、部分葱蒜类和水生蔬菜等，栽培上则不经过种子时期。

二、蔬菜的栽培环境

（一）温度

影响蔬菜生长发育的环境条件中以温度最敏感，各种蔬菜都有其生长发育的温度三基点，即最低温度、最适温度和最高温度。栽培上宜将各种蔬菜产品器官形成期安排在当地气候最适宜的月份内，以达高产优质的目的。

1. 不同生育时期对温度的要求

蔬菜在不同生育期对温度要求不同。根据蔬菜作物对不同温度的要求和对温度的耐受能力，可将其分为多年生宿根蔬菜、耐寒蔬菜、半耐寒蔬菜、喜温蔬菜和耐热蔬菜五类。

大多数蔬菜在种子萌发期要求较高的温度，耐寒及半耐寒蔬菜一般为 $15 \sim 20℃$，喜温及耐热蔬菜一般为 $20 \sim 30℃$。进入幼苗期，由于幼苗对温度适应的可塑性较大，根据需要温度可稍高或稍低。营养生长盛期要形成产品器官，是决定产量的关键时期，应尽可能安排在温度适宜的季节。休眠期都要求低温。生殖生长期间要求较高的温度。果菜类花芽分化期，日温应接近花芽分化的最适温度，夜温应略高于花芽分化的最低温度。二年生蔬菜花芽分化需要一定时间的低温诱导，这种现象称为春化现象。根据感受低温的时期不同，蔬菜作物可分为两种类型：

（1）种子春化型 从种子萌动开始即可感受低温而通过春化阶段，如白菜、萝卜、芥菜、菠菜等。所需温度为 $0 \sim 10℃$，以 $2 \sim 5℃$ 为宜，低温持续时间约 $10 \sim 30d$。栽培中如果提前遇到低温条件，容易在产品器官形成以前或形成过程中就抽薹开花，称为先期抽薹或未熟抽薹。

（2）绿体春化型 幼苗长到一定大小后才能感受低温而通过春化阶段，如洋葱、芹菜、甘蓝等。不同的品种通过春化阶段时要求的苗龄大小、低温程度和低温持续时间不完全相同。对低温条件要求不太严格，比较容易通过春化阶段的品种称为冬性弱的品种；春化时要求条件比较严格，不太容易抽薹开花的品种称为冬性强的品种。开花期对温度要求严格，温度过高或过低都会影响授粉、受精。结果期要求较高的温度。

2. 土壤温度对蔬菜生长的影响

土壤温度的高低直接影响蔬菜的根系发育及对土壤养分的吸收。一般蔬菜根系生长的适宜温度为 24～28℃。土温过低，根系生长受抑制，蔬菜易感病；土温过高，根系生长细弱，植株易早衰。蔬菜冬春生产土温较低时，宜控制浇水，通过中耕松土或覆盖地膜等措施提高土温和保墒。夏季土温偏高，宜采用小水勤浇、培土和畦面覆盖的办法降低地温，保护根系。此外在生长旺盛的夏季中午不可突然浇水，否则会导致根际温度骤然下降而使植株萎蔫，甚至死亡。

（二）光照

1. 光照强度对蔬菜生长的影响

不同蔬菜对光照强度都有一定的要求，一般用光补偿点、光饱和点、光合强度（同化率）来表示。大多数蔬菜的光饱和点为 50klx 左右，光补偿点为 1.5～2.0klx。生产中可以根据蔬菜对光照强度的不同要求，在早春或晚秋采取适宜措施，增加光照，促进蔬菜生长。在夏季强光时节，选择不同规格的遮阳网覆盖，降低光照强度，保证蔬菜正常生长。

根据蔬菜对光照强度要求的不同，可将其分为三类：

（1）喜强光蔬菜　包括西瓜、甜瓜等大部分瓜类和番茄、茄子、芋头、豆薯等，此类蔬菜喜强光，遇阴雨天气，产量低、品质差。

（2）喜中等光强蔬菜　包括大部分白菜类、萝卜、胡萝卜和葱蒜类，此类蔬菜生长期间不要求很强光照，但光照太弱时生长不良。

（3）耐弱光蔬菜　包括生姜和莴苣、芹菜、菠菜等大部分绿叶菜类蔬菜。此类蔬菜在中等光强下生长良好，强光下生长不良，耐荫能力较强。

2. 光周期对蔬菜生长发育的影响

蔬菜作物生长和发育对昼夜相对长度的反应称为光周期现象。根据蔬菜作物花芽分化对日照长度的要求，可将可将其分为三类：

（1）长日性蔬菜　12～14h 以上的日照促进植株开花，短日照条件下延迟开花或不开花。代表蔬菜有白菜、芥菜、萝卜、胡萝卜、芹菜、菠菜、豌豆、大葱等。

（2）短日性蔬菜　12～14h 以下的日照促进植株开花，在长日照下不开花或延迟开花。代表蔬菜有豇豆、扁豆、苋菜、丝瓜、蕹菜、落葵等。

（3）中光性蔬菜　开花对光照时间要求不严，在较长或较短的日照条件下都能开花。代表蔬菜有黄瓜、番茄、菜豆等。

此外，光照长度与一些蔬菜的产品形成有关。例如，马铃薯、菊芋、芋及许多水生蔬菜的产品器官在较短的日照条件下形成，而洋葱、大蒜等一些鳞茎类蔬菜，形成鳞茎要求较长日照。

（三）水分

1. 不同蔬菜种类对水分的要求

水是植物细胞的主要成分，也是绿色植物进光合作用的主要原料，同时植物从土壤中吸收营养物质的过程必须有水的参与，可以说水直接影响蔬菜的产量构成。根据蔬菜需水特性的不同，可将其分为耐旱蔬菜、半耐旱蔬菜、半湿润蔬菜、湿润蔬菜和水生蔬菜。在生产中，应该根据蔬菜的需水特点进行相应的栽培管理。

2. 不同生育期需水特点

种子发芽期，要求充足的水分以供吸水膨胀。胡萝卜、葱等需吸收种子本身重量100%的水分才能萌发，豌豆甚至需要吸收150%的水分才能萌发。播种后尤其是播种浅的蔬菜，容易缺水，播后保墒是关键。

幼苗期叶面积小、蒸腾量小，需水量不大，但由于根初生、分布浅、吸收力弱，因而要求加强水分管理，保持土壤湿润。

营养生长盛期要进行营养器官的形成和养分的大量积累，细胞、组织迅速增大，养分的制造、运转、积累、贮藏等都需要大量的水分。栽培上这一时期应满足水分供应，但也要防止水分过多导致营养生长过旺。

生殖生长期对水分要求较严。开花期缺水影响花器生长，水分过多时引起茎叶徒长，所以此期不管是缺水还是水分过多，均易导致落花落蕾。进入结果期，特别是结果盛期，果实膨大需较多的水分，应充足供应。

（四）土壤营养

蔬菜作物种类品种繁多，供食部位和生长特性各异，对土壤营养条件要求也各不相同。

1. 蔬菜生长与土壤条件

（1）土壤质地　不同蔬菜对土壤质地的要求不同。土壤质地是构成蔬菜特产区的基本条件。沙壤土土质疏松，通气排水好，不易板结、开裂，耕作方便，地温上升快，适于栽培吸收力强的耐旱性蔬菜，如南瓜、西瓜、甜瓜等。壤土土质松细适中、结构好，保水保肥能力较强，含有效养分多，适于绝大部分蔬菜生长。黏壤土的土质细密、保水保肥力强、养分含量高、有丰产的潜力，但排水不良、土表易板结开裂、耕作不方便、地温上升慢，适于晚熟栽培及水生蔬菜栽培。

（2）土壤溶液浓度和酸碱度　不同蔬菜对土壤溶液浓度的适应性不同。适应性强的有瓜类（除黄瓜）、菠菜、甘蓝类，它们在0.25%～0.3%的盐碱土中生长良好。适应性中等的有葱蒜类（除大葱）、小白菜、芹菜、芥菜等，它们能耐0.2%～0.25%的盐碱度。适应性弱的有茄果类、豆类（除蚕豆、菜豆）、大白菜、萝卜、黄瓜等，它们能耐0.1%～0.2%的盐碱度。适应性最弱的菜豆，只能在0.1%盐碱度以下的土壤中生长。蔬菜在不同生育时期耐盐能力不同，随着植株长大，细胞浓度增加，耐盐力也随着增加，一般是成株比幼苗大2～2.5倍。所以在苗期不能用浓度太高的肥料，配制营养土时，要注意选用富含有机质的土壤。

大多数蔬菜在中性至弱酸性的条件下生长良好（pH为6～6.8），但不同蔬菜种类适应性也有所不同；韭菜、菠菜、菜豆、黄瓜、花椰菜等要求中性土壤；番茄、南瓜、萝卜、胡萝卜等能在弱酸性土壤中生长；茄子、甘蓝、芹菜等较能耐盐碱性土壤。

2. 蔬菜生长与土壤营养

与禾谷类作物相比，蔬菜作物需肥量较大。在三要素中，对钾的需求量最大，其次为氮，磷的需求量最小。蔬菜种类不同，对不同养分的需求量也不同。叶菜类对氮的需求量较大，根、茎类和叶球类蔬菜对钾的需求量相对较大，而果菜类需磷较多。此外，蔬菜作物对钙和硼的需求量也较大。

不同种类蔬菜对营养元素的吸收量不同。一般是生长期长、产量高的需肥多，如大白菜、胡萝卜、马铃薯等；而生长快、产量低的速生性蔬菜需肥量较小。同种蔬菜在不同生长期对养分的需求也不同。发芽期主要是利用种子本身贮藏的养分，吸收外界养分极少；幼苗期个体小，吸收量也小，但在集中育苗条件下，秧苗密集、生长迅速，且根系较弱，因此对土壤养分要求较高；随着植株不断生长，所需各种营养不断增加，到产品器官形成期，吸收营养最多，需肥量达到最大，且对磷钾的需求量增加。

任务实施

情景一 蔬菜种子的识别

1. 种子外部形态的观察。学生观察种子标本瓶内的种子，学会通过种子的形状、大小、颜色等外部特征区分蔬菜种子。

2. 学生分组观察种子内部结构。学生以小组为单位，在解剖镜下解剖菜豆、黄瓜、番茄等蔬菜的种子，观察它们的内部结构。

3. 新陈种子识别。学生分组观察，利用外观观察、闻气味、品尝等方法识别新、陈种子。

4. 种子区分。学生分组观察，能够根据种子外部形态特征正确区分洋葱、大葱和韭菜。

5. 学生掌握常见蔬菜种子外部特征，填写情境报告单。

6. 学生完成蔬菜种子识别内容考核，教师进行过程评价。

情景二 蔬菜浸种催芽技能训练

情景三 茄果类蔬菜植株形态及开花结果习性调查

情景四 蔬菜播种技能训练

情景五 蔬菜分苗技能训练

其他情境操作均按照"资讯→计划→决策→实施→检查→评价"等工作过程设计实施。

复习思考题

1. 蔬菜的生育周期可分为哪几个时期？各期的主要特点是什么？

2. 蔬菜根据其对于温度的需求可分为哪几类。

3. 什么是春化现象？蔬菜作物根据其感受低温时期的不同可分为哪两种类型？

4. 蔬菜不同生育期对于水分的要求有何特点？

任务3 蔬菜栽培制度调查

知识平台

蔬菜的栽培制度是指在一定时间内，在一定土地面积上，各种蔬菜的安排布局的制度。它包括扩大复种面积，采用轮作、间混套作等技术来安排蔬菜栽培的次序，并配合合理的施肥与灌溉制度、土壤耕作与休闲制度，即通常所说的"茬口安排"。蔬菜栽培制度充分体现了我国农业精耕细作的优良传统。其优点在于广泛采用间套作，复种次数增加，日光能和土壤肥力利用率提高；重视采用轮作、倒茬、冻地、晒垡等制度来减轻病虫害，恢复与提高土壤肥力。

一、连作和轮作

（一）连作及其危害

连作又称为重茬，是指在同一块土地上，不同茬次或者是不同年份连续栽培同一种蔬菜。主茬隔小茬也为连作。同类蔬菜连续种植，造成土壤中某一种或某几种养分吸收过多或过少，使土壤中养分不平衡；同类蔬菜根系深浅相同，致使土壤各层次养分利用不合理；同类蔬菜有共同的病虫害，病原菌或虫卵越冬后翌年发病严重；某些蔬菜的根系能分泌出有机酸和某种有毒物质，改变土壤结构和性质，不利于保持土壤肥力，导致土壤酸碱度的变化。

（二）轮作

轮作是指在同一块土地上，按照一定年限轮换种植几种不同性质的蔬菜，又称为换茬或倒茬。轮作可有效地避免连作的危害，是合理利用土壤肥力、减轻病虫害的有效措施。

由于蔬菜的种类很多，可将白菜类、根菜类、葱蒜类、茄果类、瓜类、豆类、薯芋类等各种蔬菜按类分年轮流栽培。同类蔬菜对于营养的要求和病虫害大致相同，在轮作中可作为一种作物处理，但是不同类而同科的蔬菜不宜互相轮作。多数绿叶菜类蔬菜生长期短，应配合在其他作物的轮作区中栽培，不独自占一轮作区。

（三）轮作的原则

1）吸收土壤营养不同，根系深浅不同的作物互相轮作。例如，叶菜类吸收氮肥较多，根茎类吸收钾肥较多，果菜类吸收磷肥较多，它们可轮流栽培。再如深根性的根菜类、茄果类，应与浅根性的叶菜类、葱蒜类轮作。

2）确保互不传染病虫害。同科蔬菜常感染相同的病虫害，制订轮作计划时，应避免将同科蔬菜连作。每年调换种植性质不同的蔬菜，可使病虫害失去寄主或改变生活条件，能达到减轻或消灭病虫害的目的。粮菜轮作、水旱轮作对于控制土壤传染性病害是行之有效的措施。

3）改善土壤结构。在轮作制度中适当配合豆科、禾本科蔬菜，可增加有机质，改良土壤团粒结构。

4）注意不同蔬菜对土壤酸碱度的要求。如甘蓝、马铃薯种植后能增加土壤酸度，而玉米、南瓜种植后，能降低土壤酸度，故对土壤酸度敏感的洋葱等作为玉米、南瓜的后作可获较高产量，作为甘蓝的后作则减产。豆类的根瘤菌给土壤遗留较多的有机酸，连作常导致减产。

5）考虑前茬作物对杂草的抑制作用。前后作物配置时，注意前作对杂草的抑制作用，为后作创造有利的生产条件。一般胡萝卜、芹菜等生长缓慢，抑制杂草的作用较弱，葱蒜类、根菜类也易遭杂草危害，而南瓜、冬瓜、甘蓝、马铃薯等抑制杂草的能力较强。

（四）蔬菜作物轮作的年限

轮作的年限主要因蔬菜种类、病虫害种类及其危害程度、环境条件等不同而异。一般白菜、芹菜、甘蓝、花椰菜、葱蒜类、慈姑等在没有严重发病的地块上可以连作几茬，但需增施有机肥。需 2～3 年轮作的有黄瓜、辣椒、马铃薯、山药、生姜等；3～4 年轮作的有大白菜、番茄、茄子、甜瓜、豌豆、芋、茭白等；需 6～7 年以上轮作的有西瓜等。总体来说，禾本科蔬菜耐连作；十字花科、百合科、伞形花科蔬菜也较耐连作，但以轮作为佳；茄科、葫芦科（南瓜除外）、豆科、菊科蔬菜不耐连作。

二、间混套作

将两种或两种以上蔬菜隔畦（行、株）同时有规律地种植在同一块地上，称为间作。将两种或两种以上蔬菜同时不规则地混合种植，称为混作。利用某种蔬菜在田间生长的前期或后期，于畦（行）间种植另一种蔬菜，称为套作。

合理的间混套作是指将两种或两种以上的蔬菜，根据其不同的栽培习性，组成一个复合群体，通过合理的群体结构，使单位面积内植株总数增加，并能有效地利用光能与地力、时间与空间，形成相互有利的环境，甚至减轻病虫杂草危害。间混套作是我国蔬菜栽培制度的一个显著特点，它能够增加复种指数，提高蔬菜的单位面积产量和总产量，是实行排开播种、增加花色品种和淡季供应的一个重要措施。

实施间混套作，宜掌握以下原则：

1）合理搭配蔬菜种类和品种。在选择蔬菜种类与品种时，应注意高秆作物与矮秆作物结合，叶片直立型种类与水平型种类结合，深根性蔬菜与浅根性蔬菜结合，早熟品种与晚熟品种结合，喜强光蔬菜和耐弱光蔬菜搭配。要保证两种蔬菜生长期间互不抑制，且对养分的吸收互补。

2）安排合理的田间群体结构。主副作物的配置比例合理，在保证主作蔬菜密度与产量的条件下，适当提高副作蔬菜的密度与产量。田间种植时加宽行距，缩小株距，在保证主作密度和产量的前提下改善通风透光条件。实行套作时，使前茬的后期和后茬的苗期共生，互不影响生长，尽量缩短两者的共生期。

3）采取相应的技术措施。间套作要求较高的劳力、土壤肥力和技术条件，同时从种到收，要随时采取相应农业技术措施，防止主副作之间的相互影响。

三、栽培季节与茬次

（一）露地栽培茬口

1. 早春茬

早春茬利用风障等保护设施，在早春播种小白菜、小萝卜、菠菜、茼蒿等耐寒性较强的速生性菜类，供应早春淡季市场。其生长期短，经济效益较好。

2. 春茬

春茬一般于早春播种或育苗，春季定植，春末或夏初收获，是全年露地生产的主要茬口。适合春茬种植的蔬菜种类比较多。耐寒或半耐寒性蔬菜一般于早春土壤解冻后露地直播；喜温性果菜类则需在设施内育苗，于终霜后定植于露地。

3. 夏茬

夏茬一般于春末至夏初播种或定植，以解决8~9月份淡季供应问题。主要的种类有黄瓜、豇豆、菜豆、冬瓜、茄子、辣椒等，选用的大多是耐热性较强的种类和品种。

4. 秋茬

秋茬一般于夏末初秋播种或定植，中秋后开始收获，秋末冬初收获完毕。其栽培面积较大，主要供应秋冬季蔬菜市场。主要种类有大白菜、甘蓝、花椰菜、萝卜、胡萝卜、芥菜、芹菜、菠菜、莴笋等。

5. 越冬茬

越冬茬在晚秋或上冻前播种，以种子或一定大小幼苗越冬，翌年早春返青，供应市场。主要种类有菠菜、葱、韭菜等。这一茬投入较少，成本较低，经济效益较好，但要根据当地的气候条件等选择适宜的种类和品种，确定适宜的播种期。

（二）设施栽培茬口

1. 冬春茬

冬春茬是日光温室栽培难度最大，经济效益最高的茬口。一般于国庆节前后播种或定

植，入冬后开始收获，翌年春结束生产。主要栽培喜温性果菜类，对于一些保温条件较差的温室，也可进行韭菜、芹菜等耐寒性较强的蔬菜的冬春茬栽培。

2. 春早熟栽培

春早熟栽培是日光温室和塑料大棚的主要栽培茬口，以栽培喜温性果菜类为主。前期均利用温室育苗，保温性能较好的日光温室可于 2 ~ 3 月定植，塑料大棚可于 3 ~ 4 月定植，产品始收期可比露地提早 30 ~ 60d。

3. 越夏栽培

越夏栽培是利用温室大棚骨架覆盖遮阳网或防虫网，栽培一些夏季露地栽培难度较大的果菜类或喜冷凉的叶菜类（白菜、菠菜等）。于春末夏初播种或定植，7 ~ 8 月收获上市。

4. 秋延后栽培

秋延后栽培是塑料大棚的主要栽培茬口。一般于 7 ~ 8 月播种或定植，生产番茄、黄瓜、菜豆等喜温性果菜类蔬菜，供应早霜后的市场，也用于相当一部分叶菜等的延后生产。

5. 秋冬茬

秋冬茬是日光温室生产的主要茬口之一。一般于 8 月前后播种或育苗，9 月定植，10 月开始收获直到春节前后。以栽培喜温性果菜类为主，前期高温强光，植株易旺长，后期低温寡照，植株易早衰，栽培难度较大。

🎓 任务实施

情景一　蔬菜露地栽培茬次调查

1. 教师提出问题：常见的露地栽培茬次有哪些？引出"情境一　蔬菜露地栽培茬次调查"。

2. 学生分组自主学习露地栽培茬口，教师巡回指导。

3. 在教师的带领下，学生以组为单位，调查本校园艺基地和周边农户的蔬菜露地茬次安排，填写情境报告单。

4. 根据学生掌握的理论知识和调查获得的实践知识，要求每组设计露地栽培茬次，完成任务实施单，教师进行审核，并对学生参与此情境的实际情况进行过程评价。

情景二　设施栽培蔬菜茬次调查

情景三　设施类型调查

其他情境操作均按照"资讯→计划→决策→实施→检查→评价"等工作过程设计实施。

✏️ 复习思考题

1. 什么是蔬菜栽培制度？

2. 什么是轮作？蔬菜轮作时应遵循哪些原则？

3. 什么是间混套作？应掌握什么原则？

项目 ⑤ 蔬菜栽培

任务1 露地秋白菜栽培

大白菜又名结球白菜、黄芽菜，是十字花科一、二年生草本植物。大白菜原产于我国，现在世界各地普遍栽培，在我国享有"百菜之王"的美誉。大白菜营养丰富，叶球品质柔嫩，易栽培，产量高，耐贮运，是我国居民日常生活中居首位的蔬菜种类。

一、栽培季节与茬次安排

大白菜露地（图5-1）栽培面积较大，栽培季节因地区而异：黄淮河流域分春、夏、秋三茬；东北某些地区分春、秋两茬；青藏高原和大兴安岭北部一年只种一茬；华南可周年栽培。全国各地均以秋季栽培为主。此外，利用设施进行越夏大白菜栽培近几年发展迅速，效益较好。

随着科学技术的进步，蔬菜育种方法和手段不断地改进，一些耐寒、抗热的大白菜新品种相继被培育出来，并在生产上推广应用。如今，大白菜不仅在秋季生产，春、夏也可以种植，基本做到了周年生产、周年供应。

图5-1　大白菜露地生产田

二、露地秋白菜栽培

（一）确定播种期

大白菜收获期在 -2℃ 以下寒流侵袭之前，向前推一个生长季即为适宜播期。生长期月均温为 5~22℃。

（二）品种选择

大白菜按结球类型可分为散叶、半结球、花心和结球四个变种。其中结球变种是大白菜进化的高级类型，其球叶抱合形成坚实的叶球，球顶尖或钝圆，闭合或近于闭合。结球变种按结球形状的不同主要分为卵圆型、平头型、直筒三个基本生态型。

1. 卵圆型

叶球卵圆形，球顶尖或钝圆，近于闭合，球形指数（叶球高度/直径）约1.5。球叶倒卵圆形，褶抱。该类型属于海洋性气候生态型，喜温暖湿润的气候条件。代表品种有山东福山包头、胶县白菜、辽宁旅大小根等。

2. 平头型

叶球上大下小，呈倒圆锥形，球顶平，完全闭合，球形指数近于1。球叶横倒卵圆形，叠抱。该类型属于大陆性气候生态型，喜气候温和、昼夜温差较大、阳光充足的环境。代表品种有河南洛阳包头、山东冠县包头、山西太原包头等。

3. 直筒型

叶球细长圆筒形，球顶尖，近于闭合，球形指数在3以上。球叶倒披针形。对气候适应性强，在海洋性及大陆性气候区均能生长良好，因而又称为交叉性气候生态型。代表品种有天津青麻叶、河北玉田包尖、辽宁河头白菜等。

结球白菜变种与其他变种或生态型相互杂交，产生了一些中间过渡类型，如平头直筒型、平头卵圆型、圆筒型、直筒花心型、花心卵圆型等。

大白菜品种除了根据生态型划分外，还可根据叶球性状和生育期等划分为不同的类型。在进行大白菜生产时，应根据栽培地的气候条件、生长季节长短、消费习惯等选择适宜的品种。

（三）整地施肥

大白菜属于浅根性蔬菜，主要根群分布在25cm土层内，以土层深厚、疏松肥沃、富含有机质的壤土和轻黏壤土为宜，适于中性偏酸的土壤。栽培大白菜时，如果土壤中缺钙易造成球叶枯黄的"干烧心"现象，生产中应注重保证钙肥的施用。栽培地块前茬作物收获后，每亩施腐熟的有机肥5000kg，过磷酸钙50kg，硫酸钾20kg。深翻地后耙平，做畦或垄。在干旱地区宜用平畦，畦宽1.2~1.5m。在多雨、地下水位较高、病害严重区宜用高垄或高畦栽培。垄高20cm，垄距50~60cm，每垄栽1行；高畦高度为20cm，畦宽1.2~1.8m，每畦种2~4行。

（四）播种育苗

秋茬大白菜多采用露地直播，也可条播或穴播，每亩用种量150~200g。大白菜从播种到出苗后第一片真叶显露为发芽期，大约为4~6d。此期根系逐渐发育，发芽期结束时，主根已达11~15cm，并有一、二级侧根出现。

当前作未能及时腾地时，则采用育苗方式，育苗床做成平畦（图5-2），每平方米床面撒播种子2~3g，覆细土1cm。每亩用种量100~125g。播种后可覆盖银灰色地膜防雨防蚜，勤浇小水保持土壤湿润。幼苗团棵前分苗，分苗宜在晴天下午或阴天进行。

图5-2　大白菜幼苗

（五）田间管理

1. 苗期管理

从第一片真叶出现到团棵为止，早熟品种需 14~16d，晚熟品种需 18~22d。播种后 7~8d，基生叶生长到与子叶大小相同时，和子叶互相垂直排列成"十"字形，这一现象称为拉十字。接着第一个叶环的叶片按一定开展角规则地排列成圆盘状，俗称团棵或开小盘。幼苗期根系发展很快，团棵时主根入土深度达 60cm。

幼苗期及时浇水，保持地面湿润。雨后及时排涝，中耕松土。当出现 2~3 片真叶时，对田间生长偏弱的小苗施偏心肥 1~2 次。苗出齐后，可于子叶期和 3~4 片真叶期进行间苗。团棵时定苗，株距依品种而定：大型品种 50~53cm，小型品种 46~50cm。田间缺苗时，及早挪用大苗进行补苗。育苗移栽的，可在幼苗团棵时定植。

2. 莲座期管理

从团棵到第三个叶环的叶子（早熟品种 15~18 片，晚熟品种 23~26 片）完全长成，到植株心叶开始出现包心现象时为莲座期，需 20~25d。在莲座后期所有的外叶全部展开，全株光合面积接近最大，形成了一个旺盛、发达的莲座叶丛，为叶球的形成准备充足的同化器官。在莲座叶全部长大时，植株中心幼小的球叶按褶抱、叠抱或拧抱的方式抱合而出现包心现象，这是莲座期结束的临界特征。莲座叶发达与否是能否形成硕大叶球的关键。

大白菜的叶具有明显的器官异态现象。子叶为肾形，无锯齿，有明显的叶柄。继子叶出土后，出现的第一对叶片称为基生叶，长椭圆形，叶缘有锯齿，叶表面有毛，有明显的叶柄，无托叶。基生叶之后着生中生叶，第一个叶环叶片较小，构成幼苗叶，第二、三个叶环叶片较大，构成莲座叶。莲座叶为板状叶柄，有明显的叶翼，边缘波状，是主要的同化器官。早熟种为 2/5 叶序（5 叶绕茎 2 周成一个叶环），中晚熟种为 3/8 叶序（8 叶绕茎 3 周成一个叶环）。

莲座期适宜温度为 17~22℃，要保证充足的水分供应，保持土壤见干见湿，植株进入莲座后期应适度控水蹲苗。定苗后追施一次发棵肥，每亩施粪肥 1000~1500kg 或硫酸铵 10~15kg，草木灰 100kg，随即浇水。

3. 结球期管理

莲座叶之后发生的叶片，向心抱合形成叶球，称为球叶，叶片硕大柔嫩，是大白菜的营养贮藏器官和主要产品器官。外层球叶呈绿色，内层球叶呈白色或淡黄色。从莲座期结束至叶球充分膨大，直至收获，早熟品种需 25~30d，晚熟品种需 40~60d。结球期适宜温度为 12~22℃，昼夜温差以 8~12℃为宜。

结球前期，叶球外层的叶子迅速生长并向内弯曲而构成叶球的轮廓，叶球的外貌形成，俗称抽筒或长框。蹲苗结束后开始浇水，水量不宜过大，在包心前 5~6d 追结球肥，每亩施用优质农家肥 1000~1500kg，草木灰 100kg。

结球中期叶球内叶迅速生长，称为灌心。此期要保持土面湿润，包心后 15~20d 追灌心肥，随水冲施腐熟的豆饼水 2~3 次，也可追施复合肥 15kg/亩或硫酸钾 10kg/亩。

结球后期体积不再增大，内叶缓慢生长充实，外叶养分向内叶运转，外叶衰老、变黄。整个结球后期是大白菜养分累积时期，也是产量形成的关键时期。此时期不再追肥，并在收获前 5~8d 停止浇水，提高耐贮性，防止裂球。

贮藏用的大白菜在收获前 7~10d，将莲座叶扶起，用草绳将叶束住，以保护叶球免受冻害，也可减少收获时叶片的损伤。

（六）收获

大白菜结球后期遇到低温时，生长发育过程受到抑制，由生长状态被迫进入休眠状态。如条件适宜也可不经过休眠，直接进入生殖生长阶段。在休眠期大白菜生理活动力很弱，不进行光合作用，只有微弱的呼吸作用，外叶的部分养分仍继续向球叶运输，并依靠叶球贮存的养分和水分继续形成花芽和幼小花蕾，为转入生殖生长做准备。用于冬贮的晚熟品种，应在低于 -2℃ 的寒流侵袭之前数天收获。收获时，连根拔出，堆放在田间，球顶朝外，根向里，以防冻害。晾晒数天，待天气转冷再入窖贮藏。

任务实施

情景一　大白菜育苗

1. 教师提出问题：常见的育苗方式有哪些？大白菜育苗应该采取哪种育苗方式？为什么？引出"情境一　大白菜育苗技术"。

2. 学生分组自主学习大白菜育苗操作，填写情境报告单，教师巡回指导。

3. 学生以组为单位制定并提交露地秋白菜育苗任务实施单，教师总结完善问题，解决修剪中必备的理论问题；教师对正确的任务实施单签字后，学生方可实施任务。

4. 学生田间实施大白菜育苗任务，并调查出苗和幼苗成活情况。教师进行过程评价。

情景二　露地秋白菜莲座期肥水管理

情景三　露地秋白菜结球期管理

情景四　大白菜采收

其他情境操作均按照"资讯→计划→决策→实施→检查→评价"等工作过程设计实施。

复习思考题

1. 大白菜的结球变种主要包括哪几个基本生态型？请举例说明。

2. 简述大白菜育苗要点。

3. 露地秋大白菜播种后如何管理才能获得高产？

任务 2　春季露地菜豆栽培

知识平台

菜豆，又名四季豆、芸豆等，豆科菜豆属一年生蔬菜，原产中南美洲热带地区，公元16世纪传入我国，现在全国南北各地广泛栽培。菜豆主要以食用鲜荚为主，品质鲜嫩，营养丰富。菜豆适应性较强，栽培技术简单，产品又可加工成罐头食品，很受广大消费者的喜爱。

一、栽培季节与茬次安排

我国除无霜期很短的高寒地区为夏播秋收外，其余南北各地均春秋两季播种，并以春播为主。春季露地播种，多在断霜前几天、10cm 地温稳定在 10℃时进行。春播时间，长江流域宜在 3 月中旬至 4 月上旬，华南地区一般在 2 月至 3 月，华北地区在 4 月中旬至 5 月上旬，东北在 4 月下旬至 5 月上旬。海南和云南一些地区可冬季露地栽培。目前，很多地区利用塑料大棚和日光温室进行反季节栽培，保证了菜豆的周年生产和供应。

二、春季露地菜豆栽培

（一）播种期确定

菜豆春季露地直播多在当地日平均气温已稳定在 10℃以上时进行，我国华南地区多在 2~3 月，东北地区多在 4~5 月。生产中结合地膜覆盖栽培菜豆，可以提高地温，促进根系生长，加快植株生长发育速度，比露地栽培菜豆提早成熟、上市，具有增产增收的作用。一般采用地膜覆盖栽培要比露地栽培提早 10~15d 播种。

（二）品种选择

菜豆依主茎的分枝习性一般分为蔓生型和矮生型。生产中应根据当地消费习惯和不同的生产目的选择适宜品种栽培。

1. 蔓生型

蔓生型又称为架豆，主蔓长达 2~3m，节间长，攀缘生长。顶芽为叶芽，属于无限生长类型。每个茎节的腋芽均可抽生侧枝或花序，陆续开花结荚，成熟较迟，产量高，品质好。常见品种有：芸丰、架豆王、双季豆、老来少、绿龙、日本花皮豆、特嫩 1 号、超长四季豆等。

2. 矮生型

矮生型又称为地豆或蹲豆。植株矮生而直立，株高 40~60cm。通常主茎长至 4~8 节时顶芽形成花芽，不再继续生长，从各叶腋发生若干侧枝，侧枝生长数节后，顶芽形成花芽，开花封顶。生育期短，早熟，产量低。常见品种有：优胜者、供给者、推广者、新西兰 3 号、嫩荚菜豆、农友早生、赞蔓兰诺 79-88 等。

（三）整地施肥

菜豆根系较发达，成龄株主根深达 80cm 以上，侧根分布直径 60~70cm，主要根群多分布在 15~30cm 耕层中。菜豆适宜在土层深厚、有机质丰富、疏松透气的壤土或沙壤土上栽培，如果土壤湿度大，通气性差，则不利于根瘤繁殖和寄生。土壤 pH 值宜为 6.2~7.0，如果土壤呈酸性，则会使根瘤菌活动受到抑制。菜豆生育过程中吸收钾肥和氮肥较多，其次为磷肥和钙肥。微量元素硼和钼对菜豆生长发育和根瘤菌活动有良好的作用。菜豆对氯离子反应敏感，所以生产上不宜施含氯肥料。整地时每亩施用优质农家肥 4000~5000kg，过磷酸钙 50kg，硫酸钾 20kg 或草木灰 100kg。深耕细耙，整平土地，一般起垄栽培，垄距 50~60cm。在春夏多雨地区，宜做高畦栽培。蔓生型一般可做成畦面宽 1m 的高畦，每畦栽种两行；矮生型可缩小行距，增加种植行数。

（四）播种育苗

菜豆喜温怕寒，种子发芽的最低温度为 8~10℃，发芽适温为 20~25℃。露地直播菜豆，蔓生型菜豆按 30cm 距离开穴，矮生型按 35cm 距离开穴。浇水后待水渗下完毕，每穴播种 3 粒种子。播种后进行地膜覆盖，当种子拱土时要立即破膜引苗，防止幼苗被膜下高温烤伤。

菜豆根系易老化，再生能力弱，春茬菜豆的适宜苗龄为 25～30d，需在温室内育苗。育苗情况下每亩需种子 5～6kg（定植密度 7500～9000 株/亩）。育苗用的营养土宜选用大田土，土中切忌加化肥和农家肥，否则易发生烂种。菜豆种子寿命 2～3 年，生产中多用第一年的新种子。菜豆种子种皮薄，浸种时易破裂而受损伤，故不提倡播前浸种。播种前先将菜豆种子晾晒 1～2d，再用种子质量 0.2% 的 50% 多菌灵可湿性粉剂拌种，或用福尔马林 200 倍液浸种 30min 后用清水冲洗干净。然后将种子播于 10cm×10cm 的营养钵中，每钵播 3 粒，覆土 2cm，最后盖膜增温保湿。播种前如果用根瘤菌拌种，则会加快根瘤形成。

播后苗前温度控制在 25℃ 左右。出苗后，日温降至 15～20℃，夜温降至 10～15℃。第一片真叶展开后应提高温度，日温 20～25℃，夜温 15～18℃，以促进根、叶生长和花芽分化。定植前 1 周开始逐渐降温炼苗，日温 15～20℃，夜温 10℃ 左右。菜豆幼苗较耐旱，在底水充足的前提下，定植前一般不再浇水。苗期尽可能改善光照条件，防止光照不足引起徒长。幼苗 3～4 片叶时即可定植。可在定植前一周进行地膜覆盖，提高地温，以利于促进缓苗。

（五）田间管理

菜豆苗期根瘤很少，可在缓苗后每亩追施 15kg 尿素，以利根系生长和叶面积扩大。开花结荚前，要适当蹲苗控制水分，如干旱则浇小水。菜豆耐旱力较强，在生长期间，土壤适宜湿度为田间最大持水量的 60%～70%。蔓生型菜豆从 4～5 片真叶展开到开花，需 10～15d，此期间茎叶生长迅速，花芽不断分化发育。矮生种一般播种后 30～40d 便进入开花结荚期，该时期历时 20～30d；蔓生种一般播种后 50～70d 进入开花结荚期，该时期历时 45～70d。开花结荚期湿度过大或过小都会引起落花落荚现象。菜豆浇水的原则是浇荚不浇花，开花结荚期要始终保持土壤湿润，但也要防止水分过多，造成植株生长过旺，导致落花落荚。进入雨季要做好排水工作。

当第一花序豆荚开始伸长时，随水追施复合肥，每次每亩施用 15～20kg。矮生菜豆生长期较短，此时期后不再进行追肥。第二次追肥在嫩荚坐住后，追施催荚肥，每亩施三元复合肥 15kg，过磷酸钙 8～10kg，以促使植株生长健壮。在收获的中、后期进行第三次追肥，每亩施尿素 10～15kg，以促使植株发生更多的新侧枝，防止植株早衰。

菜豆主蔓长至 30cm 时，需进行支架，常用的栽培架有四角架、单花篱架等。现蕾开花之前，要将第一花序以下的侧枝打掉。结荚后期，及时剪除老蔓和病叶，以改善群体通风透光条件，促进侧枝再生和潜伏芽开花结荚。菜豆在整个生育期间要进行 2～3 次中耕除草，中耕除草一定要在菜豆开花前结束，避免损伤花荚。

菜豆的花芽量很大，但正常开放的花仅占 20%～30%，能结荚的花又仅占开放花的 20%～30%，结荚率极低。大量的花芽变成潜伏芽或在开放时脱落。主要原因是开花结荚期外界环境条件不适，温度过高过低，湿度过大或过小，光照较弱，水肥供应不足等，都能造成授粉不良而落花。生产中可通过加强管理，适时采收等措施防止落花落荚。如果菜豆落花落荚严重，可用 5～25mg/L 萘乙酸喷花序，它可以起到保花保荚的作用。

（六）采收

菜豆开花后 10～15d，可达到食用成熟度。菜豆采收标准为豆荚由细变粗，荚大而嫩，豆粒略显。结荚盛期，每 2～3d 可采收 1 次。采收时要注意保护花序和幼荚。

任务实施

情景一 露地菜豆搭架技能

1. 教师提出问题：蔬菜常见的支架类型有哪些？你见过的露地菜豆支架类型有哪些？引出"情境一 露地菜豆搭架技能训练"。

2. 学生分组自主学习蔬菜搭架技能，填写情境报告单，教师巡回指导。

3. 教师田间示范蔬菜不同支架类型操作，学生分组练习，教师分别指导。

4. 学生以组为单位制定并提交露地菜豆搭架任务实施单，教师总结完善问题，解决搭架中必备的理论问题；教师对正确的任务实施单签字后，学生方可实施任务。

5. 学生田间实施露地菜豆搭架任务，教师进行过程评价。

情景二 春季露地菜豆护根育苗
情景三 春季露地菜豆肥水管理
情景四 春季露地菜豆采收

其他情境操作均按照"资讯→计划→决策→实施→检查→评价"等工作过程设计实施。

复习思考题

1. 矮生型菜豆和蔓生型菜豆在开花结荚性上有何不同？
2. 试述菜豆根系生长发育的特点及其与栽培的关系。
3. 生产中如何防止菜豆落花落荚？

任务3 塑料大棚春早熟番茄栽培

知识平台

番茄，别名西红柿、洋柿子，茄科番茄属一年生草本植物，原产于美洲西部的秘鲁和厄瓜多尔的热带高原地区。公元16世纪传入欧洲作为观赏栽培，17世纪才开始食用。17~18世纪才传入我国。番茄果实柔软多汁，酸甜适口，并且含有丰富的维生素C和矿质元素，深受广大消费者的喜爱。中华人民共和国成立以后，番茄栽培迅速发展，尤其是20世纪60年代以后，随着设施蔬菜生产的发展，番茄栽培面积不断扩大，现已成为我国主要的栽培蔬菜之一。

一、栽培季节和茬次安排

番茄栽培分为露地栽培和设施栽培。

在露地栽培中，除育苗期外，整个生长期必须安排在无霜期内。番茄根据其生长时期，又可分为露地春番茄和露地秋番茄。春番茄需在设施内育苗，晚霜后定植于露地。秋番茄一般在夏季育苗，为减轻病毒病的发生，苗期需遮阴避雨。南方部分地区利用高山、海滨等特殊的地形、地貌进行番茄的越夏栽培；北方无霜期较短的地区，夏季温度较低，多为一年一茬。

设施番茄栽培类型较多，各种类型的栽培季节和所利用的设施，因不同地区的气候条件和栽培习惯而异。南方多采用塑料大棚和小拱棚进行春早熟栽培，北方则多利用塑料大棚、日光温室进行提前、延后和越冬栽培（表5-1）。

表5-1　北方地区设施番茄栽培茬次

茬　　次	播种期（月/旬）	定植期（月/旬）	采收期（月/旬）	备　　注
日光温室秋冬茬	7/下～8/中	9/中	11/上～1	
日光温室冬春茬	9/上～10/上	11/上～12上	1/上～6	
日光温室早春茬	12/上	2/上～3/上	4/中～7/上	
塑料大棚春早熟	12/中～1/上	3/上～4/中	5/中～7/下	早春温室育苗
塑料大棚秋延后	6/上～7/中	7/上～8/上	9～11	
小拱棚春早熟	1/上～2/上	3/下～4/下	5/中～8	早春温室育苗

注：栽培季节的确定以北纬32°～43°地区为依据

二、塑料大棚春早熟番茄栽培

（一）品种选择

番茄根据分枝习性可分为有限生长型和无限生长型两种类型。有限生长型主茎生长6～7片叶后，开始着生第一花序，以后每隔1～2叶形成一个花序。当主茎着生2～4个花序后，主茎顶端形成花序，不再发生延续枝，故又称为自封顶。无限生长型主茎生长8～10片叶后着生第一花序，以后每隔2～3片叶着生一个花序，条件适宜时可无限着生花序，不断开花结果。

在实际生产中应选择早熟、耐低温、耐弱光、抗病性强的高产品种，还要结合栽培地气候条件确定品种。常用品种有金粉佳冠、金棚一号、大红903、L-402、沈粉1号、佳粉15、中杂105及以色列的秀丽等。

（二）培育壮苗

番茄根系发达，主根入土达1.5m，分布半径1.0～1.3m，主要根群分布在30cm土层中。根系是一面生长，一面分枝。栽培中采用育苗移栽，伤主根，促进侧根发育。侧根、须根多，幼苗健壮。

1. 播种期及发芽期管理

塑料大棚春早熟番茄播种时期可安排在12中旬至1月上旬，具体时间应根据栽培地区的实际条件而定。生产中结合地膜覆盖的栽培形式可以早播种10～15d。在日光温室内选择温光条件好的地块制作苗床育苗。将番茄种子经浸种催芽后均匀地撒播于苗床中，每平方米苗床播种5g左右。番茄种子小，营养物质少，发芽后很快被利用，所以幼苗出土后需保证营养供应。

番茄从种子萌动到第一片真叶显露为发芽期，适宜条件下发芽期为7～9d。种子扁平、肾形，银灰色，表面具茸毛。千粒重3.0～3.3g，发芽年限3～4年。每亩栽培面积需种子10～30g。

2. 苗期管理

番茄苗期是从第一片真叶显露至第一花序现蕾。此期又可细分两个阶段：营养生长阶段和花芽分化阶段。

从第一片真叶出现至幼苗具 2～3 片真叶为营养生长阶段，需 25～30d。此期间根系生长快，形成大量侧根。幼苗须在具有 3 片真叶前分苗，以免影响花芽分化。可采用营养钵移植或苗床移植。分苗后提高温度促进缓苗，日温控制在 25～28℃，夜温 18～20℃，地温 20℃左右。缓苗后通风降温，防止徒长，日温 22～25℃，夜温 13～15℃。水分管理按照见干见湿的原则，不宜过分控制。

幼苗 3 片真叶后进入花芽分化阶段，此时营养生长和生殖生长同时进行。番茄花芽分化的特点是早而快，并具有连续性。每 2～3d 分化一个花朵，每 10d 左右分化一个花序，第一花序分化未结束时即开始分化第二花序，第一花序现大蕾时，第三花序已分化完毕。花芽分化的早晚、质量和数量与环境条件有关。在日温 20～25℃，夜温 15～17℃条件下，花芽分化节位低，小花多，质量好。水分管理掌握见干见湿的原则，整个苗期都要增强光照。当幼苗长至 4～5 片叶时，应及时将营养钵分散摆放，扩大光合面积，防止相互遮阴。定植前 1 周加大通风，日温降至 18～20℃，夜温降至 10℃左右，进行秧苗锻炼。通常当番茄幼苗日历苗龄达 70～80d，株高 25cm 左右，具 8～9 片叶，第一花序现大蕾时，即可定植。

为克服设施栽培番茄的连作障碍，也可采用嫁接育苗。番茄嫁接育苗在日本广泛应用，在我国尚处于试验推广阶段。生产中常用砧木主要为野生番茄品种，如 CH-Z-26、LS-89、BF 兴津 101、耐病新交 1 号、PFNT 等。嫁接方法可采用插接、劈接和靠接等。插接法嫁接，砧木要比接穗早播 7d 左右。待砧木具 4～5 片真叶，接穗具 2～3 片真叶时，用刀片横切砧木茎，去掉上部，再用光滑的竹签插入茎中，深度为 1.0～1.5cm，竹签暂不拔出；接穗保留上面 2～3 片真叶，用刀片切掉下部，把切口处削成楔形；然后将竹签迅速拔出，随即将接穗插入砧木中，再用嫁接夹固定。有条件的情况下，接穗可采用番茄母本植株腋芽，既能节约种子成本，又能提高嫁接成活率，还能提早结果上市期。

（三）整地定植

番茄对土壤条件要求不严，但在土层深厚、排水良好、富含有机质的土壤上易获高产。番茄适合微酸性至中性土壤。番茄结果期长，产量高，因此必须有足够的养分供应。生育前期需要较多的氮、适量的磷和少量的钾，后期需增施磷钾肥，提高植株抗性，尤其是钾肥，它能改善果实品质。此外，番茄对钙的吸收较多，生长期间缺钙易引发果实生理障碍。

定植前 1 周大棚扣膜升温，并对大棚土壤和空间进行消毒。定植前每亩撒施优质农家肥 4000～5000kg，沟施过磷酸钙 30kg，深翻细耙。若结合地膜覆盖栽培，应先覆盖地膜后再进行定植。当棚内地温在 10℃以上时，选阴晴天上午进行定植。定植时按行距 50cm 开沟摆苗，株距 33cm，每亩保苗 3800 株左右。株间点施磷酸二铵，每亩施 25kg，肥土混合均匀，逐沟灌大水，水渗下后合垄（图 5-3）。

图 5-3　番茄定植

（四）田间管理

1. 温度管理

定植后闭棚升温，高温高湿条件下促进缓苗，中午温度超过30℃时可放风。缓苗后，日温降至20~25℃，夜温降至13~17℃，以控制营养生长，促进花芽的分化和发育。以后随着外界温度的升高，应逐渐加大通风量和通风时间，当外界温度稳定在15℃以上时即可昼夜通风。

2. 水肥管理

定植水浇足后，及时中耕松土，不旱不浇水，进行蹲苗。第一穗果达核桃大小时，每亩随水冲施磷酸二铵15kg、硫酸钾10kg，同时叶面喷施0.3%磷酸二氢钾。以后根据植株长势进行追肥灌水，15d左右追1次肥，数量参照第一次。前期浇水要在晴天上午进行，以防止地温降低，抑制番茄植株生长。生长进入后期，外界温度升高，浇水要在傍晚或者早晨进行。

3. 植株调整

番茄茎多为半直立，需搭架栽培。可用细竹竿插架，每株番茄插1根竹竿单排立架，中间用2道横杆连成整体，两排架之间再用横杆连成一体。随着植株的生长，应不断用塑料绳将植株固定在架杆上。也可采用尼龙绳吊蔓，即在每行番茄上方南北向拉一条钢丝，每株番茄用一根尼龙绳，尼龙绳上端系在钢丝上，下端系在一根10cm左右的插入土中的小竹棍上。随着植株的生长，及时将主茎缠到尼龙绳上。

番茄常见的整枝方式主要以下几种：

（1）单干整枝 除主干以外，所有侧枝全部摘除，留3~4穗果，在最后一个花序前留2片叶摘心。

（2）双干整枝 单干整枝的基础上，又另选一个侧枝作为第二主干（结果枝），或者在幼苗期将主干摘心，再同时选取两个侧枝作为两个主干，其他管理与单干整枝一样。

（3）连续换头整枝 头三穗采用单干整枝，其余侧枝全部打掉，以免影响通风透光。第一穗果开始采收时，植株中上部选留1个健壮侧枝作为结果枝，采用单干整枝再留3穗果。当第4穗果开始采收时，再按上述方法留枝做结果枝，上留3穗果摘心，其余侧枝留1片叶摘心。

大棚春番茄多采用单干整枝，即主干上留3穗果，其余侧枝摘除，第3穗果开花后，花序前留2片叶摘心。进入结果期后，随着果实的采收，及时打掉下部的病叶、老叶、黄叶，改善植株下部的通风透光条件，减轻病害的发生。

4. 保花保果

设施栽培番茄容易出现授粉受精不良现象，从而导致落花落果。目前国内生产中多采用浓度为25~50mg/L的番茄灵（对氯苯氧乙酸）和浓度为20~30mg/L的番茄丰产剂2号等生长调节剂进行保花保果。根据我国现行的行业规定，无公害番茄生产中不应使用2,4-D保花保果。处理时若温度较低则选用浓度上限，若温度较高则选用浓度下限。

此外，世界农业发达国家如以色列、荷兰等的温室番茄采用熊蜂授粉，此举提高了坐果率，且省工省力，达到了优质高产的效果。经熊蜂授粉的番茄花，授粉充分，产生较多的种子，从而能够分泌促进果实生长的植物激素，使得番茄果柄自然膨大，不易脱落，且生长速度快，增产幅度高达15%~35%。同时熊蜂授粉可以改善番茄果实品质，一方面彻底解决了用生长素类化学物质促进坐果所带来的激素残留问题，另一方面使得番茄果实含糖量提高，口感好，果形匀整，商品果率提高。

5. 疏花疏果

为获得高产，并使果实整齐一致，提高商品质量，需要疏花疏果。大果型品种每穗留果3~4个，中型留4~5个。疏花疏果分两次进行，第一次每一穗花大部分开放时，疏掉畸形花和开放较晚的小花；第二次果实坐住后，把发育不整齐，形状不标准的果疏掉。

（五）采收

番茄是以成熟果实为产品的蔬菜，果实成熟分为绿熟期、转色期、成熟期和完熟期四个时期。采收后需长途运输1~2d的，可在转色期采收，此期果实大部分呈白绿色，顶部变红，果实坚硬，耐运输，品质较好。采收后就近销售的，可在成熟期采收，此期果实1/3变红，果实未软化，营养价值较高，生食最佳，但不耐贮运。

三、番茄常见生理障碍及其防治

（一）脐腐病

脐腐病果又称为蒂腐果、顶腐果。脐腐病俗称黑膏药、烂脐，在番茄上发生较普遍，病果失去商品价值，发病重时损失很大。脐腐病通常在花后15d左右，果实核桃大小时发生，随着果实的膨大病情加重。发病初期，在果实脐部出现暗绿色、水浸状斑点，后病斑扩大，褐色，变硬凹陷。病部后期常因腐生菌着生而出现黑色霉状物或粉红色霉状物。幼果一旦发生脐腐病，往往会提前变红。番茄脐腐病发生的原因目前尚未明确，多数认为是果实缺钙所致。为防止脐腐病的发生，可采用如下措施：土壤中施入消石灰或过磷酸钙作为基肥；追肥时要避免一次性施用氮肥过多而影响钙的吸收；定植后勤中耕，促进根系对钙的吸收；及时疏花疏果，减轻果实间对钙的争夺。坐果后30d内，是果实吸收钙的关键时期，此期间要保证钙的供应，可叶面喷施1%的过磷酸钙或0.1%氯化钙，以减轻脐腐病的发生。

（二）筋腐病

筋腐果又称为条腐果、带腐果，俗称黑筋、乌心果等。筋腐果明显有两种类型：一是褐变型筋腐果，在果实膨大期，果面上出现局部褐变，果面凸凹不平，果肉僵硬，甚至出现坏死斑块。切开果实，可看到果皮内维管束褐色条状坏死，不能食用。二是白变型筋腐果，在绿熟期至转色期发生，外观看果实着色不均，病部有蜡样光泽。切开果实，果肉呈"糠心"状，病果果肉硬化，品质差。番茄筋腐果病因至今尚有许多不明之处，但普遍认为番茄植株体内碳水化合物不足和碳/氮比值下降，引起代谢失调，致使维管束木质化，是导致褐变型筋腐果的直接原因。而白变型筋腐果主要是由于烟草花叶病毒（TMV）侵染所致。生产中可通过选用抗病品种、改善环境条件、提高管理水平、实行配方施肥等方法来防止筋腐病的发生。

（三）空洞果

典型的空洞果往往比正常果大而轻，从外表看带棱角，酷似"八角帽"。切开果实后，可以看到果肉与胎座之间缺少充足的胶状物和种子，而存在着明显的空腔。空洞果的形成是由于花期授粉受精不良或果实发育期养分不足。生产中选择心室数多的品种，不易产生空洞果；同时生长期间加强肥水管理，使植株营养生长和生殖生长平衡发展，并通过正确使用生长调节剂进行保花保果处理等措施防止空洞果的发生。

（四）裂果

番茄裂果使果实不耐贮运，开裂部位极易被病菌侵染，使果实失去商品价值。根据果实开裂部位和原因可分为放射状开裂、同心圆状开裂和条纹状开裂。高温、强光、土壤干旱等因素，使果实生长缓慢，如果突然灌大水，果肉细胞会吸水膨大，而果皮细胞却因老化而失去与果肉同步膨大的能力，从而果皮开裂，形成裂果。为防止裂果的发生，除选择不易开裂的品种外，管理上应注意均匀供水，避免忽干忽湿，特别应防止久旱后过湿。植株调整时，把花序安排在架内侧，靠自身叶片遮光，避免阳光直射果面而造成果皮老化。

（五）畸形果

畸形果又称为番茄变形果，尤以番茄设施栽培中发生较多。番茄畸形果多是由于环境条件不适宜而致。在花芽分化及花芽发育时，肥水过于充足，超过了正常分化与发育所需的数量，致使番茄心室数量增多，而生长又不整齐，从而产生扁圆果、椭圆果、偏心果、菊形果、双（多）心果等畸形果。使用生长调节剂蘸花时，浓度过高易形成尖顶果。为防止畸形果的发生，应加强育苗期的温光水肥管理，特别是在花芽分化期，尤其是第一花序分化期，即发芽后25～30d，具2～3片真叶时，要防止温度过高或过低；开花结果期合理施肥，使花器得到正常生长发育所需的营养物质，防止分化出多心皮及形成带状扁形花而发育成畸形果。另外，使用生长调节剂保花保果时，要严格掌握浓度和处理时期。

（六）日烧果

日烧果多在果实膨大期的绿果的肩部向阳面出现。果实被灼部呈现大块褪绿变白的病斑，表面有光泽，似透明革质状，并出现凹陷。后病部稍变黄，表面有时出现皱纹，干缩变硬，果肉坏死，变成褐色块状。日烧的原因是果实受阳光直射部分的果皮温度过高而被灼伤。番茄定植过稀、整枝打杈过重、摘叶过多，是造成日烧果的重要原因。天气干旱、土壤缺水或雨后暴晴，都易加重日烧果。为防止日烧，番茄定植时需合理密植，适时适度地整枝、打杈，果实上方应留有叶片遮光，搭架时，尽量将果穗安排在番茄架的内侧，使果实不受阳光直射。

（七）生理性卷叶

生理性卷叶主要表现为番茄小叶纵向向上卷曲，严重者整株所有叶片均卷成筒状。卷叶不仅影响蒸腾作用和气体交换，还严重影响着光合作用的正常进行。因此，轻度卷叶会使番茄果实变小，重度卷叶导致坐果率降低，果实畸形，产量锐减。番茄生理性卷叶是植株在干旱缺水条件下，为减少蒸腾面积而引发的一种生理性保护作用。另外，过度整枝也可引起下部叶片大量卷叶。为防止生理性卷叶的发生，生产中应均匀灌水，避免土壤过干过湿，设施栽培中要及时放风，避免温度过高。生理性缺水所致卷叶发生后，及时降温、灌水，短时间就会缓解。同时，注意适时、适度整枝打杈。

任务实施

情景一　番茄分苗

1. 教师提出问题，番茄分苗有什么作用？常见的分苗方法有哪些，引出"情境一　番茄分苗技术"。

2. 学生分组自主学习分苗操作，填写情境报告单，教师巡回指导。

3. 学生以组为单位讲解不同分苗方式的操作并提交任务实施单，教师总结完善问题，解决修剪中必备的理论问题；教师对正确的任务实施单签字后，学生方可实施任务。

4. 学生田间实施番茄分苗任务。营养钵分苗和苗床分苗每组各 200 株，分苗后一周调查幼苗成活率，并记录。教师进行过程评价。

情景二 番茄植株调整

情景三 番茄保花保果

情景四 番茄疏花疏果

情景五 番茄采收

其他情境操作均按照"资讯→计划→决策→实施→检查→评价"等工作过程设计实施。

复习思考题

1. 番茄根据分枝习性划分为哪两种类型？
2. 北方地区设施番茄的栽培茬次有哪些？
3. 番茄常用的嫁接方法有哪些？请详细说明。
4. 番茄常用的整枝方式有哪些？
5. 番茄常见生理障害及防治措施有哪些？

任务4 日光温室秋冬茬芹菜栽培

知识平台

芹菜，别名旱芹、药芹，伞形科芹属二年生草本植物，原产于地中海沿岸的沼泽地区，在我国栽培历史悠久。芹菜以肥嫩的叶柄供食，含芹菜油，具芳香气味，可炒食、生食或做馅，有降压、健脑和清肠的作用。目前，芹菜栽培几乎遍及全国，是较早实现周年生产、均衡供应的蔬菜种类之一。

一、栽培季节与茬次安排

芹菜在我国南北方地区均可周年生产。根据栽培季节的不同，露地栽培可分为春芹菜、夏芹菜和秋芹菜三个茬口，设施栽培可利用小拱棚、塑料大棚和日光温室进行春提早、秋延后和越冬茬栽培。大棚、温室秋冬茬芹菜供应元旦、春节市场，经济效益最佳。

二、日光温室秋冬茬芹菜栽培

（一）品种选择

日光温室秋冬茬栽培，一般于 7 月份播种育苗，9 月下旬开始定植，早霜到来扣膜，12 月初开始收获。

1. 本芹

本芹又称为中国芹菜。叶柄细长，高 100cm 左右，香味较浓。根据叶柄内有无髓腔可分为空心芹和实心芹；依叶柄颜色分为青芹和白芹。代表品种有北京实心芹菜、津南实芹、山东恒台芹菜、开封玻璃脆、贵阳白芹，昆明白芹，广州白芹等。

2. 西芹

西芹又称为西洋芹菜，是近年来从欧美引入的芹菜新品种。主要特点是叶柄实心，肥厚爽脆，味淡，纤维少，可生食。株高 60 ~ 80cm，叶柄肥厚而宽扁，宽达 2.4 ~ 3.3cm，耐热性不如本芹。代表品种有荷兰西芹、高犹它、文图拉、意大利冬芹、嫩脆、佛罗里达 683、伦敦红等。西芹在我国南北方地区均可周年生产，尤其适于北方日光温室秋冬茬生产。

日光温室秋冬茬芹菜栽培宜选用抗寒、抗病、丰产的优质实心类型品种。本芹可选用津南实芹 1 号、棒儿芹、菊花大叶、岚芹、天津马厂芹菜、铁杆芹菜等；西芹可选用意大利冬芹、嫩脆、高犹它 52 ~ 70、佛罗里达 638、文图拉等品种。

（二）育苗

芹菜为直根系浅根性蔬菜，移栽时主根受伤后能产生大量新根，适宜育苗移栽。

1. 苗床准备

苗床宜选在地势高、易排水的地块。床宽 1.0 ~ 1.2m，苗床面积应为定植面积的 1/10。每平方米苗床施用优质过筛的农家肥 5kg，磷酸二氢钾 50g，翻耙之后搂平踩实。夏季播种，正值高温多雨季节，气候条件不利于芹菜种子出苗和幼苗的生长发育，因此，苗床应有遮光、防雨设备。可在畦面上插起竹拱架，用遮阳网覆盖。如果无遮阳网，可扣上塑料薄膜，把四周薄膜卷起 30cm 高，以利于通风降温；在小棚上搭盖草苫或竹帘遮阴，以降低光照强度。降雨时把四周薄膜放下，严防雨水进入畦内。

2. 种子处理

芹菜果实为双悬果，生产上用的种子，实际上是果实，其为椭圆形，较小，暗褐色，具浓香，千粒重约为 0.47g。种子一般有 4 ~ 5 个月的休眠期，当年播种的种子一般只有 10% 左右的发芽率，所以生产上都采用上年采收的种子。

芹菜种子发芽的最低温度为 4℃，最适温度为 15 ~ 20℃。生产中常采用低温处理的方法，先用 48℃ 的热水浸泡种子 30min，起消毒杀菌作用，然后用冷水浸泡种子 24h，再用湿布将种子包好，放在 15 ~ 22℃ 条件下催芽，每天翻动 1 ~ 2 次见光，并用冷水冲洗。本芹经过 6 ~ 8d，西芹经 7 ~ 12d，出芽 50% 以上时，即可播种。

3. 播种

多选择下午 16 时以后或阴天播种。这样既可避免烈日晒坏幼芽，又有较长的低温时间，对幼芽顶土有利。一些地方为节省遮阴架材和覆盖物，提高土地利用率，实行芹菜与黄瓜、番茄、茄子等作物间套作，获得了较好的效果。播前苗床打足底水，将处理好的种子与细沙以 1∶5 混合均匀后播种，上盖 1cm 厚细沙或 0.5cm 的细土。每平方米苗床播干种子 2g 左右，每亩用种量为 60 ~ 80g。可条播或撒播。西芹比本芹出芽慢，苗期生长也慢，所以通常比本芹提前 10d 播种，且播种密度应稍小一些。播后盖草或扣上小拱棚遮阴保湿。

4. 苗期管理

（1）发芽期　种子萌动至第 1 片真叶出现，需 10 ~ 15d。芹菜发芽期主要靠种子贮藏的养分生长，且种子小，种皮革质，发芽困难。因此，发芽期需保证适宜的温度、水分、气体等条件。播后如遇干旱，可每天傍晚浇 1 次小水，保持地面湿润，直到出苗。出齐苗后，在傍晚太阳光弱时，要拿掉畦面上的覆盖物。随着小苗的生长，要逐步撤掉遮阴覆盖物。

（2）幼苗期　第 1 片真叶出现至 4 ~ 5 片真叶展开，本芹需 40 ~ 50d，西芹则需要 50 ~ 70d。此期间应保持土壤湿润，及时除草。

在幼苗 1~2 片真叶时，进行 1~2 次间苗或分苗，苗距 8cm×8cm，以扩大营养面积，保证秧苗健壮生长，并结合间苗或分苗进行除草。出苗后至幼苗长出 2~3 片真叶前，因根系数量还很少，故每隔 2~3d 应浇 1 次水，使畦面保持见干见湿状态。浇水时间以早晚为宜。当芹菜长到 5~6 片叶时，根系比较发达，应适当控制水分，防止徒长，并注意防止蚜虫危害。在芹菜苗期一般不追肥，如果发现缺肥长势弱，在 3~4 片真叶时可随水追施硫酸铵，每亩施用 10kg。一般本芹苗龄 50d 左右，西芹的苗龄为 60~70d，幼苗长至 10~12cm 时，即可定植。

（三）整地定植

芹菜适合在有机质丰富、保水保肥力强的土壤中种植。生长初期需要磷量较多，后期需要钾量较多，但是在整个生长过程中需氮量始终占主要地位。芹菜对硼和钙等元素比较敏感。土壤缺硼，植株易发生心腐病，叶柄容易产生裂纹或毛刺，严重时叶柄横裂或劈裂，且表皮粗糙。生产中按每亩施用优质农家肥 5000kg，过磷酸钙 25kg，草木灰 100kg，尿素 10kg 做基肥。深翻 30cm，使肥土充分混合，耙平耙细后按 1.0~1.2m 做成南北向畦。起苗前苗床浇透水，连根起苗，主根留 4cm 剪断，以促发侧根。把苗按大小分级，分畦栽植。栽苗时，本芹按 10cm×10cm 开沟或挖穴，每穴栽 1~2 株苗。西芹株行距以 30cm×30cm 为宜，多为单株栽植。栽时要深浅适宜，以"浅不露根，深不淤心"为度。栽完苗后立即浇 1 次大水。

（四）田间管理

1. 扣膜前管理

温室秋冬茬芹菜定植以后，气温较高，光照充足，土壤蒸发量也较大。在定植后 2~3d，应再浇 2 次缓苗水，同时把土淤住的苗子扒出扶起，促进缓苗和新根发生。当芹菜心叶发绿时，表明缓苗已经结束，要适当控水，并进行细致松土，保墒蹲苗 7~10d。当心叶大部分展开时，要结束蹲苗。以后保持土壤见干见湿，可 4~6d 浇 1 次水，灌水后要及时松土保墒。

温室秋冬茬芹菜缓苗后，气温逐渐下降。各地可根据气候特点，分别选择适宜的扣膜时间。一般初霜前后，日温降到 10℃ 左右，夜温低于 5℃ 时，将温室前屋面扣上塑料薄膜。

2. 扣膜后的管理

扣棚初期，光照充足，气温较高，要注意及时通风，日温控制在 18~22℃，夜温 13~15℃，促进地上部分及地下部分同时迅速生长，防止芹菜黄叶和徒长。随外界温度下降逐渐减少放风，并根据天气加盖草苫、纸被等保温覆盖物。严寒冬季 2~3d 通 1 次风，夜间温度要保持在 5℃ 以上，确保芹菜不受冻。芹菜扣膜后，进入旺盛生长阶段，此期叶面积进一步扩大，叶柄迅速伸长。叶柄和主根内贮藏了大量的营养物质，是产量形成的关键时期，应加强水肥管理，促进其生长。要经常注意观察土壤表面变化和地上部叶片颜色的变化，出现干旱要及时浇水，使土壤始终保持湿润，以保证根系正常吸水，促进地上部分的生长。在内层叶开始旺盛生长时，应追肥 2~3 次，每次每亩追施饼肥 100kg 或尿素 10kg，硫酸钾 15kg。本芹擗收后 1 周之内不浇水，以利伤口愈合。当心叶开始生长，伤口已经愈合时，再进行施肥灌水。收获前 30d 禁止施用速效氮肥，以免叶柄中硝酸盐含量超标。

（五）收获

芹菜叶柄发达，挺立，多有棱线，其横切面多为肾形，叶柄基部变为鞘状。全株叶柄质量占总株质量的 70% ~ 80%。叶柄中有许多维管束，包围在维管束外面的是厚壁细胞，在叶柄内表皮下分布着许多厚角细胞组织。这些厚角、厚壁组织，具有比维管束更强的支持力和拉力，是叶柄中的主要纤维组织。高温干旱、肥水不足等条件会导致产品器官品质变劣。

本芹在叶柄高 50 ~ 60cm 时开始掰收。分次掰收，一般每隔 1 个月掰收 1 次。每次收获 1 ~ 3 片，留 2 ~ 3 片。如果一株上摘掉的叶片太多，则影响生长。整个冬季，一般每株可连续收 3 ~ 5 次，采收期达 100d 左右。西芹一般在植株高度达 70cm 左右，单株重 1kg 以上时一次性收获。一般已长成的西芹收获不可过晚，否则，养分易向根部输送，造成产量、品质下降。

任务实施

情景一　西芹和本芹植株形态比较

1. 教师提出问题，西芹和本芹有什么区别，引出"情境一　西芹和本芹植株形态比较"。

2. 学生分组，调查田间西芹、本芹生长状态。

3. 学生以组为单位，在实验室内比较分析西芹、本芹的区别。

4. 填写情境报告单。

情景二　芹菜种子处理

情景三　芹菜采收

其他情境操作均按照"资讯→计划→决策→实施→检查→评价"等工作过程进行设计实施。

复习思考题

1. 西芹和本芹有哪些？

2. 日光温室秋冬茬芹菜育苗时应哪些问题？

3. 日光温室秋冬茬芹菜扣膜后如何进行田间管理？

4. 芹菜如何进行采收？

任务 5　日光温室越冬茬黄瓜栽培

知识平台

黄瓜，别名胡瓜、王瓜、青瓜，葫芦科甜瓜属一年生攀缘性植物。黄瓜营养丰富，气味清香，鲜食、熟食均可，还能加工成泡菜、酱菜等，是世界人民喜食的蔬菜之一，加之品种类型丰富，适应性较强，所以分布十分广泛，是全球性的主要蔬菜之一。

一、栽培季节和茬次安排

我国长江流域以及其以南地区无霜期长，一年四季均可栽培黄瓜。夏秋季以露地栽培为主，冬春季节多利用塑料大、中棚等设施进行保护栽培。北方地区无霜期短，黄瓜除夏季可在露地栽培外，充分利用塑料大、中、小棚和日光温室进行提前、延后和越冬栽培，可实现黄瓜的周年生产和均衡供应。我国北方地区设施黄瓜栽培基本茬次见表5-2。

表5-2　北方地区设施黄瓜栽培基本茬次

茬　　次	播种期（月/旬）	定植期（月/旬）	采收期（月/旬）
日光温室秋冬茬	8/中下～9/上	9/中下	10/中上～1/上
日光温室冬春茬	10/下～11/上	11/上～12/上	1/中上～6/下
日光温室早春茬	12/下～1/上	2/上中	3/上中～6/上中
日光温室越冬茬	9/上中	10/上中	11/上中～7
塑料大棚春早熟	2/上中～3/上	3/中下	4/下～7/下
塑料大棚秋延后	7/上中	7/下～8/上	9/上～10/下
春季小拱棚短期覆盖	3/上	4/中下	5/中下

注：栽培季节的确定以北纬32°～43°地区为依据

二、日光温室越冬茬黄瓜栽培

（一）品种选择

日光温室越冬茬黄瓜栽培，是设施黄瓜生产中栽培难度较大，经济效益较高的栽培形式。黄瓜采收期跨越冬、春、夏三季，整个生育期达10个月以上。由于生育期需要经历较长时期的低温、弱光阶段，必须选择耐低温弱光品种，且具有植株长势强、不易徒长、分枝少、雌花节位低、节成性好、瓜条商品性好、高产抗病等特性。

黄瓜的品种类型较多，根据黄瓜品种的分布区域及生态学性状，可分为华北型、华南型、南亚型、北欧温室型、欧美露地型和小型黄瓜6个类型。其中华北型、华南型和北欧温室型黄瓜目前在我国栽培较多。

华北型俗称水黄瓜，分布于中国黄河流域以北及朝鲜、日本等地。植株生长势中等，喜土壤湿润、天气晴朗的气候条件，对日照长短要求不严。该类型黄瓜茎节和叶柄较长，叶片大而薄，果实细长，绿色，刺瘤密，白刺。适合日光温室越冬茬栽培的品种有津优2号、津优3号、津绿3号、津春3号、中农12号、中农13号、锦早3号等。

华南型俗称旱黄瓜，分布于中国长江以南及日本各地。该类型黄瓜茎叶繁茂，茎粗，节间短，叶片肥大，耐湿热，要求短日照。果实短粗，果皮硬，果皮绿、绿白、黄白色，刺瘤稀，黑刺。适合日光温室越冬茬栽培的品种有白绿节性、绿隆星等。

北欧温室型分布于英国、荷兰。植株茎叶繁茂，耐低温弱光，对日照长短要求不严。果面光滑无刺，绿色，种子少或单性结果。适合日光温室越冬茬栽培的品种有以色列的萨瑞格，荷兰的戴多星、美佳，我国研制的农大春光1号、中农19等。

（二）育苗

日光温室越冬茬黄瓜多在夏末秋初育苗，此时期正处于高温、强光季节，不利于幼苗的生长发育，因此，育苗时需选择地势高且干燥的地方设置苗床，并设置遮阴防雨设备。苗期水分管理的原则是少浇勤浇，这样既可以保证土壤湿度，也具有降低地温的作用。由于育苗期环境条件不利于雌花形成，为促进雌花形成，可在第2片真叶和第4片真叶展开时分别向幼苗喷洒100mg/L乙烯利溶液，此举还具有防止幼苗徒长的作用。越冬茬黄瓜的苗龄在25d左右，壮苗指标为株高8～10cm，茎粗0.6cm以上，叶片数2～3片，叶片浓绿肥厚，子叶

园艺概论

健壮，根系发达。

黄瓜设施栽培中，由于土壤长年连作，枯萎病、疫病等土传病害会逐年加重，严重影响产量和效益。嫁接育苗是防止土传病害、克服设施土壤连作障碍的最有效措施。此外，嫁接苗与自根苗相比，抗逆性增强，生长旺盛，产量增加，尤其是在日光温室冬春茬黄瓜栽培中地温较低的情况下，增产效果突出。当前生产中，黄瓜的设施栽培中的嫁接育苗多采用黑籽南瓜作砧木。

从"露真"到植株具有4～5片真叶（团棵）为幼苗期，约20～30d。幼苗期黄瓜的生育特点是叶的形成、根系的发育和花芽的分化，管理重点是促进根系发育和雌花的分化，防止徒长。黄瓜多为单性花，生产上最常见的为雌雄同株异花的株型，植株上只有雌花而无雄花的为雌性型。一般雄花比雌花出现早，主蔓上第1雌花的节位高低与早熟性有很大关系，早熟品种第3～4节出现雌花，而晚熟品种第8～10节以上才出现雌花。

黄瓜花芽分化较早，一般第1片真叶展开时，叶芽已分化12节，花芽已分化到第9节，但花的性型尚未确定；第2片真叶展开时，叶芽已分化14～16节，花芽已分化到第11～13节，同时第3～5节的性型已确定。黄瓜花的性型是可塑的，最初分化出花的原始体，具有雌蕊和雄蕊两性原基。当环境条件适于雌蕊原基发育时，雄蕊原基退化，雌蕊原基发育，形成雌花；环境条件适于雄蕊原基发育时，雌蕊原基退化，雄蕊原基发育就形成雄花。环境条件和栽培措施可影响黄瓜花芽的性型分化。通常13～15℃的低夜温和8h左右的短日照有利于雌花分化，此条件下不但雌花数多，着花节位也低。较高的空气湿度、土壤含水量、土壤有机质含量和CO_2浓度等均有利于雌花分化。此外，花的性型受激素控制，乙烯多增加雌花，赤霉素多增加雄花。因此，苗期可采取适当的技术措施对黄瓜的花进行性型调控，以降低雌花节位，增加雌花数量，达到早熟、高产的目的。

（三）整地定植

黄瓜根系分布浅，根量少，大部分根群分布在20cm土层内。根系呼吸能力强，故栽培上要选择透气性良好的壤土或沙壤土。适宜pH值为5.5～7.2的土壤。黄瓜喜肥又不耐肥。由于植株生长迅速，短期内生产大量果实，因此需肥量较大，但黄瓜根系吸收养分的范围小、能力差，忍受土壤溶液的浓度较小，所以施肥应以农家肥为主，只有在大量施用农家肥的基础上提高土壤的缓冲能力，才能施用较多的速效化肥。

越冬茬黄瓜生育期较长，施足基肥是黄瓜高产的基础。在一般土壤肥力水平下，每亩撒施优质腐熟农家肥5000kg，然后深翻40cm，耙细搂平。日光温室越冬茬黄瓜宜采用南北行向、大小行地膜覆盖栽培。整地前按大行距80cm，小行距50cm开施肥沟，沟内再施农家肥5000kg/亩，逐沟灌水造底墒。水渗下后在大行间开沟，做成80cm宽、10～13cm高的小高畦。畦间沟宽50cm，可作为定植后生产管理的作业道。

定植期外界温光条件较好，温室内温度较高，为了保证幼苗成活，缩短缓苗期，选择阴天或者晴天下午15时后定植。定植时在小高畦上，按行距50cm开两条定植沟，选整齐一致的秧苗，按平均株距35cm将苗坨摆入沟中（南侧株距适当缩小，北侧株距适当加大），每亩栽苗3000～3500株。秧苗在沟中要摆成一条线，高矮一致，株间点施磷酸二铵，每亩用量25kg，与土混拌均匀。苗摆好后，向沟内浇足定植水，水渗下后合垄。黄瓜栽苗深度以合完垄苗坨表面与地表面平齐为宜。栽苗过深，根系透气性差，黄瓜发根慢，不利于缓苗。尤其是嫁接苗定植时切不可埋过接口处，否则土壤内病菌易通过接触侵染接穗，引起病害，使嫁接失去应有效果。定植完毕后，在两行苗中间开个浅沟，用小木板把垄台、垄帮刮平，中间浅沟的深浅宽窄一致，以利于膜下灌水。定植后可在行距50cm的两小行上覆地膜，在每株秧苗处开纵口，把秧苗引出膜外。

（四）定植后管理

1. 温度管理

定植初期外界温度比较高，因此温室内各通风口都应打开，昼夜放风。如光照过强，可覆盖遮阳网以降低透光度。当外界最低温度降至15℃时，要逐渐减少通风量，保持日温25～30℃，夜温13～15℃。当外界最低气温降至12℃时，夜间开始闭风。当夜间室内气温降至10～12℃时，开始覆盖草苫。

进入抽蔓期以后，应根据黄瓜一天中光合作用和生长重心的变化进行温度管理。黄瓜上午光合作用比较旺盛，光合量占全天的60%～70%，下午光合作用减弱，约占全天的30%～40%。光合产物从午后15～16时开始向其他器官运输，养分运输的适宜温度是16～20℃，15℃以下停滞，所以前半夜温度不能过低。后半夜到揭草苫前应降低温度，抑制呼吸消耗，在10～20℃范围内，温度越低，呼吸消耗越小。因此，为了促进光合产物的运输，抑制养分消耗，增加产量，在温度管理上应适当加大昼夜温差，实行四段变温管理，即上午为26～28℃，下午逐渐降到20～22℃，前半夜再至15～17℃，后半夜降到10～12℃。白天超过30℃从顶部放风，午后降到20℃闭风，天气不好时可提早闭风。一般室温降到15℃时放草苫，遇到寒流可在17～18℃时放草苫。这样的管理有利于黄瓜雌花的形成，提高节成性。进入盛果期后仍实行变温管理，上午保持28～30℃，下午22～24℃，前半夜17～19℃，后半夜12～14℃。

日光温室越冬茬黄瓜生产结果前期温度较低，尽量多采取增温保温的措施。遇到灾害性天气，还应采取临时加温措施，以保证植株的正常生长发育。在黄瓜生育后期应加强通风，避免室温过高，必要时可以进行适当遮阴以降低温室内温度。

2. 水肥管理

当黄瓜大部分植株根瓜长到15cm左右时，进行第1次浇水追肥。应采用膜下沟灌或滴灌，以提高地温，降低空气湿度。结合浇水每亩施三元复合肥15kg，施用时将肥料溶于水中，然后随水灌入小行垄沟中，灌水后将地膜盖严。从采收初期至结瓜盛期一般10～20d灌1次水，隔1次灌水追1次肥，磷酸二铵、硫酸钾和三元复合肥、饼肥、鸡粪等交替使用。进入结果盛期后，随着外界气温的下降，可减少灌水次数。进入3月份，温室内温光条件较好，放风量也逐渐加大，土壤水分蒸发快，可以适当勤浇水，每隔5～6d浇1次水，浇水后要加强放风。浇水最好在早晨或傍晚进行。一般灌2次水追1次肥。为防止叶片早衰，可进行叶面喷肥。叶面喷肥，从定植至生产结束可每15d喷施1次，肥料可选用磷酸二氢钾及多种商品叶面肥。由于日光温室越冬茬黄瓜栽培中冬季通风量较小，室内CO_2严重亏缺，结果期宜施用CO_2气肥，使温室内CO_2浓度达1000mL/m³，此举具有一定的增产效果。

3. 光照调节

黄瓜在果菜类中属于比较耐弱光的蔬菜，对日照长短的要求因生态环境不同而有差异。黄瓜的光饱合点为55klx，光补偿点为1.5klx，生育期间最适宜光照强度为40～50klx。日光温室越冬茬黄瓜定植前期和结果初期正处于外界温度较低、光照较弱的时期，低温和弱光是黄瓜正常生长的限制因子。因此，越冬茬黄瓜光照调节的核心是增光补光，尽量延长光照时间，增加光照强度，以提高室内温度，促进植株的光合作用，使植株旺盛生长、结果，达到增产增收的目的。结果后期，外界温度较高，光照过强，需要进行适当遮阴以保证植株正常生长。

4. 植株调整

黄瓜定植后生长迅速，植株具6～7片叶后不能直立生长，需搭架或吊蔓栽培，温室栽培一般用尼龙绳吊蔓缠蔓。同时还要及时摘除侧枝、雄花、卷须和砧木发出的萌蘖，以及化瓜和畸形瓜。生长中后期，摘除植株底部的病叶、老叶，此举既能减少养分消耗，又有利于通风透光，还能减少病害发生和传播。日光温室越冬茬黄瓜以主蔓结瓜为主，整个生育期一般不摘心，主蔓可高达5m以上。因此在生长过程中，为改善室内的光照条件，可随着下部果实的采收，随时落蔓，使植株高度始终保持1.6m左右。落蔓前打掉下部老叶，把拴在钢丝上尼龙绳解开，使黄瓜龙头下落至一定的高度，为龙头生长留出空间再重新拴住。落下的蔓盘卧在地膜上，注意避免与土壤接触。

黄瓜有单性结实能力，即不授粉时也能形成正常果实。这是因为黄瓜子房中生长素含量较高，能控制自身养分分配。因此温室栽培黄瓜时，即使不用人工授粉或生长调节剂处理也可以正常结果。

（五）采收

根瓜应及早采收，特别是长势较弱的植株更应早采，以防坠秧。以后应根据植株生育和结瓜数量决定采收时期，如果植株生长旺盛，结果量较少，应适当延迟采收。采收最好在早晨进行，严格掌握采收标准。采下的黄瓜要整齐地摆放在纸箱内，遮光保湿。

三、黄瓜常见生理障害

（一）化瓜

化瓜即刚坐住的瓜扭和正在发育中的瓜条，生长停滞，由瓜尖至全瓜逐渐变黄、干枯。黄瓜化瓜的根本原因是小瓜在生长过程中没有得到足够的营养物质而停止发育。例如，植株营养生长过旺，养分就会大量向茎叶分配，造成瓜秧徒长而导致化瓜；黄瓜生长期地温过低，根系发育不良，吸收能力降低，瓜条营养供应不足也易化瓜；连续阴天，低温寡照，光合产物少易化瓜；下面瓜不及时采收，造成果实间的养分争夺，会使上部的小瓜化掉；此外，花期喷药不当或有毒气体危害等原因，都会引起化瓜。防止化瓜的根本措施就是创造适宜黄瓜植株生长的环境，加强水肥管理，适时采收和疏花疏果，以减少小瓜同茎叶或其他果实间的养分竞争。

（二）花打顶

花打顶即黄瓜植株生长点不再向上生长，顶端出现雌雄花相间的花簇，不再有新叶和新梢长出，形成自封顶。黄瓜花打顶主要是夜温偏低，昼夜温差过大造成的。低夜温短日照使雌花形成过多，消耗大量营养物质，对营养生长产生抑制，出现花打顶现象。其次，地温偏低，土壤过干或过湿以及施肥过多引起烧根等原因造成的黄瓜根系发育差、吸收能力弱，也易形成花打顶。防止花打顶，首先应避免夜温过低，保证花芽分化阶段夜温不低于13℃，同时加强水肥管理，及时中耕松土，促进根系发育。对已出现花打顶的植株，要及时采收商品瓜，并疏除一部分雌花。一般健壮植株每株留1～2个瓜，弱株上的瓜全部摘掉以抑制生殖生长，迫使养分向茎叶运输。

（三）畸形瓜

黄瓜的畸形瓜包括弯瓜、尖头瓜、大肚瓜、蜂腰瓜等非正常形状的瓜。形成畸形瓜的主要原因包括两方面：一是授粉受精不良，导致果实发育不均衡；二是植株中营养物质供应不足，干物质积累少，养分分配不均。生产中可通过花期人工授粉、放蜂授粉，结果期加大水肥供应等措施来减少畸形瓜的发生。

（四）苦味瓜

黄瓜设施栽培中，经常出现苦味瓜。苦味轻者食用略感发苦，重者失去食用价值，尤其是根瓜更易出现苦味瓜。瓜条苦味的直接原因是苦瓜素在瓜条中积累过多。生产中如偏施氮肥，土壤干旱、地温低造成根系发育不良，设施内温度过高导致植株营养失调以及品种的遗传特性等因素，都易形成苦味瓜。生产中可通过选用不易产生苦瓜素的品种、配方施肥、及时灌水、勤中耕、合理通风降温等措施来减少苦味瓜的发生。

任务实施

情景一　瓜类蔬菜嫁接

1. 学生在学习瓜类蔬菜嫁接的基本原理和方法的基础上，填写情境报告单，教师指导。

2. 学生以组为单位制定越冬茬黄瓜嫁接育苗计划，并提交任务实施单，教师总结完善问题，解决嫁接育苗必备的理论问题。教师对正确的任务实施单签字后，学生方可实施任务。

3. 学生田间实施嫁接任务，教师进行过程评价。

情景二　黄瓜幼苗定植及覆膜

情景三　黄瓜植株调整

情景四　黄瓜采收

其他情境操作均按照"资讯→计划→决策→实施→检查→评价"等工作过程进行设计实施。

复习思考题

1. 越冬茬黄瓜育苗要点有哪些？

2. 日光温室生产黄瓜如何进行"四段变温"管理？

3. 黄瓜花芽分化的特点是什么？

4. 越冬茬黄瓜定植后如何进行田间管理？

5. 黄瓜常见的生理障碍有哪些？防治措施有哪些？

项目 ❻ 蔬菜产品贮藏加工

任务 1 大白菜窖藏

知识平台

大白菜在我国南北各地均有栽培，其中我国北方栽培面积最大，贮量和消费量也最多。大白菜供食用的部分是作为营养器官的叶球。我国幅员辽阔，气候复杂，由南到北，冬淡季的时期各有长短。我国东北地区无霜期较短，以前冬季主要依靠贮藏大白菜来解决蔬菜问题，随着现代设施的发展，虽然基本解决了蔬菜的周年供应问题，但是物美价廉的大白菜仍然是市民们的首选蔬菜。我国南方大部分地区蔬菜可以在冬季露地生产，但为了丰富蔬菜种类，短期贮藏的大白菜仍占用很大的市场份额。"百菜不如白菜"，作为中国人的传统食用蔬菜品种，大白菜的周年供应必不可少。

窖藏是我国华北、东北、西北地区广泛采用的贮藏方式，常见的有土窖和砖窖两种。窖顶为拱圆形或平顶，窖身长 30～50m，宽为 7～8m，多为东西向，地下深 2m，地上高 1m。在窖的南北两边每 7～8m 设一个通风窗，窗高 0.8m，宽 1.1m。在窖的两端各设一个高约 2.5m、宽 3.5m 左右的窖门，斜坡入窖，便于车辆可以进入。

窖藏优于堆藏和沟藏，尤其是通风贮藏窖贮效更佳。窖内设有隔热保温层，有较完善的通风系统，便于作业和管理。但窖跨度大，温度分布不均匀，尤其是严寒季节温差大，容易产生受冻或病害发生。

一、品种选择

大白菜贮藏的适宜温度为 -1～1℃，相对湿度为 90%～95%。大白菜品种间的耐贮性有很大差异，一般中晚熟品种比早熟品种耐贮，青帮型品种比白帮型品种耐贮，直筒型品种较圆球型品种耐贮。用于窖藏的大白菜应选择叶帮青绿色、生长期长的中晚熟品种，如天津青麻叶、北京新 1 号、玉田包头、青帮叶、晋杂 3 号等。

二、贮藏前处理

用于贮藏的大白菜要求在采收前 7～10d 停止浇水，以降低产品器官含水量。大白菜在贮藏时容易发生脱帮，影响经济效益。为防止脱帮现象发生，可在白菜采收前 3～4d 叶面喷洒 30～50mg/kg 的 2.4-D 水溶液，或者在采收后蘸根，以减轻贮藏期脱帮程度。

采收期在外界气温降至 1℃时进行，选叶球紧实程度为八成心的大白菜，采收后就地晾晒 3~5d。当大白菜主根发软、须根发脆、外叶垂而不折、失水达到 10%~15% 时停止晾晒。选 8.5~9.5cm 成心的大白菜，淘汰病菜、虫菜、冻菜和暴球菜、砍伤菜、摔伤菜等，将带病的叶、帮和黄叶、老叶、过头叶摘除。整理不要过重，不黄不烂的叶片应尽量保留，以保护叶球。大白菜一般在每年 11 月中下旬，外界气温最低在 -5~-4℃ 时入窖贮藏。

三、窖藏

窖藏的方法根据大白菜在场所内的码放形式不同而有所不同，常见的窖藏形式主要有垛藏、架藏和筐藏三种，不同地区可以根据实际情况采取适宜的形式。

（一）垛藏

将大白菜在窖（库）内码成高约 2m、宽 1~2 棵菜长的条形垛，垛与垛之间留有一定距离，便于窖内通风和日常管理。码垛可以码成实心垛或花心垛。实心垛码垛容易、贮量大、稳固，但通风效果差；花心垛垛内各层之间有较大空隙，便于通风散热，但垛不稳固，也较费工。生产中应根据实际情况，灵活进行码垛。

（二）架藏

将经过挑选晾晒的大白菜分层摆放在贮藏架上。贮藏架一般是固定，也可采取活动的贮藏架，便于移动和管理。贮藏架通常有两排固定的架柱，间隔 1.5m 左右，架柱间设横杆，每层间距 40cm 左右，一般贮藏架设置 7~8 层横杆。架藏贮量也大，通风散热良好，可减少倒菜次数，从而降低了白菜的损耗，贮藏效果较好。

（三）筐藏

将大白菜装在直径 50cm、高 30cm 的柳条筐里入窖码放贮藏。一般每筐装大白菜 20kg 左右，可在窖内码放 5~7 层。筐藏通风效果好，贮藏效果较好。

四、贮藏期管理

（一）贮藏前期

贮藏前期是指大白菜入窖后到农历节气大雪前的时期。这段时间外界气温逐渐降低，菜窖内温度一般都在 0℃ 以上。窖内温度较高，菜体呼吸放热较多，管理上应根据外界温度的变化进行放风。放风是引入外界新鲜的冷凉空气，排除窖内的湿热空气和白菜所释放的乙烯气体。此时期尽量选择在夜间放风，使窖温尽量维持 0℃，窖内湿度保持在 80%~90% 范围内，管理主要以通风降温为主。此期间要定期进行倒菜，倒菜是变换菜棵放置的位置，排除菜垛内的湿热空气和乙烯，并摘除烂叶，清理菜体。摘除烂叶时，可用竹刀削除，不用铁器刀。摘下或脱掉的叶，要一并带出窖外，以防影响窖内白菜贮藏。贮藏前期倒菜要勤，倒菜周期要短。

（二）贮藏中期

贮藏中期是指农历节气大雪至立春前的时期。本时间段是一年之中最寒冷季节，外界气温明显降低，窖内温度也随之降低，菜的呼吸热减少，最易发生冻害，管理上以防冻保温为主。关闭通风口，必要时可在中午气温比较高时进行短时间通风换气。在此期间要减少倒菜次数，延长倒菜周期，一般 15~30d 倒 1 次。

（三）贮藏后期

贮藏后期是指在农历节气立春后的时期。此时，外界气温逐渐回升，菜窖温度随着外界温度的回升而升温，大白菜自身呼吸加强，管理上选择夜间气温较低时通风换气，降低窖内温度。同时，贮藏后期大白菜的抗病性明显降低，窖内各种腐烂病菌增多，要缩短倒菜周期，做到勤倒细摘，并适当降低菜垛高度，注意观察菜的变化，随时拣出烂叶坏菜。

白菜生长点开始萌动时，白菜极易腐烂、脱帮、暴球。此期控制温度和气体成分都很重要，随着时间后移，要加大通风和延长通风时间。

到 5 月初，春菜上市，白菜因天气热耗损失，所以不再贮存。

五、大白菜脱帮及防治措施

脱帮是大白菜在窖藏过程中经常发生的一种现象。白菜在叶柄上先出现向上凸起的黄棕色线，叶柄基部和葫芦头连接处细胞中胶层溶解，产生离层，白菜帮脱落。窖藏期大白菜发生脱帮原因很多，如成熟度过大、有软腐病、收获前 10～15d 受旱或受涝、收获过早、晾晒时间过长、提前入窖伤热、倒菜不及时温度过高等。白菜适宜贮藏温度为 0℃，相对湿度为90%，如温度过高、湿度过大就易脱帮。

大白菜脱帮的防治措施有：适时收获，缩短晾晒期；预贮时不要受雨淋、冻、热；适时入窖，在不受冻前提下，晚些入窖，缩小露天和窖内的温差；入窖后加强管理，及时通风和倒菜，按白菜需要控制好窖内温湿度。

📋 任务实施

情景一　大白菜窖藏前处理

1. 学生在教师引导下，自主学习大白菜窖藏相关理论内容，填写情境报告单。

2. 学生以组为单位制定大白菜窖藏前处理计划，并提交任务实施单，教师总结完善问题；教师对正确的任务实施单签字后，学生方可实施任务。

3. 学生实施大白菜窖藏前处理任务，教师进行过程评价。

以下情境参照情境一进行设计

情景二　大白菜垛藏

情景三　大白菜窖藏期管理

📖 复习思考题

1. 什么是大白菜窖藏？

2. 大白菜窖藏前如何处理？

3. 大白菜窖藏期如何管理？

4. 简述窖藏大白菜脱帮及防治措施。

任务 2　糖醋萝卜腌制

📘 知识平台

萝卜为十字花科萝卜属一、二年生草本植物。我国是萝卜的起源中心之一，有着悠久的栽培历史,南北方各地普遍栽培。萝卜根茎、叶子均可食用,根、茎、叶、种子(莱菔子)还可入药,是常用的药食两用品。我国民间自古就有"冬吃萝卜夏吃姜,无需医生开药方"的谚语。明代著名的医学家李时珍在《本草纲目》中提到:萝卜能"大下气、消谷和中、去邪热气"。中医认为:萝卜性平,味辛、甘,入脾、胃经;具有消积滞、化痰清热、下气宽中、解毒等功效;主治食积胀满、痰嗽失音、吐血、衄血、消渴、痢疾、偏头痛等。萝卜中特有的芥子油和膳食纤维可促进胃肠蠕动,有助于体内废物的排出。常吃萝卜可降低血脂、软化血管、稳定血压,预防冠心病、动脉硬化、胆石症等疾病。现代医学研究发现萝卜含有能诱导人体自身产生干扰素的多种微量元素,可增强机体免疫力,并能抑制癌细胞的生长,对防癌,抗癌有重要意义。

我国自古就有食用萝卜咸菜的传统,糖醋萝卜是咸菜中的主要品种,它既是饭前开胃菜,也可作为下饭菜。其特有的酸甜脆爽,有较强的解油腻、助消化的功效。糖醋萝卜还可抑制高脂肪饮食引起的胆固醇升高,是我国消费量很大的咸菜品种之一。

一、萝卜的选择

我国萝卜品种资源丰富,分类方法不一。按栽培季节可分为四种类型:

1. 秋冬萝卜

秋冬萝卜夏末秋初播种,秋末冬初收获,生长期60~100d。秋冬萝卜多为大中型品种,产量高,品质好,耐贮藏,供应期长,是各类萝卜中栽培面积最大的一类。优良品种有浙大长、青圆脆、秦菜一号、心里美、大红袍、沈阳红丰1号、吉林通园红2号等。

2. 冬春萝卜

冬春萝卜南方栽培较多,晚秋播种,露地越冬,翌年2~3月收获,耐寒性强,不易空心,抽薹迟,是解决当地春淡的主要品种。优良品种有武汉春不老、杭州迟花萝卜、昆明三月萝卜、南畔州春萝卜等。

3. 春夏萝卜

春夏萝卜3~4月播种,5~6月收获,生育期45~70d,产量低,供应期短,栽培不当易抽薹。优良品种有锥子把、克山红、旅大小五樱、春萝1号、白玉春等。

4. 夏秋萝卜

夏秋萝卜具有耐热、耐旱、抗病虫的特性。北方多夏播秋收,于9月缺菜季节供应,生长期正值高温季节,必须加强管理。优良品种有象牙白、美浓早生、青岛刀把萝卜、泰安伏萝卜、杭州小钩白、南京中秋红萝卜等。

5. 四季萝卜

四季萝卜肉质根小,生长期短(30~40d),较耐寒,适应性强,抽薹迟,四季皆可种植。优良品种有小寒萝卜、烟台红丁、四缨萝卜、扬花萝卜等。

生产糖醋萝卜对于原料的要求是:组织致密,质地脆嫩,无霉烂,无黑斑,不糠心,每千克6~8个。萝卜品种、收获期是否恰当及质量的好坏直接影响到其成品的脆嫩、风味和出品率,所以,在加工腌制中必须选择质体脆嫩新鲜、成熟度适宜、组织致密光滑的萝卜品种。萝卜收获成熟度标准应在实践中根据品种特性、环境条件、栽培管理情况综合加以考虑,确定适宜的采收期。采收时注意操作,尽量避免碰破萝卜表皮,防止萝卜内部发生生理病变,影响产品品质。

二、辅料的选择

食盐是咸菜加工腌制中最简单而实用的一种防腐剂，大部分有害菌都很难在高浓度食盐溶液中生存。食盐还可以抑制大部分微生物的生长繁殖，起到防腐作用。食盐使萝卜组织中水溶性物质随水外溢，使其含有的部分苦涩物质、黏性物质被排除。食盐可以使萝卜中所含的蛋白质在其水解酶作用下分解为各种氨基酸，起助鲜作用。生产糖醋萝卜的食盐应符合《食盐卫生标准》（GB 2721—2003）的规定。

砂糖应符合《赤砂糖》（QB/T 2343.1—1997）的规定。食醋应符合《食醋卫生标准》（GB 2719—2003/XG1—2006）一级醋的规定。

三、原辅料配比

盐渍阶段：鲜萝卜100kg，食盐9kg。
醋渍阶段：萝卜咸坯100kg，砂糖35kg，食醋70kg。

四、制作过程

将萝卜洗净，切去叶基部及根须，纵向切成两半。每100kg鲜萝卜用9kg食盐，按一层菜一层盐、下少上多的方法，将萝卜放至缸（池）满。每天早晚转缸（池）翻菜一次，灌入原卤，3d后捞起，沥去卤水，即为咸坯。将咸坯置于晒架上（离地面70~80cm）晾晒7d左右，每天翻动两次。晒后的萝卜收得率30%左右，可长期贮存。

将腌萝卜的原卤静置澄清，取澄清液，加温至80℃。然后将咸萝卜坯分层装缸，洒上热卤，至满缸，浸泡8h左右，捞出、沥去卤水。将烫卤过的萝卜取出，切成长度为2~2.2cm的不规则蒜瓣瓣状，要求块块带皮。将切制过的萝卜坯浸泡脱盐，即萝卜坯与水比例1：1.5，浸泡2~4h左右，捞出，压去菜卤。将脱水后的咸坯，摊开晾晒，约2~3d，收得率35%左右。

糖醋卤以100kg萝卜咸坯计：先将食醋70kg加热至100℃，再加入砂糖35kg溶解，冷却到60~70℃，备用。将晒干的咸坯萝卜坯，放入坛中，灌入糖醋卤，层层塞紧捣实至满。用塑料薄膜扎口，再用咸黄泥密封。每2~3d滚坛一次，20d后停止滚坛，再经10d的后熟期即为成品。成品感官质量要求：红棕色，有光泽；具有萝卜的香气；质地脆嫩；稍有酯香气；甜酸爽口，咸淡适宜。

任务实施

情景一 萝卜腌制前处理

1. 学生在教师引导下，自主学习萝卜腌制前处理相关理论内容，填写情境报告单。

2. 学生以组为单位制定萝卜腌制前处理前处理计划，并提交任务实施单，教师总结完善问题；教师对正确的任务实施单签字后，学生方可实施任务。

3. 学生实施萝卜腌制前处理任务，教师进行过程评价。

情景二 萝卜盐渍

情景三 萝卜咸坯醋渍

其他情境操作均按照"资讯→计划→决策→实施→检查→评价"等工作过程设计实施。

复习思考题

　　1. 简述糖醋萝卜的腌制过程。

　　2. 盐在腌制中有什么作用?

任务3　韩式辣白菜腌制

知识平台

　　韩式泡菜已有3000多年的历史，相传是以传入的我国传统的酸菜为雏形，之后进行了不断改良而形成的。韩式泡菜初期主要用蕨菜、黄瓜、茄子、萝卜等加上盐、米粥、醋、酱等腌制。高丽时代，随着蔬菜种植技术的提高，泡菜中加入了新鲜蔬菜。进入朝鲜时代，泡菜的制作方法开始丰富，并开始加入各种鱼、虾、蟹等海产品。之后由于大白菜的大量种植，大白菜成为了韩式泡菜的主要原料。发展至今，韩式泡菜有200多种，各种蔬菜均可腌制泡菜，甚至连水果、鱼、肉等均可腌渍制作成各种款式的泡菜。韩式泡菜具有爽口开胃，促进消化的作用。近代研究表明：韩式泡菜具有预防动脉硬化，降低胆固醇，消除多余脂肪等作用。

　　韩式泡菜中占有最重要地位的是辣白菜泡菜，因其酸辣可口，清爽开胃，早已成为我国民众广泛接受的韩式泡菜品种。同时韩式辣白菜还是制作韩式拌饭、韩式烤肉、韩式汤锅的主要原料，在市场销售中占有很大份额，发展前景十分广阔。

一、大白菜选择

　　生产韩式辣白菜应选择外形整齐、大小均匀、包心紧实、口感甜脆的大白菜。随着现代育种工作者的努力和栽培技术的提升，我国已经实现了大白菜的周年供应，泡菜生产原料来源稳定，可以实现韩式辣白菜的周年生产。大白菜是以叶球为产品器官的蔬菜，叶球形成期需要冷凉的气候条件，我国秋季是最适宜大白菜生产的季节，此季节产出的大白菜叶球品质好，而且由于种植面积较大，市场价格较为低廉，因此秋季是适合大量生产韩式辣白菜的季节。将采收好的大白菜将根削平，去掉外面的黄叶、枯老叶、烂叶后待用。

二、辅料的选择

　　辣椒是腌制韩式辣白菜时必不可少的辅料。辣椒中含有丰富的蛋白质、糖、有机酸、维生素及钙、磷、铁等矿物质，其中维生素C含量极高。《食物本草》记载辣椒具有"消宿食，解结气，开胃口，辟邪恶，杀腥气诸毒"的功效。辣椒的有效成分辣椒素是一种抗氧化物质，有防癌作用。此外辣椒还有具有增加食欲、促进消化、杀菌除菌、解热镇痛的作用。生产韩式辣白菜应选用色泽鲜红、肉质厚、表皮光润的红干尖椒磨粉。要求辣椒不能过辣，尽量选择韩国辣椒泡菜专用辣椒品种。

　　萝卜挑选坚实而光滑的白萝卜，不要削皮，洗净后备用。

　　制作泡菜时多使用味道辛辣的多瓣蒜。蒜属百合科葱属，以鳞茎入药。现代医学研究证实，大蒜集 100 多种药用和保健成分于一身，具有促进新陈代谢、降低胆固醇和甘油三酯的作用，对高血压、高血脂、动脉硬化、糖尿病等有一定疗效。大蒜自古就被当作天然杀菌剂，有"天然抗生素"之称，数千年来，中国、埃及、印度等国将大蒜既作为食物也作为传统药物应用。大蒜的种类繁多，依蒜头皮色的不同，可分为白皮蒜和紫皮蒜；依蒜瓣多少，又可分为大瓣种和小瓣种。

洋葱供食用的部位为地下的肥大鳞茎（即葱头）。根据其皮色可分为白皮、黄皮和红皮三种。洋葱性温，味辛甘，有祛痰、利尿、健胃润肠、解毒杀虫等功能。制作韩式辣白菜时选择红皮洋葱较好。

生姜指姜属植物的块根茎。姜味辛，性温，能开胃止呕、化痰止咳、发汗解表，我国自古以来就有"生姜治百病"的说法，是中医中主要的药用食材。姜具有特有的香味和辛辣味道，其中辛辣味出自名为生姜素的物质，其具有健胃发汗的特效，还有助于减肥。生产时应选择新鲜、汁多的生姜。

韭菜，味甘、辛，性温、无毒，有温中开胃、行气活血、补肾助阳、散瘀的功效。植株中含有挥发油及硫化物、蛋白质、脂肪等物质。

盐应符合《食盐卫生标准》（GB 2721—2003）的规定。

鱼虾酱汁是一种储藏发酵食品。鲜鱼的刺分解为易于吸收的钙，脂肪转化为挥发性脂肪酸，生成酱汁特有的味道和香气。鱼虾酱汁作为优质的蛋白质和钙、脂肪的供应源，是钙含量高的碱性食品，具有中和体液的重要作用。鱼虾酱汁是韩式辣白菜风味形成的主要材料。

三、原铺料配比

大白菜 100kg，萝卜 8kg，大蒜 3kg，姜 1.0 ~ 1.2kg，洋葱 1.1 ~ 1.2kg，韭菜 1.5 ~ 1.6kg，糯米粉 2.5 ~ 3kg，盐 1.7 ~ 2.0kg，糖 1.5 ~ 1.8kg，鱼虾酱汁 2.3 ~ 2.5kg。

四、制作过程

1. 处理原料

将处理过的大白菜清洗干净，切成两半，一层层放入容器中，加入浓度为 2% 的食盐水，水量要求没过大白菜。经过 12d 盐水腌渍后，捞出沥干表面水分。用凉水清洗数次后捞出，沥干水分。

2. 酱料制备

糯米粉加水按 1∶10 比例拌匀，加热搅拌成糨糊状，晾凉至完全冷却，加入辣椒面拌匀。萝卜去除萝卜须，清洗干净后控干水分，切成丝，规格与火柴杆近似，加入酱料中。葱清洗后切丝，生姜和蒜去皮清洗后控干水分，放入粉碎机中搅打成泥，加入酱料。再加入盐、切成段的韭菜、鱼虾酱汁。若想形成独特的风味，还可加入梨汁、苹果汁或者其他调料。

3. 腌制

用酱料将处理好的大白菜每片叶子抹匀，然后放入泡菜缸，一层层码放，空隙用酱料填满。将泡菜添满缸容量的五分之四左右，并把腌渍的白菜外层叶子放在上部压实，发酵。韩式辣白菜成品需要在低温下贮藏。

任务实施

情景一 大白菜腌制前处理

1. 学生在教师引导下，自主学习大白菜腌制前处理相关理论内容，填写情境报告单。

2. 学生以组为单位制定大白菜腌制前处理前处理计划，并提交任务实施单，教师总结完善问题；对正确的任务实施单签字后，学生方可实施任务。

3. 学生实施大白菜腌制前处理任务，教师进行过程评价。

情景二 韩式辣白菜酱料配制

其他情境操作均按照"资讯→计划→决策→实施→检查→评价"等工作过程设计实施。

复习思考题

1. 腌制韩式辣白菜时如何选择大白菜？怎样进行腌制前处理？

2. 简述腌制韩式辣白菜制作过程。

模块3 花　　卉

项目7 认识花卉

任务1　花卉种类调查与识别

知识平台

一、了解花卉

（一）花卉的含义与范围

狭义的花卉是可供观赏的花草，花是植物的繁殖器官之一，卉是草的总称。广义的花卉是指具有一定观赏价值，达到观花、观叶、观茎、观果的目的，并能美化环境，丰富人们文化生活的草本、木本、藤本等植物。

（二）花卉在人类生活中的意义与作用

花卉是城乡园林绿化的重要材料，是园林景观中必不可少的要素，在环境美化、绿化、香化方面有重要的作用，并具有一定的生态、经济、社会效益。

（三）国内外花卉生产现状与发展趋势

中国花卉生产栽培历史悠久，是世界花卉种类和种质资源最丰富的国家之一。中国土地辽阔，地势起伏，气候各异，形成的花卉种类极多，既有热带、亚热带、温带、寒带的花卉，又有高山、岩生、沼泽、水生花卉。目前世界范围已栽培的花卉植物，初步统计原产于中国的有113科523属，达数千种之多。中国花卉种质资源对丰富世界各国，特别是北温带的国家和地区的城市园林建设具有巨大影响。中国被誉为"世界园林之母"，其丰富、优质的种质资源为世界园林做出了重要的贡献。

第二次世界大战以后，世界花卉产业迅速发展起来，其作为一门现代新兴产业，被称为花卉经济。花卉的生产和经营在国际范围内迅速崛起，呈现出持续发展、欣欣向荣的局面。

21世纪以来，世界各国花卉业的生产规模、产值及贸易额都有较大幅度的增长，花卉产品成为世界贸易的大宗产品。全球有四大公认的花卉批发市场，即荷兰的阿姆斯特丹、美国的迈阿密、哥伦比亚的波哥大、以色列的特拉维夫。国际花卉生产布局基本形成，世界各国纷纷走上特色道路。荷兰在种苗、种球、鲜切花生产等方面占优势；美国在草花、花坛植物育种及生产方面占优势，同时在盆花、观叶植物方面也处于领先地位；日本在育种和栽培上占优势，并对花卉的生产、储运和销售都做到了标准化管理。

世界花卉业发展趋势是：发达国家的花卉生产向发展中国家转移；花卉生产向着现代化、工厂化和专业化方向发展；花卉生产向多样化、新奇化方向发展；各国都在追求精品，创造品牌。

二、识别与分类花卉

（一）依花卉的生物学性状分类

1. 草本花卉

草本花卉是指没有主茎，或虽有主茎但木质化程度低，柔软多汁易折断的一类花卉。依其生活周期的长短可分为一、二年生花卉和多年生草本花卉。

（1）一、二年生花卉

1）一年生花卉。这是指在一个生长季节内进行营养生长、开花结实，完成一个生活周期而死亡的花卉。一年生花卉通常包括下述两类花卉：

① 典型的一年生花卉。花卉从播种到开花、死亡在当年内进行。一般春天播种，夏秋开花结实，入冬前死亡。代表花卉如百日草、鸡冠花、半支莲、翠菊、牵牛花等。

② 多年生作一年生栽培的花卉。这类花卉有生长不良或两年后观赏效果差的特点；在当地露地环境中多年生栽培时，对气候不适应，怕冷；容易结实，当年播种就可以开花。代表花卉如一串红、美女樱、矮牵牛、金鱼草、藿香蓟、矢车菊、紫茉莉等。

2）二年生花卉。这是指经两年或两个生长季节才能完成一个生活周期，即播种后第一年只形成营养器官，次年开花结实而后死亡的花卉。二年生花卉通常包括以下两类花卉。

① 典型的二年生花卉。花卉从播种到开花，死亡跨越两个年头。第一年进行大量的营养生长，并形成储藏器官，然后经过冬季，第二年开花结实，死亡。一般秋天播种，种子发芽，营养生长，第二年的春天或初夏开花、结实，在炎夏来临时死亡。代表花卉如风铃草、洋地黄、紫罗兰、须苞石竹、桂竹香等。

② 多年生作二年生栽培的花卉。二年生花卉中大多数种类是多年生花卉中喜欢冷凉的种类，但常作二年生花卉栽培的。它们在当地露地环境中多年生栽培时对气候不适应，怕热；生长不良或两年后观赏效果差；容易结实，当年播种就可以开花。代表花卉如雏菊、金鱼草、蜀葵、三色堇、四季报春等。

3）既可以作一年生栽培也可以作二年生栽培的花卉。这类花卉依耐热性和耐寒性及栽培地区的气候特点所决定。在一般情况下，花卉抗性较强，有一定耐寒性，同时又不怕炎热。如在北京地区月见草、蛇目菊可以春播也可以秋播，其生长一样，只有植株的花期和高矮有区别。还有一些花卉，喜温暖，忌炎热或喜凉爽，不耐寒，也属此类。如香雪球、霞草是秋播生长状态好于春播，而翠菊、美女樱只要冬季在阳畦中保护一下，也可以秋播。

（2）多年生草本花卉　生命能延续多年的草本花卉，包括多年生常绿花卉和地上部开花后枯萎，以芽或根藏于地下越冬、越夏的落叶花卉，分为以下几类：

1）宿根花卉。地下部分没有发生变态的多年生常绿花卉，和入冬后地上部分枯萎，以休眠芽或根系在土壤中宿存越冬，第二年春天萌发的花卉。如菊花、芍药、荷包牡丹、桔梗、荷兰菊、玉簪等。

2）球根花卉。地下根或地下茎变态为膨大的根或茎，用于贮存养分和水分以度过休眠期的花卉。具体依变态形式分块根类、块茎类、鳞茎类、球茎类、根茎类5类。

3）水生花卉。这包括水生及湿生的观赏植物，如荷花、千屈菜、水生鸢尾、香蒲、睡莲、王莲、芡实、凤眼莲、浮萍、黑藻、莼菜、眼子菜等。

4）蕨类植物。这是高等植物中比较低级而又不开花的一个类群，以孢子繁殖为主，是优良的室内观叶植物。蕨叶常是插花的重要材料，蕨类也常用来布置阴生植物园和专类园，如肾蕨、铁线蕨、鹿角蕨等。

2. 木本花卉

木本花卉是指植物的茎木质化、枝干坚硬、不易折断的一类花卉，其大部分都归入观赏树木中。通常所讲的木本花卉是以花或果供观赏的木本植物，一般都可以矮化盆栽，根据形态可分为乔木类、灌木类、藤木类、竹类、棕榈类5类。

3. 仙人掌类及多浆植物

仙人掌类及多浆植物是指植物的茎、叶具有发达的贮水组织，呈现肥厚而多浆的变态植物，多原产于热带、亚热带干旱地区，也有少量产于森林中。在植物分类系统中有40多科含有多浆植物。常见栽培的有仙人掌科、景天科、萝藦科、百合科、大戟科的许多属种，其中仙人掌科就有140余属，2000种以上。为了管理和分类方便，常把仙人掌科植物另列一类，称仙人掌类，而将仙人掌科以外的其他科多浆植物，称为多浆植物。

4. 兰科花卉

本类按其性状原属于多年生草本植物，因其种类多，在栽培中有其独特的要求，为了应用方便，根据其性状和生态习性不同，又可分为以下两类。

（1）中国兰　中国兰原产于我国亚热带及暖温带地区，为草本丛生性植物。性喜凉爽及半阴，叶态细长飘逸，花色淡雅，气味清香。其中春兰、蕙兰、建兰、寒兰、墨兰、春剑等属于地生兰类，虎头兰、蝉兰、台兰等属于附生兰类。

（2）西洋兰　西洋兰又称为洋兰，多数原产于热带雨林中，植株呈攀缘状，多为气生根，附生在其他物体上生长，属于附生类型。性喜高温高湿及半阴的环境，叶片宽厚，花色艳丽，但无香味。如卡特兰、蝴蝶兰、石斛、万代兰、兜兰、贝母兰等。

5. 岩生花卉

岩生花卉是用来装饰岩石园的植物材料。理想岩生花卉是植株低矮、生长缓慢、生活期长、耐瘠薄、抗逆性强的多年生宿根及球根植物，如虎耳草、景天等。

6. 草坪植物及地被植物

此类以多年生、丛生性强的草本植物为主，大多数能自生繁衍，供园林中覆盖地面使用。基本上划分为两类。一类为草坪植物，就是通常意义上的草坪草，指适应性强的矮生禾草。草坪植物大多数为质地纤细、植株密集，有爬地生长的匍匐茎或具有分生能力强的根状茎，能形成草皮或草坪，并能忍耐定期修剪和践踏的植物种或品种，如结缕草、地毯草、假俭草、早熟禾、狗牙根、黑麦草等。另一类为草坪地被植物，即多年生低矮地被植物，适应性较强的低矮、匍匐型的灌木和藤本植物，其具有观叶或观花及绿化美化等功能，如白车轴草、鸢尾、玉簪、萱草、马蔺、小檗等。

（二）按观赏部位分类

1. 观花花卉

此类植株开花繁多，花色鲜艳，花形奇特美丽，以观花为主，如菊花、月季、唐菖蒲、郁金香等。

2. 观叶植物

这是以叶为主要观赏对象的植物。观叶植物是室内花卉装饰的主要材料，包括蕨类、观叶的草本和木本植物。蕨类植物有肾蕨、铁线蕨、鸟巢蕨、卷柏等；木本植物有苏铁、印度橡皮树、一品红、棕竹等；草本植物有百合科的吊兰、天南星科的绿萝、竹芋科的花叶竹芋、凤梨科的果子蔓、鸭跖草科的吊竹梅等。

3. 观茎花卉

此类植株的茎奇特，变态为肥厚的掌状或节间极度短缩，以观茎为主，如仙人掌、佛肚竹、文竹等。

4. 观果花卉

此类植株的果实形状奇特，果色鲜艳，挂果期长，以果实为主要观赏器官，如金橘、佛手、观赏椒、冬珊瑚等。

5. 观根花卉

观根花卉以变态根为主要观赏部位，如根榕盆景、薯榕盆景等。

6. 芳香类

此类花卉香味浓郁，花期较长，如米兰、含笑、茉莉、栀子花、桂花等，是布置芳香园的主要材料。

7. 其他观赏类

如观赏银芽柳银白色、毛茸茸的芽，观赏象牙红、马蹄莲、叶子花的苞片，观赏鸡冠花膨大的花托，观赏美人蕉瓣化的雄蕊，观赏合欢、红千层的花丝。

（三）按花卉原产地气候特点分类

花卉的生态习性与原产地气候有密切关系，如果花卉原产地气候相同，它们的生活习性也大体相似。设施栽培创造类似原产地的条件，可使花卉生产取得更高的效益。

1. 中国气候型花卉

中国气候型又称为大陆东岸气候型。属于这一气候型的地区有中国的华北、东北、华东，还有日本、北美东部、巴西南部、大洋洲东部、非洲东南部。此地区的气候特点是冬寒夏热，年温差较大，夏季降雨较多。这一气候型花卉因为产地冬季的气温不同分为温暖型与冷凉型。

（1）温暖型　包括中国长江以南、日本西部、北美洲东南部、巴西南部、大洋洲东部、非洲东南部等地区。原产于这一气候型的花卉有中国水仙、石蒜、百合、山茶、马蹄莲、报春、凤仙、半支莲、一串红、三角花、中国石竹等。

（2）冷凉型　包括中国华北及东北南部、日本东北部、北美洲东北部等地区。主要花卉有菊花、芍药、荷包牡丹、荷兰菊、金光菊、花毛茛、百合、贴梗海棠、翠菊、乌头、吊钟柳、花毛茛、鸢尾、蛇鞭菊等。

2. 欧洲气候型花卉

欧洲气候型又称为大陆西岸气候型。属于这一气候型的有欧洲大部分、北美洲西海岸、南美洲西南部、新西兰南部。此区冬季气候温暖，夏季温度不高，一般不超过 15～17℃，雨水四季都有，而西海岸地区雨量较少。原产花卉有三色堇、雏菊、勿忘我、紫罗兰、洋地黄、矢车菊、羽衣甘蓝、铃兰、剪秋罗等。

3. 地中海气候型花卉

以地中海沿岸为代表，与地中海相似的地区有南非好望角、大洋洲东南和西南等地。此区从秋季至次年春末为降雨期，夏季很少降雨，为干燥期。冬季最低温度为 6～7℃，夏季温度为 20～25℃，因夏季气候干燥，多年生花卉常成球根形态。主要原产花卉有风信子、水仙、仙客来、羽扇豆、天竺葵、鸢尾、石竹、香豌豆、鹤望兰、君子兰、酢浆草等。

4. 墨西哥气候型花卉

墨西哥气候型又称为热带高原气候型，常见于热带与亚热带高山地区。此气候型除了墨西哥以外，还有南美洲的安第斯山脉、中国的云南山岳地带等。周年温度 14～17℃，温差小，降雨量各地区不同。原产于这一地区的花卉耐寒性较弱，喜冬暖夏凉气候。主要花卉有大丽花、晚香玉、百日草、万寿菊、一品红、旱金莲、云南山茶、香水月季等。

5. 热带气候型花卉

热带气候型包括亚洲、非洲、大洋洲、中美洲及南美洲热带地区。此气候区周年高温，温差小，离赤道渐远，温差加大；雨量大，分为雨季和旱季，也有全年雨水充沛区。该区是不耐寒一年生花卉及观赏花木的分布中心，原产的花卉一般不休眠，对水敏感。主要花卉有鸡冠花、彩叶草、变叶木、红桑、猪笼草、万代兰、紫茉莉、花烛、大岩桐、牵牛花、朱顶红、卡特兰、美人蕉等。

6. 沙漠气候型花卉

属于沙漠气候型的地区有非洲、阿拉伯、黑海东北部、大洋洲东部、墨西哥西北部等，周年降雨量很少，气候干旱，多为不毛之地。该区是仙人掌和多浆植物的分布中心，原产植物有芦荟、十二卷、伽蓝菜、仙人掌、龙舌兰、光棍树等。

7. 寒带气候型花卉

寒带气候区主要有阿拉斯加、西伯利亚等。此区冬季漫长而严寒，夏季短促而凉爽，植物生长期只有 2～3 个月。夏季白天长，风大，植物低矮，生长缓慢，常成垫状。主要花卉有细叶百合、龙胆、雪莲、点地梅等。

（四）其他分类法

1. 按栽培方式分类

（1）切花栽培　指按切花生产要求，施行整地做畦、定植、张网、剥蕾疏枝、肥水管理等环节，能集中采收、保鲜处理的生产方式。切花栽培生产周期短，见效快，规模生产，能周年供应鲜花，是国际花卉生产栽培的主要部分。

（2）盆花栽培　将花卉栽植于花盆或其他容器进行花卉生产栽培的方式称盆花栽培。盆花栽培是我国花卉产业的主要部分。盆花栽培在北方冬季必须进温室保护，在南方夏季实行遮阳生产。

（3）露地栽培　露地栽培是将花卉直播或定植到露地的栽培方式。

（4）促成或抑制栽培　为满足市场、观赏及一些特殊的需要，运用人为技术处理使花卉提前或延后开花的栽培方式。

（5）无土栽培　无土栽培是一种不用土壤而用营养液或固体基质加营养液栽培作物的

种植技术，可分为固培、液培和雾培。

(6) 荫棚栽培　常用于夏季花卉的遮阳栽培。

(7) 种苗栽培　为培育种苗进行的栽培。

2. 按对水分的要求分类

(1) 水生花卉　见多年生草本花卉中水生花卉。

(2) 湿生花卉　原产于热带或亚热带，喜欢多湿环境的花卉。此类花卉根系小而无主根，大多通过多湿的环境补充植株水分，如杜鹃花、兰花、茉莉花、马蹄莲、竹芋等，在栽培中掌握多湿少水的原则。

(3) 中生花卉　适宜生长于适度湿润、既不干旱也不积水的土壤中的花卉。大多数花卉都归于此类，但不同的种类对土壤干湿程度的要求与适应能力不同，在栽培管理中掌握干透浇透的原则。

(4) 旱生花卉　原产于干旱或沙漠地带，能适应干旱环境的花卉，有很少的水分便能维持生命，如仙人掌类及许多多浆花卉。在栽培管理中掌握宁干勿湿原则。

3. 按对温度的要求分类

(1) 耐寒花卉　性耐寒而不耐热，在0℃以下的低温能安全越冬的花卉。在我国西北、华北及东北南部能露地安全越冬，如木本花卉中的榆叶梅、牡丹、丁香、锦带花等；在我国北方能安全越冬的一些宿根性花卉，如荷包牡丹、芍药、荷兰菊等。

(2) 喜凉花卉　稍耐寒而不耐严寒，也不耐高温，在冷凉气候下生长良好，在我国江淮流域及北部的偏南地区能露地越冬。如梅、月季、菊花及三色堇等。

(3) 中温花卉　一般耐轻微短期霜冻，在我国长江流域以南大部分地区露地能安全越冬。如苏铁、山茶、桂花、含笑、杜鹃、金鱼草、报春花等。

(4) 喜温花卉　性喜温暖，不耐霜冻，一经霜冻，轻则枝叶坏死，重则全株死亡，一般在5℃以上能安全越冬，在我国长江流域以南部分地区及华南能安全越冬。如茉莉、叶子花、白兰花、非洲菊和大多数一年生花卉。

4. 按对光强的要求分类

(1) 阳性花卉　只有在全光照下才能生长发育良好并正常开花结实的花卉，如月季、茉莉、荷花、半支莲以及沙漠型仙人掌与许多旱生、沙生多浆花卉。

(2) 中性花卉　在充足的直射光下生长良好，也能忍耐不同程度的荫蔽，在夏季需要遮阳栽培，大部分花卉属于这一类型。

(3) 阴性花卉　在北方5～10月需遮阳栽培，在南方全年需遮阳栽培的花卉，如秋海棠、万年青、朱蕉等。

(4) 强阴性花卉　在南北方都需全年遮阳栽培的花卉，如蕨类植物、竹芋类、绿萝、散尾葵、马拉巴栗等。

5. 按对光周期的要求分类

(1) 短日性花卉　一般每天的日照时数在8～12h能正常分化花芽的花卉，如秋菊、蟹爪兰、一品红等。在自然条件下，秋季开花的一年生花卉多为短日性花卉。

(2) 长日性花卉　每天日照时数在14～16h花芽才能正常分化与发育的花卉，如八仙花、唐菖蒲、香豌豆、瓜叶菊、丝石竹、紫罗兰、香雪球、屈曲花等。自然条件下，春夏开花的二年生花卉都属于此类。

（3）中日性花卉　花芽的分化与发育不受光照时数限制的花卉，在 10～16h 光照下均可开花，如月季、一串红、非洲菊等。

6. 按开花季节分类

（1）春花类　花期在 2～4 月的花卉，如瓜叶菊、金盏菊、紫丁香、大花三色堇、山茶、杜鹃花、郁金香、报春花等。

（2）夏花类　花期在 5～7 月的花卉，如石榴花、凤仙花、荷花、大花萱草、锦带花、紫茉莉等。

（3）秋花类　花期在 8～10 月的花卉，如秋菊、大丽花、桂花等。

（4）冬花类　花期在 11 月至翌年 1 月的花卉，如一品红、水仙、蟹爪兰、仙客来、墨兰等。

7. 依特性相近植物类群或科属分类

（1）观赏蕨类　指蕨类植物中具有较高观赏价值的一类。主要观赏其独特的株形、叶型。如鸟巢蕨、铁线蕨、鹿角蕨、波士顿蕨、凤尾蕨等。

（2）兰科花卉　见依花卉的生物学性状分类中兰科花卉。

（3）凤梨科花卉　指凤梨科观赏价值高的各类花卉。较常见的有果子蔓属、铁兰属、巢凤梨属等。

（4）棕榈科植物　指观赏价值较高的棕榈科植物。如散尾葵、美丽针葵、袖珍椰子、三药槟榔、夏威夷椰子等。

（5）仙人掌多肉类花卉　见依花卉的生物学性状分类中仙人掌类及多浆植物。

任务实施

情景一　某地区一、二年生花卉生产情况调查

1. 教师提出"一、二年生花卉种植在我市悄然发展初具规模，当前，我市一、二年生花卉种植究竟是个什么状况？发展过程中存在哪些问题？"引出"情境一　某地区一、二年生花卉生产情况调查"。

2. 学生分组学习依花卉的生物学性状分类中一、二年生花卉的内容，回答三个问题，填写情境报告单，教师巡回指导。

问题：

（1）什么是一年生花卉？一年生花卉分几类？代表花卉有哪些？

（2）什么是二年生花卉？二年生花卉分几类？代表花卉有哪些？

（3）举例说明既可以作一年生栽培也可以作二年生栽培的花卉。

3. 学生以组为单位讲解三个问题并提交任务实施单，教师总结完善问题，解决一、二年生花卉生产情况调查中必备的理论问题；教师对正确的任务实施单签字后，学生方可实施任务。

4. 学生到本地区实施一、二年生花卉生产情况调查任务，教师进行过程评价。

情景二　某地区球根花卉生产情况调查

情景三　某地区宿根花卉生产情况调查

情景四　某地区木本花卉生产情况调查

其他情境操作均按照"资讯→计划→决策→实施→检查→评价"等工作过程设计实施。

复习思考题

1. 试述花卉的含义与范围。
2. 举例说明什么是一、二年生花卉。
3. 花卉分类有几种方式？
4. 按照按开花季节花卉分为哪几类？
5. 按原产地气候特点花卉分为哪几类？

任务 2　花卉生长发育与环境条件调查

知识平台

一、花卉的生长发育规律

花卉同其他作物一样，在个体发育过程中多数经历种子时期、营养生长和生殖生长三大时期，完成从种子到种子或从球根至球根的生命周期过程。不同类型花卉的生命周期长短不同，一般花木类的生命周期从数年到数百年，而草本花卉的生命周期短则数日，长则数年。

（一）种子时期

种子繁殖的花卉，种子时期包括胚胎发育期、种子休眠期和发芽期。胚胎发育期是从卵细胞受精开始到种子成熟为止的过程。种子成熟以后，大多数花卉都有不同程度的休眠。种子、球根、芽等都有休眠特性。处于休眠期的花卉种子仍然进行着缓慢、复杂的生物化学变化。休眠种子在适当的条件下萌发后，花卉才能进入营养生长的过程。无性繁殖的花卉无种子时期。

（二）营养生长期

营养生长期是指花卉到达开花前的这段时期，也叫花前成熟期。花前成熟期的长短因种类或品种而异，有的短至数日，有的长至数年乃至几十年。如矮牵牛，在短日照条件下，于子叶期就能诱导开花；唐菖蒲早花种种植后 3 个月可开花，而晚花种则需 4 个月；牡丹播种后要经 3~4 年才能开花。一般来讲，草本花卉的花前成熟期较短，木本花卉的花前成熟期较长。

（三）生殖生长期

从园林应用角度来说，我们关注的是植物的开花。从外部形态上，植物长到一定大小就开花，但实际过程要复杂得多，要经过花发生、花芽分化与发育、开花期和结果期，这个过程就是生殖生长期。

（1）花发生　顶端分生组织不再产生叶芽，而是向成花方向发展，出现花原基。

（2）花芽分化　这是植物由营养生长过渡到生殖生长的标志。花卉经过一定的生长后，在适当条件下生长点部位开始分化花原基，成为花芽。花芽进一步分化，生长发育为花的各部分。

（3）开花　分化发育完全的花芽，在适宜外界条件下花萼和花瓣打开的过程为开花。此期对外界环境最敏感。温度过高或过低、光照不足或过于干燥等，都会妨碍授粉及受精，引起落蕾、落花。

（4）结果期　结果期是观果的花卉观赏价值最高的时期。木本花卉一边开花结实，一边仍继续营养生长，而一、二年生花卉的营养生长时期和生殖生长时期较明显。

上述是花卉的一般生长发育过程，每种花卉不一定都经历所有的时期。营养繁殖的多年生观叶植物，在栽培过程中就不经过种子时期，也不必注意花芽分化和开花、结果的问题。

花卉同其他植物一样，在年周期中表现最明显的是生长期和休眠期的规律性变化。但是，由于花卉种类繁多，原产地的立地条件也极为复杂，同样年周期的情况也不同，尤其是休眠期的类型和特点多种多样。一年生花卉无生长期与休眠期的变化；二年生花卉秋播后以幼苗状态越冬休眠或半休眠；多数宿根花卉和球根花卉则在开花结实后，地上部分枯死，地下贮藏器官形成后进入休眠越冬（如春植球根类唐菖蒲、荷花等）或越夏（如秋植球根类的水仙、郁金香等）；还有许多多年生常绿花卉，在适宜环境条件下，几乎周年生长，保持常绿而无休眠期，如万年青、麦冬等。

二、环境因素对花卉生长发育的影响

种类繁多的花卉大都形成了对原产地环境的适应性，对栽培环境有着不同的要求，只有创造适宜的生产栽培环境才能使其生长发育良好。

（一）温度对花卉生长发育的影响

温度影响花卉的一切生长发育过程。地球上的不同温度带上有不同的植被类型，也分布着不同花卉。一、二年生草本花卉的种子萌发，多年生花卉的休眠与萌发，某些花卉的花芽分化与发育，都受温度的影响。

1. 不同花卉对温度的要求

不同花卉对温度的要求不同，每种花卉都有自己的温度三基点，所谓的"三基点"即最高温度、最适温度、最低温度。花卉的温度三基点与原产地气候有关，温带花卉最适生长温度为 15～25℃，最低在 5℃左右；原产于热带和亚热带的花卉三基点偏高，适温 30～35℃，生长温度 10～45℃；原产于寒带的花卉温度三基点偏低。

需要注意的是最适温度随影响花卉的生长发育的诸环境因子相互作用而变，随季节和地区而变，随多年生花卉年龄及不同的生长发育阶段而变化。

2. 同种花卉不同生育阶段对温度的要求

每种花卉的不同生长发育时期对温度的适应性有很大的区别，认识这些区别是栽培上的一个重要依据。

一般情况下，同一花卉休眠期对温度的要求偏低，而生长期则要求偏高。生长期的不同阶段对温度的要求也有差别。如一年生花卉的种子发芽要求较高的温度，比生长最适温要高3～5℃；幼苗期要求温度偏低，可促使苗壮；由生长阶段转入发育阶段要求温度逐渐升高；开花结果期要求温度适宜，对温度的适应范围变窄，不适的温度会使开花授粉不良。

二年生草本花卉幼苗期大多要求经过一个低温过程，以通过春化阶段，否则不能进行花芽分化，进入旺盛生长期则要求较高的温度环境。

3. 温度影响花色及花期

温暖地区栽的大丽花，炎夏不开花，即使开花也暗淡无彩，秋凉后开的花则鲜艳夺目，在寒冷地区盛夏也开花艳丽。一般情况下，较低的温度可使盛开的花卉延长花期。另外，地温和昼夜温差都影响花卉的生长与发育。较高的地温有利于根系的生长。原产于温带的花卉都要求一定的昼夜温差，而原产于热带的许多观叶植物在无昼夜温差的条件下仍生长良好。

（二）光照对花卉生长发育的影响

1. 光照强度对花卉的影响

不同花卉对光照强度的需求不同，这和其原产地的光照条件有关。一般原产于高原地带、高山地区的花卉植物需光照强度大，而原产于热带雨林中的植物比较耐阴。

花卉不同生育阶段对光照强度的需求不同。大多数花卉种子萌发时不要求光照或只要求少量散射光，随着幼苗的生长对光照的需求量逐渐加大。

光照强度影响花色。同一种花卉，在室外栽植比在室内栽植花色光彩艳丽。室内光照比外界自然光要弱，所以选择养护花卉时，要注意所选种类对光强的要求，即使是耐阴的植物，也不可全年在弱光中生长。

2. 光周期对花卉的影响

光周期是指每天光照时数的交替现象。不同花卉对光周期要求不同。光周期影响着花卉的营养生长、休眠及成花。

不同花卉发育期对光周期的要求不同，根据这种特性把花卉植物分成长日照花卉、短日照花卉和中性花卉。长日照花卉即光照长度在12h以上才能花芽分化与发育的花卉，如天人菊；短日照花卉即光照长度在12h以下才能花芽分化的花卉，如秋菊、一品红；中性花卉是指成花或开花过程不受日照长短的影响，只要在一定的温度和营养条件下即可开花的花卉，大多数花卉属于这一类。

了解花卉开花对日照长短的反应，对调节花期具有重要的作用，即利用这特性一可以使花卉提早或延迟花期。短日照植物长期处于长日照条件下，只能进行营养生长，不能进行花芽分化而显蕾开花，而用遮光的方法可以促进短日照植物提早开花。

3. 光质对花卉的影响

太阳光依波长可分红外光区、可见光区和紫外光区。可见光可根据波长分红、橙、黄、绿、青、蓝、紫。比红光波长的是红外光，可提高植物和环境的温度；比紫光波短的是紫外光，有杀菌和抑制病虫害传播的作用。在可见光中红、橙、黄光有利于促进植物的生长；青、蓝、紫光能抑制植物的伸长，促进花青素的形成。

在自然光线中，散射光的50%~60%为红光、橙光，紫外线少；直射光中37%为红光、橙光，紫外线多。因此散射光对半阴性花卉的效用大于直射光，而直射光对防徒长、使花色艳丽有作用。

另外，光的有无和强弱也影响花蕾开放的时间。如昙花在夜间开放，而且时间较短；紫茉莉和晚香玉只能在傍晚开放；半支莲、酢浆草必须在强光下才能开放；牵牛花早晨开放。而有些花则昼开夜合，如麦秆菊、郁金香等。

（三）水分对花卉生长发育的影响

1. 土壤水分对花卉影响

土壤水分影响花卉的生长。花卉不同生育期对土壤水分要求不同，一般情况下种子发芽期需水较多，幼苗期需水量较少，随着地上部的生长，对水分的需求量渐多，开花期要求低，结实和种子发育期要求更低。

土壤含水量也影响花芽分化。水分少抑制营养生长而促进花芽分化，球根花卉特别明显。一般情况下，同一种球根花卉，沙地上生长的花芽分化早，先开花；栽植在湿润的土壤中，球根的含水量高，开花较晚。

一般缺水时花色变浓而水分充足时花色正常。但大多数花卉的色泽对土壤水分的变化不十分敏感。

2. 空气湿度对花卉的影响

空气湿度过高往往使植株枝叶徒长，造成落花，生长柔弱，对病虫害的抵抗力降低；空气湿度过低花卉易发生红蜘蛛、蚜虫等虫害。

不同种类花卉对空气湿度的要求不同。原产于干旱地区的花卉要求空气湿度小，而原产于热带雨林的观叶植物要求空气湿度大。一些原生境中附生于树的枝干或生于岩壁、石缝中的花卉如气生兰类、杜鹃等，对空气湿度要求也较大，在生产与养护中，生长季节需向环境中喷水来补充空气湿度的不足。

3. 水质对花卉生长和发育的影响

水中可溶性盐含量和主要成分决定了水质。长期用高盐水浇花，会造成盐离子在土中的累积而影响土壤的酸碱度，进而影响花卉的生长与发育。水的酸碱度用 pH 值表示，大多数花卉浇水时宜使用 pH 值为 6.0 ~ 7.0 的水，杜鹃、栀子、山茶等喜酸性植物除外。

（四）土壤及营养对花卉生长发育的影响

1. 土质

组成土壤的矿物质颗粒大小及其在土壤中占的比例不同，土壤质地也不同。一般情况下黏土土壤颗粒间隙小，通透性差，保水性能好，只适合南方少数树木及水生花卉栽培；砂土的土壤颗粒间隙大，通透性强，在栽培中主要用于扦插或栽培球根花卉、多肉植物；壤土性状介于以上二者之间，适合大多数花卉的栽培。

2. 土壤酸碱度

一般花卉对土壤酸碱度要求不严格，在弱碱性或偏酸的土壤中都能生长，但大多数花卉在中性或偏酸性的土壤中生长良好。根据花卉对土壤酸碱性的不同要求，把花卉分为四种类型。

（1）耐强酸性花卉　喜 pH 为 4.0 ~ 6.0 的土壤，如杜鹃、山茶、栀子、兰花等。

（2）酸性花卉　要求土壤 pH 为 6.0 ~ 6.5，如百合、茉莉、棕榈等。

（3）中性花卉　要求土壤 pH 为 6.5 ~ 7.5，大多数观赏植物属于此类。

（4）耐碱性花卉　要求土壤 pH 为 7.5 ~ 8.0，如石竹、天竺葵、香豌豆、仙人掌、玫瑰等。

土壤酸碱度对某些花卉的花色变化也有重要影响。著名植物生理学家 Molisch 研究表明，八仙花蓝色花朵的出现除与铝和铁有关外，还与土壤 pH 高低有关，pH 低花色呈现蓝色，pH 高则呈现粉红色。

有机肥料及酸性化肥多施时，易使土壤的酸度增高，为了中和酸性，宜适当施用石灰和草木灰等，反之，如碱性肥料施多时，必须用酸性肥料中和。

3. 营养元素

花卉生长发育需要一定的养分，目前已确定 16 种元素为植物生长发育的必要元素。其中碳（C）、氢（H）、氧（O）、氮（N）、磷（P）、钾（K）、钙（Ca）、镁（Mg）、硫（S）是大量元素；铁（Fe）、硼（B）、铜（Cu）、锌（Zn）、锰（Mn）、氯（Cl）、钴（Mo）是微量元素。还有一些元素对某些植物生长有利，并能代替部分必须元素，减缓其缺乏症的症状，故称有利元素，如钴（Co）、钠（Na）、硒（Se）、硅（Si）、镓（Ga）、钒（V）。另外还有超微量元素，如镭（Ra）、钍（Th）、铀（U）及锕（Ac）等天然放射性元素，它们也有促进生长的作用。

施肥是补充营养元素不足的有效方式，肥料可以以基肥或追肥的方式供给花卉。主要肥料有有机肥、化肥、复合肥和专用花肥等。

（五）空气成分对花卉生长发育的影响

空气对观赏植物的影响是多方面的。空气中的氧气是植物呼吸作用必需的，正常情况下可满足花卉生长的需要，但土壤中的氧气含量比大气要低得多，往往因土壤质地性状和含水量过高而造成氧气不足，影响根系的呼吸而导致植株死亡。所以花卉盆栽要选用透气性好的花盆及盆土。在栽培中排水、松土、翻盆及清除花盆外的泥土都能改善土壤的通气性能。

空气中的二氧化碳是光合作用的原料。在室内条件下，往往因为光照充足时二氧化碳浓度低而影响生长，所以一定要用通风换气来补充二氧化碳。但是通风的强度也有一个范围，风速并不是越大越好。有条件的也可施用二氧化碳气肥，但在实际生产中二氧化碳施肥也有一定的限制，因为人体对二氧化碳的安全极限为 $5000mL/m^3$，一般温室可以维持在 $1000 \sim 2000mL/m^3$。

在工业集中的城市周围，大气中还有许多有害物质，它们会引起花卉的生理障碍。主要的有毒物质有二氧化硫、氟化氢、硫化氢、一氧化碳、氯、氨气、汞、铅、乙烯等。不同的污染物质对不同的花卉植物危害程度不一，有的花卉抗性强，有的花卉特别敏感。

二氧化硫是当前最主要的大气污染物，也是全球范围造成植物伤害的主要污染物。二氧化硫首先危害叶子气孔周围细胞组织，使叶脉之间产生较多的伤斑，严重时伤害叶尖和叶缘。植物在较高浓度的二氧化硫中短短几小时就会产生急性伤害。对有害气体特别敏感的植物可以用于监测。在低浓度有害气体下，人还没有感觉时它们已表现出受害症状。常见的敏感指示花卉有：向日葵、紫花苜蓿，对二氧化硫敏感；百日草、波斯菊，对氯气敏感；矮牵牛、丁香，对臭氧敏感；秋海棠、向日葵，对氮氧化物敏感。

任务实施

情景一　某地某花卉生长发育土壤环境条件调查

1. 教师提出"校园花卉基地想要种植一棚百合，但是棚里的土壤情况不知道是否适合百合生长发育，需要同学们进行调查"引出"情境一　某地某花卉生长发育土壤环境条件调查"。

2. 学生分组学习土壤及营养对花卉生长发育的影响的内容，回答三个问题，填写情境报告单，教师巡回指导。

问题：

（1）什么是土壤质地？不同的土壤质地有什么样的特点？

（2）根据土壤酸碱度的不同将花卉分为几类？各类的代表花卉有哪些？

（3）土壤中含有多少种花卉植物生长发育的元素？

3. 学生以组为单位讲解三个问题并提交任务实施单，教师总结完善问题，解决某地某花卉生长发育土壤环境条件调查中必备的理论问题；教师对正确的任务实施单签字后，学生方可实施任务。

4. 学生到本地区进行一、二年生花卉生产情况调查任务，教师进行过程评价。

情景二　某地某花卉生长发育空气条件调查

情景三　某地某花卉生长发育水分条件调查

情景四　某地某花卉生长发育温度条件调查

情景五　某地某花卉生长发育光照条件调查

其他情境操作均按照"资讯→计划→决策→实施→检查→评价"等工作过程设计实施。

复习思考题

1. 花卉的种子时期包含哪三个时期？每个时期有什么特点？

2. 什么是花卉营养生长期？

3. 什么是花卉生殖生长期？

4. 什么是光周期？

5. 喜欢强酸的花卉有哪些？

项目 8 花 卉 栽 培

任务 1 一串红栽培管理

知识平台

一、认识花卉

【别名】爆仗红（炮仗红）、撒尔维亚、草象牙红、西洋红、墙下红（图8-1）

【学名】Salvia splendens

【科属】唇形科、鼠尾草属

【产地及分布】原产南美巴西，各地广为栽培。

【形态特征】原为多年生亚灌木，作一年生栽培。茎直立，高25～80cm，光滑四棱形，幼时绿色，后期呈紫褐色，基部半木质化。叶片卵形或卵圆形，对生，有长柄，顶端渐尖，基部圆形，两面无毛。顶生总状花序，每序着花2～6朵轮生；苞片红色，早落；花萼钟形，2唇，宿存，绯红色；花冠唇形筒状伸出萼外，长约3.5～5cm，下唇较短；花有鲜红、粉、红、紫、淡紫、白等色。小坚果卵形，似鼠粪，种子成熟时为浅褐色或黑褐色，千粒重2.80～4.00g。

图8-1 一串红

【生态习性】喜温暖、阳光充足的环境，不耐寒，耐半阴，忌霜雪和高温，怕积水和碱性土壤，以疏松、肥沃的土壤为好。生育适温24℃，当温度14℃时茎的伸长生长降低。一串红原为短日照植物，经人工培育有中日照和长日照的品种。

【观赏用途】一串红适合布置大型花坛、花境、花带、花台，景观效果特别好。近年来新品种的花色纯正、多色，使花坛的色彩产生了质的变化。矮生品种盆栽，用于窗台、阳台美化和屋旁、阶前点缀，色彩娇艳，气氛热烈。

二、栽培管理花卉

（一）品种选择

（1）一串红"烈火" 耐热、抗雨、不落花，株高30～35cm，花色鲜红，花序紧密，长势强。

（2）一串红"圣火"　　株高20～25cm，花串鲜红色，植株整齐一致，耐热，盛花期效果优势明显。

（3）一串红"赛诺尔"　　株高20～25cm，叶片黑绿油亮，花序紧密，呈现出有别于其他一串红品种的亮红色，耐热性较好，植株矮壮喜人，后期表现尤为突出，不易褪色落花，非常适合中国气候。

（4）一串红"展望系列"　　株高25～30cm，冠幅20cm。株形紧凑而丰满，是市场上花色最为鲜艳耀眼的一种。浓密有序的花穗和深绿色叶片在整个生长季节都能保持艳丽的颜色，即使在强光照下也不会褪色。各花色品种习性和花期很一致，是国内使用最为广泛的一种。主要颜色有酒红色、淡紫色、紫色、红色、红白双色、玫瑰红色、鲜红色、白色。

（5）一串红"太阳神系列"　　耐热耐湿性最强的一个品种，在南方高温高湿的季节栽培效果更为明显。株高30cm，基本分枝性强，花穗数量多，穗长25cm，叶深绿色，花为鲜艳的红色，花期长，可持续整个夏季。

（6）一串红"猩红国王系列"　　株高25～20cm，冠幅20cm，植株长势强劲，漂亮的穗状花序，亮红色，颜色极其鲜艳，壮苗率达90%以上。

春季用花要选早花耐低温的品种，夏秋用花可选耐热性强的品种。一般生产栽培常用红色花种，白色种除与红色搭配外很少单独使用。常见栽培的一串红同属花卉还有朱唇、一串紫、一串蓝。

一串红种子为260～330粒/g，发芽率为85%～95%，从播种到开花需要60～90d，发芽适温15～24℃，发芽天数7～15d，生长适温20～25℃。

（二）育苗

1. 扦插育苗

可在6～8月一串红摘心时，利用嫩梢作为插穗进行扦插。"五·一"劳动节用花要事先培养采穗母株，一般在12月中旬采穗，于沙床中扦插。

2. 播种育苗

（1）地播　　此法适于大量育苗，种苗生长苗壮。

1）整地做畦、打底水。露地播种要选择通风向阳、土壤肥沃、排水良好的圃地。先施入基肥，整地做畦，选晴天的上午播种。保护地内地播，要做宽1～1.2m、长7～8m的畦，以方便管理。播前打透底水。

2）种子处理。为了促使提早出苗和提高出苗率，在播种前可将种子在30℃的温水中浸5～6h，然后装在纱布袋中搓揉，洗去种子表面的黏液，然后播种。也可不做处理直接播种。

3）播种方法。点播法、条播法、撒播法均可。点播即按一定的株行距，单粒点播或多粒点播，如牵牛、紫茉莉、芍药、丁香、金盏菊等，此法幼苗生长健壮，但出苗量少。条播即按一定行距开沟播种，如凤仙花、一串红等，条播管理方便，通风透光好，有利于幼苗生长，但出苗量不及撒播。撒播即在畦面上均匀地撒上种子，如鸡冠花、桔梗、虞美人、石竹等，此种方法占地面积小，出苗量大，但注意撒播要均匀，最好掺沙或细土播种，出苗后注意管理，及时分苗。为防猝倒病，可用50%多菌灵可湿性粉剂配药土，在播种时使用，药土可用10～15g药兑10～15kg过筛山皮土，充分混匀。

4）覆土与浇水。种子覆土的厚度为种子直径的2～3倍，一般为0.5～1cm，覆土完毕后，在畦面上覆盖芦帘或稻草，或覆膜，保持土壤湿润。播种后，如果温度过高或光照过强，要适当遮阳，避免地面出现"封皮"现象，影响种子出土。根据发芽情况，适时拆除遮阳物，逐渐见光。

5）及时分苗。小苗出土后要少浇水，以防猝倒病的发生。一串红幼苗生长慢，待幼苗长出 2~3 片真叶时可分苗。可在做好的分苗床内按 15cm×15cm 株行距分栽，也可用 10cm×10cm 塑料营养钵分栽。

（2）室内盆播　此法适于少量育苗，花苗需要尽早移栽。

1）育苗容器准备。盆播一般采用深 10cm、直径 30cm 的浅盆，底部要有 5~6 个排水孔，也可用 60cm×30cm×10cm 的浅木箱，下设排水孔。

2）盆土准备。苗盆底部的排水孔覆盖瓦片，下铺 2cm 厚粗粒河沙或细粒石子以利排水，上层装入过筛消毒的培养土，颠实刮平，留出浇水沿口（1.5~2.0cm）。

3）种子处理与播种，方法同地播。

4）浇水或盆底浸水。将播种盆浸到水槽中，下面垫一个倒置的空盆，以便通过苗盆的排水孔向上渗透水分，盆面湿润后取出。

5）覆盖。用玻璃或塑料薄膜覆盖盆口，置于庇荫处，以防水分蒸发和阳光直射。夜间将玻璃或塑料薄膜掀去，使之通风透气，白天再盖好。

6）及时分苗。同地播。

盆播操作程序如图 8-2 所示。

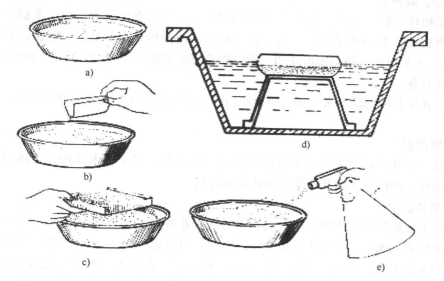

图 8-2　盆播操作程序
a）盆土准备　b）播种　c）覆土　d）浸盆　e）播后喷水处理

（3）其他方式的播种育苗　除了盆播、地播之外，还可以采用人工穴盘育苗、播种机穴盘育苗。这两种方法适于工厂化育苗，周期短、见效快，花苗需要及时移栽。

（三）定植与上盆

1. 定植

植株长到要求的高度或要求的花枝数时可定植到露地或花坛内。定植前对定植地要施足底肥，开沟带土栽植。一般沟深 15cm 左右，株行距 20cm 左右。培土至根茎处，浇水、覆土即可。

2. 上盆

上盆的要配好培养土，栽培基质忌碱。选用新瓦盆要"退火"，即使用前先浸水，让盆壁充分吸水后再上盆栽苗。如不"退火"，会使花卉根系被倒吸水分，而使花苗萎蔫死亡。旧盆要洗净晒干后使用，以降低病虫侵染的概率。上盆前宜用碎盆片覆盖盆底排水孔，在垫好的盆内先铺一层粗粒河沙，再放入适量培养土。将花苗放在盆中央，四周加培养土，用手自盆边向中心压实。花苗不宜栽得过深，盆土一般离盆口 3cm 左右，以利浇水。上盆后立即浇水，水要浇足，一般连续浇 2 次。将盆置于阴处，缓苗后进行正常管理。

（四）定植后的管理

1. 温度管理

一串红喜温暖的条件，最适温度为 20～25℃，温度高于 35℃要遮阳降温，10℃以下叶子会变黄脱落。

2. 水肥管理

在生长期间，为避免一串红徒长，应少浇水，勤中耕除草，以施磷钾肥为主，少施氮肥。在每次摘心或除残花后要浇足水，施薄肥，并适当增施磷、钾肥，以促生新梢，使之开花繁盛。

3. 摘心、除残花

为促使植株矮壮、丰满、花密，一般在幼苗具 4～5 片真叶时进行第一次摘心。第二次摘心则待侧枝长至 3～4 片真叶时进行，以后随着幼苗的生长反复摘心。每次摘心以在原来基础上留 2～3 节为宜。摘心推迟花期，所以摘心时应考虑园林应用时期。一般经过修剪后，可延迟 20d 开花。

一串红在生长期间能多次开花，因此花后要及时剪除残花，减少养分的消耗，促使再度开花。

4. 花期控制

要保证一串红能在全年各大节日准时开花，除了抓好以上技术管理外，还可以采用摘心、分批播种、调控温光以及化学药剂处理等措施。

5. 病虫害防治

一串红主要病害有猝倒病、叶斑病、霜霉病和花叶病。育苗前可用 50%多菌灵或 50%福美双可湿性粉剂 500 倍液对土壤进行浇灌杀菌。出苗后每隔 7～10d 喷施一次 50%多菌灵可湿性粉剂 800 倍液，连喷 2～3 次防猝倒病。叶斑病、霜霉病可用 65%代森锌可湿性粉剂喷洒。一串红常见虫害有白粉虱、蚜虫、红蜘蛛。白粉虱可采用黄色粘虫板诱集，也可用灭虱灵（扑虱灵）2000 倍液防治。蚜虫，可用 5%呋喃丹颗粒剂在根际埋施，或用 50%灭蚜松 1000～1500 倍液喷雾。红蜘蛛，用 40%三氯杀螨醇 1000～1500 倍液喷雾。

🎯 任务实施

情景一　一串红播种育苗

1. 教师提出"在花卉基地要进行一串红的播种育苗，怎么进行播种育苗？"引出"情境一　一串红播种育苗"。

2. 学生分组学习播种育苗，回答四个问题，填写情境报告单，教师巡回指导。

问题：

（1）一串红播种繁殖的方法有几种？每种繁殖方法的特点是什么？

（2）一串红播种育苗有几种方式？每种方式的特点是什么？

（3）请介绍一串红地播育苗的过程。

（4）请介绍一串红盆播育苗的过程。

3. 学生以组为单位讲解四个问题并提交任务实施单，教师总结完善问题，解决播种育苗中必备的理论问题；教师对正确的任务实施单签字后，学生方可实施任务。

4. 学生到花卉基地实施一串红播种育苗任务，教师进行过程评价。

情景二　一串红上盆

情景三　一串红定植后养护管理

情景四　一串红病虫害防治

其他情境操作均按照"资讯→计划→决策→实施→检查→评价"等工作过程设计实施。

复习思考题

1. 一串红常用的育苗方式有哪些？

2. 一串红常用的栽培品种有哪些？

3. 一串红为什么要摘心、除残花？

4. 一串红常见病虫害有哪些？如何防治？

任务2　菊花栽培管理

知识平台

一、认识花卉

【别名】黄花、节花、秋菊、节华、鞠、金蕊等（图8-3）

【学名】Dendranthema morifolium

【科属】菊科、菊属

【产地及分布】原产中国，现世界各地广为栽培。

【形态特征】菊花为多年生宿根草本或亚灌木。株高变化很大，茎直立，多分枝，青绿色至紫褐色，被柔毛，花后茎大都枯死，次年春天萌发蘖芽。叶大，互生，有柄，卵形至披针形，羽状浅裂至深裂，边缘有锯齿，背面有绒毛，基部楔形，托叶有或无，依品种不同，其叶形变化较大。头状花序单生或数个聚生茎顶，微香；边花为舌状的雌花，有白色、粉红、雪青、玫红、紫红、墨红、黄、棕色、淡绿及复色等鲜明颜色；心花为管状

图8-3　菊花

花，两性，可结实，多为黄绿色。种子为瘦果，褐色而细小。花期因品种而异。

【生态习性】菊花的适应性很强，喜阳光充足、气候凉爽、地势高燥、通风良好的环境。要求富含腐殖质、肥沃疏松、排水良好的沙质土壤，pH 为 6.5～7.2，耐旱、耐寒，忌积水，忌重茬。生长适温为 15～25℃。

不同品种的菊花的开花生理有一定的差异，主要受日照时数和温度的影响。夏菊和夏秋菊对温度敏感，如在花芽分化期遇到低温或日照时数不足，会产生"柳叶头"，即植株的顶部长出一丛柳叶状的小叶。秋菊和寒菊对日照时数敏感，在花芽分化期如果日照时数不满足短时照要求，也容易"柳叶头"。花期调控可通过调整定植时间、控制温度、运用生长激素和补光抑制栽培、遮阳促进栽培等方式进行。

【观赏用途】菊花品种繁多，不仅可以用于花坛、花镜、地被等露地观赏，还可以作为盆花、盆景等室内栽培。菊花也是重要的切花材料。

二、切花菊栽培管理

(一) 品种类型

切花菊品种繁多，用于切花生产的主要是单花型品种，其生产量和需求量较大，近几年来繁花品种生产量有所增加。单花型主要的栽培品种有四大品系，多数是日本培育的品种。

(1) 夏菊　花期在北方寒冷地区为 5～7 月，花芽分化对日照时数不敏感，对温度反应敏感。花芽分化的温度为 10℃左右。主要品种有金精兴、白精兴、夏红、金碧辉煌、赤壁鏖战等。

(2) 夏秋菊　花期在 7～9 月，对日照时数不敏感，是积温型品种。花芽分化温度为 15℃左右，较耐高温，适宜夏季栽培。主要品种有精云、精军、白天惠、宝之山、夏牡丹等。

(3) 秋菊　花期在 10～11 月，属于短日照花卉，花芽分化温度为 15℃左右。主要品种有秀芳之力、巨宝、日橙、日本雪青、四季之光、亚运之光、东方睡莲等。

(4) 寒菊　花期在 12 月至翌年 1 月，属于短日照花卉，花芽分化温度为 6～12℃。主要品种有金御园、寒娘红、寒精峰、寒太阳、寒金城、寒紫云、寒金时。

繁花类型也称多头辐射型或多头型，以多头小菊为主，如春季开花的早雪山、夏季开花的绿心白莲和紫心夏菊、秋冬开花的皖樱等品种。

(二) 繁殖技术

切花菊多用嫩枝扦插繁殖，也可采用组培脱毒苗扩繁。

1. 母株培养

秋冬季，将脱毒组培苗定植于低温温室，施足基肥，株行距 25cm×25cm，合理肥水管理，当顶芽长至 15cm 时，进行一次摘心，20d 后进行第二次摘心，促进母株萌发较多的根蘖芽，以获取足够的插穗。

2. 采芽扦插

主要采用顶芽及脚芽扦插繁殖生产苗。选健壮、品系纯的母株采芽，每株采穗 3～4 次，次数过多会影响插穗质量。选未木质化嫩梢顶芽，长 5～8cm，带 5～7 片叶，下部茎粗0.3cm 左右。用刀片去除下部叶，保留上部 2～3 片叶，20 支 1 束，把下切口速蘸 100～200mg/L 萘乙酸或 50mg/L 生根粉 2 号，促进生根。用细沙或蛭石做插床，株行距 3cm×

4cm，插入沙中2~3cm，搭盖小拱棚，保持温度15~20℃，10d左右即可生根，20d后可移栽成苗。

（三）栽培管理

1. 秋菊栽培

（1）整地做畦 切花菊生长旺盛，根系强大，植株高度90~150cm，要求土壤肥力高。整地做畦前应在圃地施入腐熟的有机肥或生物有机肥，一般5kg/m²，以改善土壤物理性状、通气透水性，增加肥力。南北方向高畦，高15cm、长10~20m、宽1.0~1.2m，操作道50cm。

（2）定植 秋菊一般5月中下旬至6月上旬定植，选择晴天傍晚或阴天进行。单花型独本菊栽培60株/m²，多本菊栽培30株/m²。一畦4行，两侧留15cm，中间留30cm，行距10cm。独本菊栽培的株距7~8cm，多本菊栽培株距10~15cm。定植深度4~5cm，栽植后压紧扶正，浇透水。

（3）摘心整枝 当菊花苗长到5~6片叶时，多本菊进行第一次摘心，促发侧枝后，留强去弱选3~5个侧枝；第二次摘心，留3~5个枝。摘心要适时，过早分枝多，开花迟；过晚分枝少，花枝短而不齐。

（4）肥水管理 切花菊种植后，每10~15d追肥一次，在营养生长阶段追施复合肥，生育后期增施磷钾肥，促使菊花茎秆生长健壮、挺拔，达到切花菊所需高度。切花菊对水分要求：保持土壤湿润，土壤持水量在50%~60%，切忌过干过湿，防止积水或浇水不均现象。

（5）立柱架网 切花菊茎秆高，生长期长，易产生倒伏现象，在生长期为确保茎秆挺直，生长均匀，必须立柱架网。当菊花苗长到30cm时架第一层网，网眼为10cm×10cm，每网眼中1枝；以后当植株生长到60cm时，架第二层网；出现花蕾时架第三层网。立柱要稳，架网平展，起抗倒伏作用。

（6）剔芽抹蕾 植株侧芽萌发后及时剔侧芽。菊花现蕾后及时去除副蕾和侧蕾，集中营养给顶部主蕾。在栽培中如果出现"柳叶头"，要及时摘心换头补救。

（7）植株调整 为了保持菊花高度的一致性，尤其是多头菊要求个枝高矮一致，栽培后期需进行人工调整，常用方法有刺茎和揉枝。在花蕾直径达到0.6cm左右时，如枝条高矮不齐，可用针在高枝条的嫩部节间用针刺，以抑制其生长。过高的多刺几次，矮的不刺，调节养分分配，使高度一致。在生长后期，对生长过高过快的枝条，在枝条柔软时，用手指轻柔枝条上部节位，使其微受伤，达到抑制生长的目的。

（8）采收包装 高温、远距离运输的，要在舌状花紧抱，其少量外层瓣开始伸出，花开近5成时开始采收；若低温、短距离运输，在舌状花大部分展开，花开近8成时采收。采收时间，若是就近销售，在早晨或傍晚进行，而远销需包扎装箱的宜在中午前后进行。对于大花型品种，在头花直径达5~6.5cm时，进行切枝采收，可以节约培育和运输成本。

采收剪口距地面10cm，切枝长60~85cm。采收后将基部20cm左右的叶片摘除，浸入清水中，按照色彩、大小、长短分级放置，10枝1束或20枝1束，外包尼龙网或塑膜保鲜。为了保持鲜活度，摘叶处理后把花枝基部及时放到保鲜液中浸蘸，包装后再进行干藏低温保鲜。在温度2~3℃，空气相对湿度90%的条件下可较长时间保鲜。

2. 补光栽培

补光栽培又叫电照栽培，主要用于秋菊短日照的抑制栽培。通过光照抑制花芽分化，延迟开花，以达到花期调节的目的。

（1）品种选择　要选晚熟品种，利于节约成本，常见有天家园、乙女樱、四季之光、白丽等。

（2）补光处理　华中地区在8月中下旬日长开始少于14h，秋菊开始花芽分化。为了抑制其花芽分化，此期间应该进行补光处理。补光处理一般在深夜进行，深夜间歇性补光效果较好。以8、9月份每夜补光3～4h。补光结束后如果马上进行短日照和低温处理，舌状花瓣分化减少，上部叶变小，影响切花质量。补光结束后可采用后续补光的办法提高切花质量，即在停止补光后11～13d再补光5d，在停止补光4d后补光3d。

（3）补光栽培与温度的关系　一般秋菊花芽分化的临界温度为15～16℃，低于这个温度影响花芽分化，容易产生畸形花，甚至高位莲座化。所以在补光过程中，从停止补光前一周到停止补光后3周这段时间没内，必须保持叶温15～16℃以上，以保持花芽正常分化。

（4）补光设施　一般采用白炽灯、荧光灯，近几年来常用高压汞灯、高压钠灯。在补光装置配制过程中，只有保持菊花种植各处的生长点达到50lx以上的光照度，才能有效抑制花芽分化。

3. 遮光栽培

遮光栽培主要用于短日照秋菊的促成栽培。一般用黑膜遮盖来缩短日照的时间，促进花芽分化，提早开花，以达到调节上市时间的目的。

遮光栽培只有保持茎顶端光照度5lx以下时才能有效促进花芽分化。遮光后不能露光，也不能间断遮光，否则遮光无效，遮光操作以花蕾着色为止。

遮光栽培中遮光的时间取决于花期调控目标及遮光时植株的高度，一般秋菊遮光时间以在开花目标期前60d，株高35～45cm时为宜。为了保持暗处理10h以上，一般傍晚5时开始遮光，第二天早上8点左右揭幕。

遮光栽培常用于夏秋季出花。但夏季高温对花芽分化影响极大，故遮光栽培适合在夏季凉爽的地区。夏季高温地区要防止遮光后棚内温度急剧上升，影响生长发育，所以一般均采用自然黑暗后揭膜通风，天亮之前再盖膜。

一般品种遮光的同时温度在20℃左右会促进花芽分化，如果遮光的同时温度达到30℃，反而会抑制花芽分化。在温度适宜、遮光良好的情况下，45～55d后花蕾着色，90d内开花。

（四）病虫害防治

1. 病害种类、症状及防治

（1）菊花褐斑病　被害叶片出现斑点，初为黄斑，后转为褐色斑点，病斑不规则，有时呈轮纹状，病斑中央呈浅褐色或浅灰色，其上产生黑色小点，病斑与健康组织分界明显。防治方法：摘除病叶，更换盆土，深翻土壤，深埋病叶，不要连作；加强管理，注意通风，避免密植，控制肥水，选抗病无病母株；移栽幼苗用高锰酸钾或福尔马林消毒；用波尔多液，或石硫合剂，或代森锌，或甲基托布津防病。

（2）菊花白粉病　受害叶片上形成白色粉末状病斑，有些点成片，如同白霜。防治方法：通风，控制土壤湿度，摘除病叶；喷多菌灵、甲基托布津、石硫合剂、退菌特等药剂防病。

（3）根腐病 被害植株根部有大量菌丝，导致根系腐烂，植株枯黄。防治方法：清除病株残体，土壤消毒，保持土壤排水良好。

（4）菊花枯萎病 叶片出现黑褐色病斑，边缘有波纹状，很快失水下垂，根部及茎部变为黑褐色。防治方法：选无病植株扦插，移栽时避免伤根，加强管理，多施钾肥，土壤消毒，用百菌清、甲基托布津防病。

2. 虫害种类及防治

（1）菊小长管蚜 影响嫩梢生长和新叶展开，造成开花不正常，降低观赏价值和切花质量，诱发煤污病和病毒病。防治方法：加强栽培管理，通风透光，控制温湿度，改善小气候；大面积发生时喷施 40% 乐果乳油 2000 倍液。

（2）菊潜叶蝇 幼虫潜入叶肉内，蛀食叶肉，形成弯弯曲曲的灰白色蛇形虫道。防治方法：摘除受害叶片；及时清除附近的药用植物、豆科植物、十字花科植物、菊科植物，减少虫源；在幼虫潜叶初期及时喷洒 10% 吡虫啉可湿性粉剂 2500 倍液。

（3）虫瘿蚊 幼虫在菊株叶腋、顶端生长点及嫩叶上为害，形成绿色或紫绿色、上尖下圆的桃形虫瘿，使植株矮化畸形，影响坐蕾和开花。防治方法：及时清除田间菊科植物杂草，减少虫源；成虫发生期可喷 40% 乐果乳油 1500 倍液或 50% 辛硫磷乳油 1000～1500 倍液。

（4）菊天牛 成虫啃食茎尖 10cm 左右处的表皮，出现长条形的斑纹；产卵时把菊花茎鞘咬成小孔，造成茎鞘失水或萎蔫；幼虫钻蛀取食，造成受害枝不能开花或整株枯死。防治方法：人工捕杀成虫和灭卵；及时摘除萎蔫茎鞘；在新鲜的虫孔中注射 40% 乐果乳油或 50% 杀螟松乳油，然后用泥封住，也可用 3% 辛硫磷颗粒剂 0.3g 裹上棉球塞入虫孔，外用棉花堵住。

三、盆栽菊栽培管理

（一）独本菊

1. 独本菊含义特点

独本菊又称为标本菊，指单株单杆单花的盆栽菊，主要由大花品种精心培育而成，使其能充分体现各品种的优点与特色。要求花盆与植株协调，植株各部匀称，枝上下粗细均匀；叶片由下至上完整无损；花大，直立向上，瓣不凌乱，色泽鲜明；无病虫残迹等。独本菊在我国以有很长的栽培历史，有很多是栽培方法，各有独到之处。

2. 繁殖方法

独本菊一般用扦插育苗。扦插的具体日期依地区与品种而定，一般在 6 月上旬至 7 月中旬。选茎秆粗、节间短顶芽饱满的枝梢或植株下部分萌发的脚芽作插穗。插穗长 5cm 左右，保留全部叶片，将基部 2～3cm 插入口径约 7cm 营养体中，进行养护管理。生根后移至阳光充足处，加强肥水管理。生根后 2～3 周，根系自底孔伸出后换栽于 15～20cm 的定植盆中。

3. 盆栽管理

上盆初期苗小，宜稍干，以促进根系发育，随植株的增大，需水日多。浇水需逐株进行，不可使泥土溅于叶上。夏季防雨害。每次浇水结合施低浓度肥料，从幼苗开始就不可缺肥，薄肥勤施，忌太浓。独本菊生长到中后期需加支柱。现蕾后及时疏蕾，必要时将紧贴主蕾的一个侧蕾保留作后备，待顶蕾安全发育后再抹去，花显色后要及时加上花座保证花形整齐。病虫以防为主，不能有任何病虫为害痕迹。

（二）立菊

1. 立菊含义

立菊即多头标本菊，是一株数杆，每杆一花的单株盆栽菊。又以花数分为三头、五头、七头或九头菊，均取单数。

2. 选用品种、栽培措施

立菊选用品种、栽培措施等方面大致与独本菊相同，只需要摘心1~2次，成为一株数杆的盆菊。多头标本菊要求各枝生长一致，高度整齐，花径、花期一致，各花排列均匀。

3. 栽培管理

以三头菊为例，立菊前期栽培方式与独本菊一致，扦插时间提早20d左右。换盆后，在距基部4~6cm处，保留10片左右展开叶摘心。摘心大约2周后选留近顶端生长一致的3枝，其余自基部抹掉。摘心后养护与独本菊基本一致，但为使各枝生长一致应进行枝高调整，可通过去叶、使用生长调节剂、根外追肥、揉梢、刺梢整形等措施完成。五头以上的标本菊要进行多次摘心。

（三）案头菊

案头菊是用口径12~15cm的小盆栽培，株矮、叶茂、花的直径超过盆径。案头菊与标本菊一样都采用扦插的方式繁殖，在栽培上不同的是需要矮化处理。扦插苗生根后就要施用矮化剂，现广泛使用的是B_9，一般施用3~4次，第一次在生根后不久，以后每隔2~3周喷一次。

四、艺菊栽培管理

（一）大立菊

1. 大立菊特点

大立菊以单株育成，一株着花可达数百朵乃至数千朵以上。立菊花群的安排有序，以中央一朵为圆心，余花呈同心圆整齐排列，每圈的花数按一定规律递增。通常全株嫁接同一个品种，也可用不同花色的品种组成图案，或做成两层，或将边缘做成波浪形等。在大菊和中菊中有些品种，不仅生长健壮、分枝性强，而且根系发达、枝条柔软适度、易于整形，这些品种适于培养大立菊。

2. 大立菊繁殖方法

嫁接是培育大立菊最常规的方法。培育大型大立菊只有利用蒿属砧木的强大根系、众多的分枝及快速旺盛生长等的优良习性才能成功。百朵左右的小立菊可用分株苗和扦插苗。下面以嫁接法为例简要介绍：

大立菊的砧木多用黄花蒿。黄花蒿可于前一年10月在田间挖取，也可在9月播种，入冬移入大棚，使起继续生长。嫁接分单头嫁接和多头嫁接两种，一般小立菊用单头嫁接，在砧木高10~15cm时在距地表几厘米处去头嫁接，接穗经多次摘心形成多花立菊。多头嫁接为高接，要求花数较多。几百朵以内的中型立菊，可一次完成。在砧木高20~30cm时摘心，促生大量侧枝。在侧枝长10~15cm时，将各枝在距基部5cm处，一次嫁接完成。培育千朵以上的特大立菊，砧木不摘心。当自然生长出10个或更多侧枝时，在侧枝长达50~60cm时，分几次在近顶部嫁接，最终在全株上有30个以上的接穗。当要求的嫁接头数达到后，再将砧木的顶枝剪去，砧木的顶端一般不嫁接。嫁接完成后移栽于露地，浅栽壅土，便于上盆。嫁接后当接穗具10片左右叶时第一次摘心，大约每隔20~30d摘心一次。培育良好的大立菊可能摘心6~8次，每次摘心后平均可使枝数增加2~3倍。每次摘心后生出的分枝，均要以支柱暂时性固定。在花蕾已充分发育，但未显色前上盆。花蕾形成后及时疏蕾，并设架。把全株的各个分枝从内向外逐一按顺时针或逆时针扎在适当的位置上，使花在同一个平面上。

（二）悬崖菊

悬崖菊的基本形式为全株向一方向斜展或下垂，体现花枝繁密，飘逸的姿态。悬崖菊多用小菊品种，嫁接、分株或扦插育苗均可。当苗21~26cm时，主干已肥大而有侧芽发生，在近根3~7cm处所发生的芽可全部抹去，上部的可任其生长。待苗高30~40cm时，用细竹或钢丝搭一向上斜架，把主干引诱绑扎在上面，令其沿斜架不断生长，不需摘心。主干上的侧芽伸长成主枝后，在斜架上设横架或三角架，诱引侧枝使它水平生长，同时根据造型进行摘心。当下部主枝长到9~10片叶时，留5~6片叶摘心，上部的留2~3片叶摘心，使其长成上窄下宽的形状。以后主枝再生新芽都在4~5片叶时留两叶摘心，如此反复，促使多分枝。在最后一次摘心时，应由下而上进行，分三次，每次间隔3~4d，使开花整齐。花蕾形成时，即可解除支架，将其置于石旁水畔，颇具画意。

任务实施

情景一　切花菊扦插繁殖育苗

1. 教师提出"在花卉基地要进行切花菊生产，菊苗怎么来？"引出"情境一　切花菊扦插繁殖育苗"。

2. 学生分组学习切花菊栽培，回答三个问题，填写情境报告单，教师巡回指导。

问题：

（1）介绍菊花的生态习性。

（2）切花菊繁殖的方法有几种？每种繁殖方法的特点是什么？

（3）请介绍切花菊扦插繁殖技术过程。

3. 学生以组为单位讲解三个问题并提交任务实施单，教师总结完善问题，解决扦插育苗中必备的理论问题；教师对正确的任务实施单签字后，学生方可实施任务。

4. 学生到花卉基地实施切花菊扦插育苗任务，教师进行过程评价。

情景二　切花菊整地做畦

情景三　切花菊定植后养护管理

情景四　切花菊病虫害防治

情境五　切花菊立柱架网

情景六　切花菊剥蕾抹芽

其他情境操作均按照"资讯→计划→决策→实施→检查→评价"等工作过程设计实施。

复习思考题

1. 切花菊常用的育苗方式有哪些？

2. 切花菊常用的栽培品种有哪些？

3. 什么是"柳叶芽"？产生的原因是什么？

4. 菊花常见病虫害有哪些？如何防治？

5. 大立菊如何培养？

6. 独本菊如何培养？

任务3 唐菖蒲栽培管理

 **知识平台**

一、认识花卉

【别名】剑兰、菖兰、十三太保、什样锦（图8-4）

【学名】Gladiolus hybridus

【科属】鸢尾科、唐菖蒲属

【产地及分布】原产于南非好望角、地中海沿岸及小亚西亚。

【形态特征】株高 90～150cm，茎粗壮直立，无分枝或少有分枝，地下具扁圆形球茎，呈扁球形，球茎扁度与栽培年限有关，栽培年限越长，球茎扁度就越大；大球直径 4～9cm，小子球直径 0.6～1.2cm。球茎的外皮呈褐色，膜质或纤维质。每个球茎有数个芽眼（小子球只有一个芽眼），排列成一直线；每芽均有长叶抽穗的能力，所以球茎可切割栽培。叶剑形，7～8 片成嵌叠状排列，叶长 30～40cm，宽 4～5cm，茎干从中抽出。株高因品种与管理条件不同而异，一般为 0.7～1.5m。花排成穗状花序，开花时花多偏于一侧，互生，少数为四面着花；每穗上座花 12～24 朵，穗梗下面的花依次比上部的花稍大，且先开。大花种花冠直径达 12～19cm，小花种为 7～11cm，花瓣颜色因品种不同而有单色、复色或有异样斑点、条纹，有的花瓣呈波状或褶皱状。花筒部呈漏斗形，花被 6 片，上方 3 片比下方 3 片较大，雄蕊 3 枚，雌蕊 1 枚，柱头 3 裂，均弯曲着于上部三个花被片之下；子房 3 室。蒴果长 2～5cm、宽 1.5～2cm，藏有带翅种子 15～70 粒。

图8-4 唐菖蒲

【生态习性】唐菖蒲是喜温暖的植物，但气温过高对生育不利。球茎在 5℃时，即开始萌芽，生育的适宜温度为 20～25℃，一年之中只要有 4～5 个月生长季节的地区都可栽种。对于水分的要求：在夏季生育期间需土壤湿润，适当进行灌水。唐菖蒲喜充足的阳光，长日照有利于花芽分化，在花芽分化后，短日照能促进开花。栽培土壤以肥沃的沙质壤土，pH5.6～6.5 为佳。唐菖蒲喜肥，但忌氮肥过多，增施磷肥，可促使早开花，花色鲜丽，钾肥对增加球茎品质及子球数目有良好作用。

【观赏用途】唐菖蒲是世界著名的四大鲜切花之一，花色繁多，广泛应用于花篮、花束和艺术插花中，也可用于庭院丛植。

二、栽培管理花卉

（一）品种选择

目前，国际上唐菖蒲主要商品切花品种有近百个，而且每年都有新品种投放市场。我国地域广阔，不同地区栽培环境条件差异较大，不同品种的适应性也各有差异。

（1）国外唐菖蒲品种　国际上，荷兰出售的主要商品品种有比特梨、夏威夷人、杰西特、前进、普丽西拉。其他有白花女神、繁荣、金色原野、欢呼、戴高乐等。

（2）国内唐菖蒲品种　目前我国栽培的唐菖蒲品种已达 450 多个，如含娇、大红袍、鸳鸯锦、紫英华、玉人歌舞、烛光洞火、黄金印、琥珀生辉等。

（二）繁殖技术

1. 播种繁殖

播种繁殖主要应用于老品种复壮、杂交育种及优新品种的选育。为了获得优势明显的品种，需要人工授粉。

2. 无性繁殖

在唐菖蒲的商品切花生产、种球生产中，为保证品质纯正，缩短生产周期，都采用无性繁殖。唐菖蒲无性繁殖方法主要有子球繁殖、组织培养、球茎切割。

（1）子球繁殖　子球是指较小的唐菖蒲球茎，栽后当年不能开花，只能进行营养生长。生产中应用子球繁殖是快速增殖种球和防止退化的有效方法，也是促成或抑制栽培等消耗性栽培的主要材料来源。

（2）分切球茎繁殖　发育充实的大球有数个芽体可以萌发，为了避免营养分流造成品质下降，可将大球用消过毒的锋利的刀具分切成 2～4 块，每块带充实芽体及部分根盘，切面涂抹草木灰或木炭粉，干燥后栽植。本法缺点是连年使用大球繁殖，退化现象严重、操作麻烦、易感病虫害、花期晚，不适于大规模生产。

（3）组织培养　长期的无性繁殖容易出现病毒和病菌感染严重的现象，表现为植株变弱、花朵变小。对于一部分子球繁殖率低的品种，使大规模的商品生产受到限制，通过组织培养既可培育脱毒苗又可对新品种迅速进行扩大繁殖，克服上述弊端。

（三）栽培技术

1. 基地要求

无论是露地栽培还是设施栽培，都应选择光照充足、水源便利、地势平坦和便于排水灌溉之处。生产栽培基地应远离排放有害气体的工厂，特别要注意空气中氟的浓度。生产基地应有良好的交通条件，种植地应避免使用病虫害严重的地块，特别是豆科植物、鸢尾科植物栽植地，应对栽植地进行轮作及消毒处理，轮作间隔不小于 3 年。用地紧张时，则必须进行土壤消毒。

2. 土壤整理

生产栽培前应对土壤进行严格细致的检测，做到对土壤理化性质的准确把握，以方便对后继生产的调控。

（1）土壤结构　唐菖蒲生长发育对土壤结构的要求重在通气、透水性能，只要土壤结构和排水性能良好，都可良好生长。对于黏重土壤则应进行结构改良，经常采用的是腐熟的农家肥。对于松散通透性强的沙质土，可以通过增加疏松有机质的方法进行表层结构改善，改善其持水能力，并避免由于灌溉造成的地表水流失。

（2）土壤酸碱度 唐菖蒲栽培土壤 pH 一般要求为 6.0 左右，在种植前应对土壤酸碱度进行测定。pH 过高（高于 7.5），将会影响对铁等矿物质营养的吸收，造成营养缺乏症，调节方法是施用大量的有机肥进行改善。pH 过低（低于 5.0），则会对花序的生长造成不利，往往要施入消石灰及钙镁磷肥等进行改良调节。消石灰应在种植前 1 个月左右施入土壤中，并要做到混合均匀。

（3）土壤离子浓度 高盐离子浓度会影响唐菖蒲根系生长和开花。植株生长发育过程中对盐离子的浓度变化比较敏感，特别是氯离子的浓度。所以无论露地栽培还是温室栽培都应控制灌溉水中的氯离子的含量，温室栽培中应在 200mg/L 以下，露地栽培则应在 600mg/L 以下。栽培中还要注意因过量施肥或土壤干旱而引起的盐浓度的上升。

（4）土壤肥力 唐菖蒲较大的球茎早期生长对土壤肥力不存在过分依赖。如果球茎较小，在子球繁殖中，要求基肥施用有机肥，一方面改善土壤结构，另一方面加强土壤肥力。但如果土壤肥力充足，应控制施肥，避免提升盐离子浓度，尤其应当控制氮肥的补充，以免增加植株的患病率。

（5）土壤厚度 唐菖蒲栽植后不再进行移植，由于地下部分肥大更新根系的需要，要求耕作土层应在 25~40cm 之间。

（6）土壤消毒 在用地紧张的情况下或轮作间隔短时，必须对土壤进行消毒。每1000m² 土地使用溴甲烷 10kg，与土壤掺拌均匀，然后以塑料薄膜覆盖处理 1 周以上，此法对镰刀霉菌、干腐病、线虫等均有良好效果。用氰土利与二氯丙烷 20% 颗粒剂，每 1000m²用药各 20kg，然后以塑料薄膜覆盖 2 周以上。每平方米土地选用 30mL 福尔马林，加水稀释60~100 倍喷洒土壤，然后以塑料薄膜封闭 5~7d。

（7）做畦 土壤完成翻耕消毒后即可进行整地做畦。干燥地区可作低床，地下水位高和雨水充足处及水田应用高畦或垄栽。畦栽，畦宽 1m，高 10~15cm，畦间留步道；垄栽垄底宽 50cm。同时考虑提高用水效率和防止土壤板结，应考虑各项节水灌溉技术。

3. 种植要求

（1）球茎要求与处理 选用处于良好生理状态的球茎，如芽体饱满尚未萌动，球茎厚实干燥，无霉变迹象。种植前应仔细剔除不健康、不完整的球茎，同时对选种者进行分级，然后对球茎进行消毒。消毒前最好去除皮膜，以清水浸泡 15~30min。

消毒：用 50% 多菌灵 500 倍液浸泡 30min，再用 50% 福美双粉剂 500 倍液浸泡；然后用敌菌丹（每升水中加入 480g 浓度为 1% 的敌菌丹胶悬剂）加腐霉利（每升水加 500g 浓度为0.2% 的腐霉利）浸泡 10min。处理过程中应不断搅动，保证处理均匀彻底。

为促进萌芽及生长，亦可栽前剥去球茎外皮，用清水浸泡一昼夜，或用硫酸铜、硼酸、高锰酸钾等化学药剂及生长素（a-萘乙酸、赤霉素、2，4-D）等溶液浸泡，这样既能促进芽的萌动和生长，还可增加抗性，提早花期。

（2）栽植时间 唐菖蒲的栽植时间应根据采花时间、品种、地区气候、栽培方式等因素决定。不同品种自栽培之日到开花所需时间不同，早花类 60~65d，中花类 70~90d，晚花类 90~120d，可根据不同品种倒计天数确定栽植时期。露地栽培，北方选在晚霜过后，南方避开夏季高温季节。保护地栽培需要灵活掌握，应根据采花时间预先设计栽植时间。生育期内温度与花期的差异见表 8-1。

表 8-1　生育期内温度不同与花期的差异

平均栽培温度/℃	生育周期/d
12	110 ~ 120
15	90 ~ 100
20	70 ~ 80
25	60 ~ 70

（3）栽植方法　北方常用平畦，地下水位高、地表易潮湿的地方采用垄栽或高畦。

1）栽植深度。栽植深度与根茎大小、土壤质地、栽培目的及栽培季节有关。一般情况下覆土标准为球茎高度的 2 ~ 3 倍，最厚覆土可达 12cm。早春、冬季地温低宜浅种，覆土 5 ~ 10cm；夏季气温高宜深植，覆土 12 ~ 14cm。

2）种植密度。种植密度与栽培方式、种球大小、栽培季节、品种等因素有关，见表 8-2。

表 8-2　球茎大小与栽植数量

球茎大小（周长）/cm	栽植数量/（个/m²）
6 ~ 8	60 ~ 80
8 ~ 10	50 ~ 70
10 ~ 12	50 ~ 70
12 ~ 14	30 ~ 60
>14	30 ~ 60

3）栽植的方法。大面积鲜切花宜采用沟栽，沟距 40 ~ 60cm，株距 25 ~ 30cm。若畦栽，行距 15 ~ 20cm，株距 10 ~ 15cm。沟底要平整，按株行距放置种球，覆土并适当镇压，最后浇一次透水。

4）栽后覆盖。作用：夏季高温可以防止土壤升温，气温降低可以保持地温稳定，春季多风保持土壤温度与湿度。覆盖还可以保持土壤结构、抑制杂草。常用覆盖材料有薄膜、稻草、松针等。

4. 肥水管理

（1）水分　唐菖蒲既怕涝，又怕旱，出苗前保持土壤湿润。在生育期间，特别是花芽形成及孕蕾期，必须保证水分的适时适量的供应。自第三片叶到第六、七片叶，一旦水分供应不足，将影响切花质量。浇水过多或长期淹水会导致花枝脆弱易折、花穗弯曲、花朵小、叶片焦枯，严重者会导致球茎腐烂。

（2）施肥　可分为种植前的基肥和生长关键期的 3 次追肥。

1）基肥。基肥以有机肥为主，使用量根据土壤原有肥力而定。根据经验每亩施入腐熟堆肥 1000 ~ 1500kg、饼肥 200kg、过磷酸钙 80kg、草木灰 80kg 作为基肥。

2）追肥。第一次追肥在植株 2 片叶展开后，肥料以氮钾肥为主。此时为小花分化期，并且原栽植球茎养分已大量消耗，若此时肥水不足，花序的小花数量将减少。第二次在 4 叶期后，此时花径开始伸长，单个小花发育加快，肥料以磷钾肥为主，以促进花枝粗壮，使花朵大而鲜艳。第三次在开花后，这时为新球和子球生长发育时期，需要大量养分促进新的球茎发育充实，肥料以磷钾肥为主。追肥可将根部施肥与叶面施肥结合进行，并与浇水相结合，充分发挥肥效。追肥常用的化学肥料有硝酸铵、硝酸钾、过磷酸钙、磷酸二氢钾、硫酸铵、硫酸钾、尿素等，尽量少用氯化钾和含氟磷肥。

5. 中耕除草

（1）中耕　在雨后或灌溉后地表稍干的情况下进行中耕。唐菖蒲刚出苗时，大部分土面裸露，极易干燥，还容易滋生杂草，应该及时中耕。中耕的深度一般 3～5cm，幼苗期稍浅，随着植株生长逐渐加深。

（2）除草　对唐菖蒲危害较大的是禾本科杂草。除草要尽早，杂草务必要在开花结籽前清除。多年生杂草连同地下部分一起清除。除草可选择手锄或小型农具，还可使用除草剂。常用除草剂有除草醚、灭草灵、2,4-D、西玛津、敌草隆、敌稗等。

6. 防止倒伏

当花茎、花穗产生后，植株上部重量不断增加，管理不当极易造成植株倒伏。在苗高20cm 时，沿床垄两侧挂设尼龙网，网随植株的长高而同步增高，可以防止植株倒伏。

7. 保护地栽培

唐菖蒲保护地栽培时期，主要是指 10 月份至次年 5 月份鲜花上市。

（1）保护地设施　北方保护地设施为温室和塑料大棚。其中塑料大棚依靠太阳辐射升温和覆盖材料保温实现保护栽培，但防护、保温作用较为有限，主要用于春季提前生产、秋后延后生产。温室具有完备的加温、保温及降温系统，调控能力强，可四季用于生产。

（2）品种选择　选择对光周期和温度不太敏感的品种进行反季节栽培。典型品种有白友谊、粉友谊、比特梨、夏威夷人等。

（3）种球选择　选择发育充实健壮的球茎，在冷凉短日照季节栽种的种球，直径最好在 3.8cm 以上，严格做好浸泡消毒处理，每亩栽植球茎数是 1.2～6.4 万个。

（4）球茎的休眠调整　保护地栽培唐菖蒲，若用头年秋季收获种球，需要度过 9～10个月的长时间贮藏，如此将耗费过多营养，还会遭受病虫害侵袭，不利于生产健壮种苗和保证、切花的质量。若用当年收获的种球，需要打破休眠才能应用于生产之中。为了获得营养充实的球茎，又能正常萌芽，必须进行适当处理，具体可采用如下方法。

1）化学药剂处理。常用药剂有氯仿、乙烯、丙烯、醚和氯乙醇，其中氯乙醇使用最为普遍。

熏蒸法：栽植前 10～20d 将球茎置于密闭容器中，每升容器放入 4mL 40% 的氯乙醇，置室温下经 4d 取出球茎，晾晒 1～2 周即可栽种。

浸泡法：将球茎浸泡在 3% 氯乙醇溶液中 3～4min，然后将球茎密封至密闭的容器中，置 23℃ 条件下 24h，处理后的种球立即就可播种。新采收的种球最好干燥 10～20d 再做处理，这样可以使球茎发芽更快、更整齐。

2）物理法处理。球茎收获后干燥 10～20d，进行下述变温处理：先将球茎置于 35℃，然后经 2～3℃ 低温处理 20d；或是将刚采收的球茎放在 0℃ 条件下 20d，再在 38℃ 环境中处理 10d，随即可用于栽植。

（5）光照控制　唐菖蒲是典型的长日照植物，生产期内光照不足会影响植株生长和切花品质，冬季保护地栽培光照时间短、光照弱是最大的生产限制因素。唐菖蒲 3～4 叶期光照不足会造成盲花，5～7 叶期光照不足会使花序花数减少。针对上述情况，可从以下几个方面进行光照调控：

1）选好覆盖材料，保证温室有较好的透光率。

2）调整栽植密度，避免互相遮光。

3）挑选对光周期和温度不敏感的品种。

4）调整出花时间，尽量在冬至前或后出花。

5）人工补光，利用白炽灯、农用生物钠灯补光。

6）避免高温及氮肥过量，适当增加磷钾肥，以增强抗性。

（6）温度控制　唐菖蒲适宜的温度：白天为20～25℃，夜晚10～15℃。平均温度超过27℃将影响切花质量。保护地栽培加温主要在连阴天及夜晚。

（7）通风　进入冬季以后，为达到良好的保温效果，温室管理往往处于完全密闭状态，加之持续的水分管理，往往会造成温室内部潮湿闷热，通风不良，长此以往，将造成植株徒长和出现盲花现象，还会伴随抗性下降，病虫害滋生，因此必须适当通风。

（四）病虫害防治技术

1. 病害种类、症状及防治

（1）球茎病害

1）球腐病。开始球茎出现淡褐色稍有凹陷和皱纹的病斑，球茎萎缩干硬，其上产生青绿霉层。防治方法：避免种球损伤，在通风、干燥、低温条件下贮藏，及时清除病球，用0.3%～0.4%的高锰酸钾溶液浸泡30min。

2）疮痂病。开始球茎出现淡黄色水渍状圆形病斑，逐渐变为褐色，呈溃疡状，有胶状物自病斑处渗出；地上部分叶基有明显黑斑，叶鞘出现褐色水渍状斑块。防治方法：土壤消毒、种球消毒，出苗后用波尔多液、代森锌药液喷洒预防，发现病株及时销毁。

3）球茎腐败病。初时球茎表明产生红色或赤褐色不规则病斑，发展成轮纹状同心圆，空气湿度大时病斑出现白色霉菌；球茎感染后，幼叶叶柄弯曲、皱缩，叶片过早变黄，花梗弯曲，色泽较浓。防治方法：土壤、种球消毒，避免连作，发现病株及时销毁。

（2）茎叶部病害

1）叶斑病。发病初期叶片上产生白色针状褪色斑，逐渐变为红色小点，随后病斑逐渐扩大，呈纺锤状大病斑，四周呈赤褐色，内部鲜褐色，严重时多斑相连，使叶片干枯，后期病斑上产生黑色霉状物。防治方法：土壤消毒，不能连作，发现病株及时销毁，定期喷洒代森锌和百菌清等药剂防止感染。

2）枯萎病。初时叶片上出现不规则水渍状斑点，随着病情的发展，病斑连接汇合形成长条形斑块，在潮湿环境条件下，病部表面分泌出黏液。防治方法：2片叶时喷洒0.5%波尔多液或800倍液代森锌用以预防，每10d一次，4～5次即可，发病初期用50%退菌特粉剂800倍液进行防治，土壤、种球进行消毒。

3）干腐病。初始时茎叶产生黄褐色斑点，扩大后为白色斑，容易破碎，叶片枯干，整株干硬腐烂，染病种球变皱变黑。防治方法：土壤、种球消毒，不能连作，发现病株及时销毁，定期喷洒多菌灵和氯硝铵等药剂。

4）赤斑病。发生在叶片与茎部，开始出现红色斑点，随后逐渐扩大，成不规则或椭圆形病斑，花茎感染后易弯折。防治方法：土壤、种球消毒，不能连作，百菌清预防，发现病株及时销毁。

5）叶尖枯萎病。发生在叶先端，有时叶面也有发生。发病时叶尖出现干枯，呈现纸样灰土色斑块。发病原因主要是土壤过干或过湿造成的根系生理障碍，或施用铵态氮肥过量及未腐熟的有机肥。防治方法：避免连作，不使用未腐熟的有机肥，改善土壤理化性质，减少铵态氮肥的使用。

6）病毒病。叶片产生褪绿斑点，扭曲变形，有的形成斑块状花叶，叶缘呈波浪状，花朵变形变态，花茎变矮，花量较少，花色黯然，失去观赏价值。防治的方法：选抗病毒的品种，种球消毒，发现病株及时销毁，及时复壮，防止品种退化，防蚜虫。

2. 虫害种类及防治

（1）地下害虫及防治

1）蛴螬。危害部位：根、茎。症状：幼苗干枯死亡。防治：苗床要深耕细作，施用充分腐熟的有机肥，用50%辛硫磷乳油1000倍液灌根防治。

2）根螨。危害部位：球根。症状：幼植株生长不良，严重时叶片干枯。防治：选无螨种球，用50%辛硫磷乳油1000倍液灌根防治。

3）根结线虫病。危害部位：球根。症状：根系生出许多小瘤状物，地上部分发育迟缓。防治：用涕灭威进行土壤消毒。

（2）地上害虫及防治

1）蚜虫。危害部位：叶片、嫩枝、顶芽、花芽。症状：以口器刺吸植物汁液，引起枝叶变形，使植株生长不良，甚至枯萎死亡。防治：盆花可用5%呋喃丹颗粒剂在根际埋施，或用50%灭蚜松1000～1500倍液喷雾。

2）蚧虫。危害部位：群居于枝干、叶、果上。症状：口器刺入植物组织，吸取汁液，造成枝叶枯萎，甚至植株死亡。防治：利用天敌保护；及时剪除虫枝、虫叶，集中烧毁；药剂防治必须在初卵期，喷洒40%氧化乐果1000～1500倍液，或50%敌马乳油1000倍液。

3）蓟马。危害部位：叶片、花瓣。症状：叶片凹凸不平，花瓣褪色。防治：埋施15%铁灭克颗粒剂。

4）红蜘蛛。危害部位：叶片。症状：叶片上刺吸汁液，被害叶片上呈现密集细小的黄斑点，危害严重时，会造成叶片枯黄，早起落花，对花木生长危害很大。防治：搞好预测预报，发现虫害及时处理；发病严重时及时喷药，用40%三氯杀螨醇1000～1500倍液喷雾。

（五）球茎收获与处理

（1）球茎的收获　小球茎在栽培过程中注意打除花枝，保证种球充实。切花种球常在植株上留2片叶，以利新球和子球发育。球茎采收在植物叶片枯黄尚未脱落时进行，不能过早过迟。早了球茎发育不充实，晚了易受病虫侵害，或发生腐烂，或不易寻找种球。收获种球前2～3周停止灌溉。

（2）球茎分级与消毒　挖掘出来的种球清洗干净，按照大小进行分级，然后消毒。消毒尽可能在挖起球茎的2d内完成，然后通风晾晒、贮藏。

（3）球茎的贮藏　在贮藏室设层架分层贮藏，各层之间距离30～40cm。每层摊放3～4层球，保持通风透气。贮藏条件要求冷凉、干燥、通风良好，温度2～4℃，空气湿度80%。贮藏过程中定期检查，及时剔除发病种球，贮藏室每年都要用药剂熏蒸或喷洒消毒。

任务实施

情景一　唐菖蒲种植

1. 教师提出"在花卉基地要栽种一棚唐菖蒲，怎么进行栽种呢？"引出"情境一　唐菖蒲种植"。

2. 学生分组学习唐菖蒲栽培管理技术，回答四个问题，填写情境报告单，教师巡回指导。

问题：

（1）栽种唐菖蒲土壤如何消毒？

（2）栽种唐菖蒲如何整地做畦？

（3）唐菖蒲种球如何消毒？

（4）唐菖蒲种植技术环节有哪些？

3. 学生以组为单位讲解四个问题并提交任务实施单，教师总结完善问题，解决唐菖蒲栽植技术中必备的理论问题；教师对正确的任务实施单签字后，学生方可实施任务。

4. 学生到花卉基地实施唐菖蒲种植任务，教师进行过程评价。

情景二　唐菖蒲繁殖

情景三　唐菖蒲保护地栽培管理

情景四　唐菖蒲病虫害防治

情境五　唐菖蒲种球采收贮藏

其他情境操作均按照"资讯、计划、决策、实施、检查、评价"等工作过程设计实施。

复习思考题

1. 唐菖蒲繁殖的方式有哪些？

2. 唐菖蒲常用的栽培品种有哪些？

3. 唐菖蒲栽培技术环节有哪些？

4. 唐菖蒲常见病虫害有哪些？如何防治？

5. 唐菖蒲保护地栽培的技术环节有哪些？

6. 如何采收贮藏唐菖蒲种球？

任务4　月季切花栽培管理

知识平台

一、认识花卉

【别名】月月红、蔷薇花、四季花（图8-5）

【学名】Rosa chinensis

【科属】蔷薇科、蔷薇属

【产地及分布】月季广泛分布在北半球寒温带至亚热带，主要在亚洲、欧洲、北美及北非。中国有82种及许多变种。月季原产中国，部分种原产西亚及欧洲。目前世界各地均广泛栽培。

【形态特征】常绿或半常绿灌木，直立、蔓生或攀缘，小

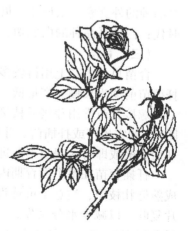

图8-5　月季

枝具钩刺，或无刺。奇数羽状复叶，小叶3~5（7），宽卵形或卵状长圆形，叶缘有锯齿。花单生枝顶，或几朵集生成伞房状；萼片与花瓣5，少数为4，但栽培品种多为重瓣；萼、冠的基部合生成坛状、瓶状或球状的萼冠筒，颈部溢缩，有花盘；雄蕊多数，着生于花盘周围；花柱伸出，分离或上端合生成柱。聚合果包于萼冠筒内，红色。花期为5月~10月。

【生态习性】月季性喜温暖湿润、光照充足的环境。对日照长短无严格要求，可不断开花，盛夏季节（33℃以上）暂停生长，开花少。生长发育的适宜温度为白天20~28℃，夜间16℃左右，如果夜温低于6℃，将严重影响其生长发育。在长江流域能耐寒，性喜富含有机质、疏松透气、排水良好的微酸性沙质壤土。

【观赏用途】月季按不同的生长习性和不同的开花特点，有不同用途。大花月季、壮花月季、现代灌木月季及地被月季等多用于园林绿地，花开四季，色香具备，无处不宜，可孤植或丛植于路旁、草地边、林缘、花台或天井中，也可作为庭院美化的良好材料。聚花月季和微型月季等更适于作盆花观赏。现代月季花中有许多种和品种，花枝长且产量高，花形优美，具芳香，最适于作切花，是世界四大切花之一。攀缘月季和蔓生月季多用于棚架的绿化美化，如用于拱门、花篱、花柱、围栏或墙壁上，枝密叶茂，花葩烂漫。

二、栽培管理花卉

（一）生产基础条件

宜采用温室或类似的保护设施，宜安装遮光系统、降温系统、淋水系统、防虫网。种植地应选择地下水位低、疏松透气、富含有机质、土壤层40cm以上的园地，土壤pH为5.5~6.5，定植时EC值宜在0.6mS/cm以下，采花期宜在1.0mS/cm以下。肥料以有机肥为主，化肥为辅，微量元素配合使用。

（二）品种选择

作为优质切花月季，其品种特性应具备以下基本标准：一般应为高心卷边或翘角；重瓣性强，花瓣层数多且排列紧凑；花瓣质地厚实且质感好，外层花瓣整齐，无碎裂现象；花色鲜艳、纯正、明亮；花枝和花梗挺拔，支撑力强，具有一定长度；花朵开放过程较慢，耐插性好。

目前我国生产的切花月季主要品种有：红色系品种的萨曼莎、红衣主教、红成功；粉色系品种的外交家、索尼亚、贝拉、火鹤；黄色系品种的阿斯梅尔金、金徽章、金奖章、黄金时代；白色系品种的白成功、雅典娜、婚礼白；其他色系品种有莫里卡等。

（三）育苗

育苗目前生产上用得较多的是嫁接法和扦插法。嫁接苗生长势好，切花质量和产量高。扦插苗前期生长慢，产量低，后期生长稳定，产量高，多用于无土栽培。

嫁接育苗常用芽接或枝接，以芽接应用最广泛。砧木可采用"十姊妹""野蔷薇（粉团）"的实生苗或扦插苗。芽接适宜在15~25℃的生长季节内进行，枝接适宜在每年的生长开始之前或即将休眠前不久进行。

扦插育苗在整个发育期内均可进行，一般在4月至10月较适宜。选开花1周左右的半成熟健壮枝条，注意不可选没开花的"盲枝"。将枝条剪成具有2~3个芽的小段，保留1片复叶，以减少水分蒸发，插条基部蘸一些生长调节物质，如IBA或NAA，以促进生根。插条间距3~5cm，插入基质2.5~3.0cm，插后喷透水。采用全光照弥雾育苗，可提高成活率。

（四）栽培管理

1. 整地做畦

定植前施充分腐熟的有机肥，深翻土壤至 40～50cm，然后做定植畦。南方多雨潮湿宜做高畦，北方干旱宜做低畦。土壤消毒后使用。

2. 定植与管理

（1）定植　定植一般在 3～9 月，最佳时间是 5～6 月。定植后一般 6 个月开始产花。扦插苗宜 2～3 年后更换，嫁接苗宜 4～5 年后更换。栽培方式为单畦双行栽培，株距 20～30cm，行距 40～50cm。栽植选择在多云、低温天气，早上和傍晚最佳。

（2）定植后管理　浇足定根水，保证土壤湿润，白天叶面喷水，适当遮阳。3～5d 后即可检查是否发出白色的新根，如果有大量的白色新根发出则说明定植成功。20d 后当有大量的新根萌发时，可减少浇水量，适当蹲苗，促使根系进一步生长，经过 30d 后可进行正常管理。定植后 3～4 个月内为营养体养护阶段，在此时期内，随时将花蕾摘除。当植株基部开始抽出竖直向上的粗壮枝条时，即可留作开花母枝，其粗度应大于 0.6cm。

（3）环境管理

1）湿度管理。优质切花月季萌芽和枝叶生长期需要的相对湿度为 70%～80%，开花期为 40%～60%（白天宜控制在 40%，夜间宜控制在 60%），湿度高于 90% 以上易诱发多种病害发生。

2）温光管理。切花月季生产最适宜的生长发育温度是白天 20～26℃，夜间 12～16℃。夏季高温不利生长，30℃ 以上的高温加上多湿易发生病害，应及时采取通风、遮阳等措施。冬季 5℃ 以下能继续生长，但影响开花。若冬季产花，晚上最低温度不能低于 10℃。

3）光照管理。光照强度宜为 25000～50000lx，每天需接受 5～8h 以上的阳光直射才能生长良好。

4）肥水管理。月季是喜肥花卉。定植时应施足基肥，或结合每年冬剪在行间挖条状沟施有机肥，选用腐熟的鸡粪、牛粪等。定植初期应使土壤"间干间湿"，肥料以氮肥为主，促发新根。追肥在生长季节进行，每隔 2～3 周结合浇水追施一次薄肥。切花月季需较高的磷肥，氮、磷、钾比例以 1∶3∶1 为好，同时需要注意钙、镁及微量元素的配合施用。在培养开花母枝阶段应加大水肥的供应，使植株枝叶充分生长，为开花打好物质基础；进入孕蕾开花期，水肥需要量增大，通常 2～3d 浇一次水，施肥次数和每次施肥量均应增加，产花期还可适当叶面喷施 0.2%～0.4% 磷酸二氢钾溶液。地面宜覆盖稻草、药渣、锯末等，以减少土壤水分蒸发。

3. 整枝修剪

整枝修剪是切花栽培的重要环节，其目的是控制植株高度，更新枝条，促进切花产量，控制花期。

整枝修剪结合管理分轻度修剪、中度修剪、低位重剪三种方法。每天采花就是一种轻度修剪。当产花枝的花蕾有中等大小时，把不合格的短枝、弱枝、病枝剪除掉，对外围的产花枝只摘除花蕾而不剪枝叶，以保持植株的营养面积，增强树势，促进生长旺盛。中度修剪一般在立秋前后进行，7～8 月高温期间不修剪，只摘花蕾，保留叶片，立秋后将上部剪掉，留 2～3 片叶，到九月下旬就可以进入盛花期。低位重剪，就是把植株回剪到离地面 60cm 左右的高度。在 12 月中下旬进行低位重剪，争取在清明节产出早春花，到"五·一"进入盛花期。如果延迟到 1 月份再整枝回剪，就无法在清明节产出早花。新定植的月季，前 2～3 年都要进行低位重剪。

20 世纪 80 年代后，日本和以色列推广应用的折枝、压枝整形技术也是月季栽培重要措施之一，国内某些地区及花卉生产企业也开始应用，现简单介绍如下：

（1）折枝技术　折枝主要是针对生长初期不能产花而需要疏除的枝，通过弯折加以保留，作为营养枝。将小苗定植后最初长出的 3～4 个枝条从基部 3cm 处向植株两侧弯折，以折伤木质部为宜。被折伤的枝条上的叶片正常生长，因此作为营养枝培养。枝条被弯曲后，由于植株生长的顶端优势被抑制，从植株基部萌发的枝条生长势强、均匀、长而直立，将其作为开花枝培养。折枝数量以铺满畦面为宜，让叶片能得到充足的光照。折枝不论一年四季，还是一天早晚均可进行，是一项经常性的工作。一般早上枝条较脆，折枝时容易断裂，要尽量使其不断裂。对粗枝条可在距根部 10cm 处将枝条扭折后再压下，即用一只手握住枝条需要折的部位，另一只手用力向下扭折，将枝条压于压枝绳下。

（2）压枝技术　月季在整个生育期都要把细弱枝及产花长度不够的枝压下。压枝要尽量向下，以突出顶枝生长优势，采取边扭边压的方法。幼苗期压枝时，压枝绳（钢丝或尼龙线）距苗 25～30cm，在定植畦的两边用铁桩或木桩拉紧并固定。当枝条长度有 40～50cm 时将枝条压下。新萌发出的过细枝条压做营养枝，营养枝上发出的枝条继续压枝。压枝时注意各株之间、枝条之间不能相互交叉。植株压枝后会迅速长出水枝（脚芽），粗壮的水枝做切花枝，也可以在水枝现蕾后留 4～6 片叶短截作为切花母枝，细的水枝继续压枝做营养枝。

4. 剔芽、剥蕾

切花月季萌芽能力很强，经修剪，当新芽的第一片真叶完全展开时进行疏芽。将产花枝在生长过程中萌发的侧芽、副芽随时剔掉，集中营养供给端部主蕾发育至开花。小苗生长期随时有花蕾的形成，要及时剥蕾，以增强花枝向上生长的能力。

5. 病虫害防治

（1）病害种类、症状及防治

1）白粉病。叶片、叶柄、花蕾、嫩梢出现白色粉状霉层，叶正面的霉层逐渐变成淡黄色斑，叶片皱缩、扭曲、变厚，呈紫绿色。嫩梢节间缩短，顶端弯曲，影响生长，严重时，引起落叶、枯梢。花蕾发病，密布白粉，形成畸形花或不开花。防治方法：硫黄熏蒸器 80～100m² 挂 1 个，阴雨天预防，每天熏 30min 左右；采用 20% 三唑酮乳油 1000 倍液、12.5% 腈菌唑乳油 3000 倍液、5% 己唑醇乳油 1000 倍液、25% 戊唑醇乳油 2000 倍液。

2）霜霉病。染病叶片、花、花梗初现不规则形小斑，后逐渐扩展，叶片紫红至棕黑色，病叶渐枯萎或脱落，湿度大时各发病部位出现灰白色霉层。防治方法：采用 58% 甲霜灵·锰锌（雷多米尔·锰锌、进金、农士旺、稳达、金瑞霉）可湿性粉剂 700 倍液、72% 霜脲氰·锰锌（克露或克霜氰）可湿性粉剂 700 倍液、69% 安克锰锌可湿性粉剂 900 倍液。

3）黑斑病。叶片发病初期正面出现紫褐色至褐色小点，扩大后多为圆形或不规则形病斑，黑褐色，病斑直径 1～12mm。有时病斑周围大面积变黄，而病斑边缘呈绿色，病斑上生黑色小点。叶柄和嫩梢染病呈条形病斑，病斑黑褐色至紫褐色，发病严重时，叶片大量脱落，嫩梢干枯。防治方法：采用 75% 百菌清可湿性粉剂 500 倍液、70% 甲基硫菌灵（甲基托布津）可湿性粉剂 1000 倍液、50% 多菌灵可湿性粉剂 1000 倍液。

（2）虫害种类及防治

1）红蜘蛛。群集于叶背，叶丝结网，吮吸汁液。开始时在受害叶上形成灰白色小点，而后叶片黄弱，似被火烤干，危害严重时造成早期落叶。防治方法：采用15%速螨酮（灭螨灵）乳油2000倍液、73%炔螨特（克螨特、丙炔螨特）乳油2000倍液、20%三唑锡（倍尔霸，三唑环锡）乳油3000倍液。

2）蚜虫。集中于花蕾、嫩梢、叶片上，以刺吸式口器吸取汁液，使受害花蕾及幼叶卷曲畸形。防治方法：挂黄板诱杀；采用1.8%阿维菌素（虫螨克）3000~5000倍液、10%吡虫啉（一遍净、蚜虱净、大功臣）可湿性粉剂2000倍液。

3）鳞翅目幼虫。月季黄刺蛾幼虫啃食叶肉，使叶片呈网眼状，形成白色圆形半透明小斑，几天后小斑连成大斑。幼虫长大后将叶片食成缺刻和孔洞，严重时只残留主脉和叶柄，最终植株枯死。防治方法：采用50%辛硫磷乳油1000~1500倍液、10%溴虫腈（虫螨腈、除尽）悬浮剂2000~2500倍液。

6. 切花采收

采收标准：春秋两季以花瓣露色为宜；冬季以花瓣伸长，开放1/3为宜。每次采花均在花枝基部第3个节芽上0.5~3cm处落剪，以利下部腋芽发育成花枝。花枝剪下后，立即插入盛有水的桶内，水中可放0.08%的杀菌剂，然后运到装花车间进行分级包装，每10枝或20枝扎成一束。为保护花头，现多用特制的尼龙网套扎花头。

任务实施

情景一 切花月季整枝修剪

1. 教师提出"花卉基地要有一棚的切花月季需要整枝修剪，你知道怎么进行整枝修剪？"引出"情境一 切花月季整枝修剪"。

2. 学生分组学习切花月季整枝修剪，回答四个问题，填写情境报告单，教师巡回指导。
问题：

（1）切花月季整枝修剪的目的是什么？

（2）分别介绍轻度修剪、中度修剪、低位重剪3种方法。

（3）请介绍折枝技术。

（4）请介绍压枝技术。

3. 学生以组为单位讲解四个问题并提交任务实施单，教师总结完善问题，解决切花月季整枝修剪中必备的理论问题；教师对正确的任务实施单签字后，学生方可实施任务。

4. 学生到花卉基地实施切花月季整枝修剪任务，教师进行过程评价。

情景二 切花月季定植栽培

情景三 切花月季病虫害防治

情景四 切花月季采收包装

其他情境操作均按照"资讯→计划→决策→实施→检查→评价"等工作过程进行设计实施。

复习思考题

1. 切花月季为什么要进行剔芽剥蕾？

2. 切花月季常用的栽培品种有哪些？

3. 切花月季如何采收包装？

4. 月季常见病虫害有哪些？如何防治？

任务5　温室蝴蝶兰栽培管理

知识平台

一、认识花卉

【别名】蝶兰（图8-6）

【学名】Phalaenopsis amabilis

【科属】兰科、蝴蝶兰属

【产地及分布】原产亚洲热带，主要分布在我国台湾及菲律宾和爪哇一带岛屿。

【形态特征】多年生常绿草本，附生兰，茎短肥厚，顶部为生长点，每年生长期从顶部长出新叶片。叶大丛生，叶片肥厚多肉，叶面绿色，叶背面有红褐色斑纹，根从节部生长出来。从腋间抽出花序，总状花序，长达1m，花茎一至数枚，拱形。花大，直径约10~12cm，白色，唇瓣茎部黄红色，花一朵一朵开放，可连续观赏60~70d。花形蝶状，当全部盛开时，犹如一群蝴蝶列队而出，轻轻飞翔。

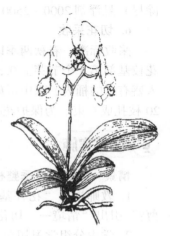

图8-6　蝴蝶兰

【生态习性】喜热，畏寒，耐阴，适生于多湿而通风的环境。常生长在热带高温、多湿的中低海拔山林或滨海岛屿森林中。忌强光照射，需要的光度大约是全日照的40%；相对湿度为70%，生长适温15~28℃，低于5℃就容易死亡。由于所处的环境不同，可成为气生兰、半气生兰或地生兰。

【观赏用途】蝴蝶兰花形如蝶，颜色艳丽，为热带兰类中的珍品，有"兰中皇后"的美誉。可作切花和盆栽观赏。花朵还可作新娘捧花、襟花、胸花。

二、栽培管理花卉

（一）设施条件选择

选用连栋温室或日光温室生产蝴蝶兰，配套加温、湿帘-风机降温、外遮阳、移动苗床、保温被、水处理等设备。

（二）品种选择

种苗以组培苗为主，品种以红色和粉色为主，有红天使、04系列、超群火鸟、大富贵、千惠玫瑰、红龙、聚宝红玫瑰等优良品种；白色系品种白天使、红唇美人等。

（三）苗期管理

1. 瓶苗出瓶

（1）组培苗出瓶规格　蝴蝶兰组培苗无污染，叶数3~4片，叶距3~5cm，叶宽1.5~

2.5cm，叶色翠绿；根数 2～4 条，根长 1.5～4cm，根系粗壮，生长旺盛。

（2）炼苗　将瓶苗置于温室中炼苗 7～15d 后出瓶栽种。炼苗时日夜温度 23～30℃，光照强度 4000～6000lx，保持环境洁净。

（3）瓶苗的分级　打开瓶盖用镊子将小苗从瓶中取出，放于洁净的纸张上，不能拉断叶片及根，去除根系残留的培养基及黄化叶。按大、中、小分为三个等级，分级标准见下表8-3。

表8-3　蝴蝶兰瓶苗分级标准

等　　级	叶数/片	叶距/cm	叶宽/cm
一级	<3	≤3	≤1.5
二级	3	3～5	1.5～2.5
三级	4	≥5	≥2.5

（4）基质及容器

1）基质处理。栽培基质采用优质水苔，栽植前在 60～80℃水中浸泡 30min，然后放掉水再浸一次清水，去除硬枝及杂草后，将水苔捞起用离心机甩干，以用力握水苔指缝间有水但不滴出为宜。

2）容器准备。用直径 4.8cm 透明软塑盆作定植盆栽培大规格瓶苗，将 50 孔（40cm×60cm）育苗盘固定摆放；用 72 孔育苗穴盘栽培小规格瓶苗，并摆放于苗床上。

（5）定植方法　蝴蝶兰组培苗种植最适时期为 3～5 月份。种植时将水苔抖松，垫少量水苔于根系底部，左手拿起小苗根部，右手抓起一撮水苔将小苗根部及单轴茎包住，不要包住顶心或将根系基部全部露出。水苔包住后将小苗竖直植于盆的正中央。种后水苔低于盆沿约 1.0cm 的横线处。定植后将小苗叶片按育苗盘对角线平行摆放，使心叶朝向一致。

（6）定植后管理　小苗定植后温度控制在 23～31℃，湿度 65%～80%，定植后，前 15d 光照强度 3000～4000lx，15d 后增加到 8000lx，光照与通风结合，日照长度每天 10h 以上。定植后当天用 50% 多菌灵 800～1000 倍液进行预防性杀菌。种植后第三天叶面喷施高磷肥（N：P：K＝9：45：15）3000 倍液，EC 值 0.5mS/cm。移植 7～10d 内以叶面喷施纯净水为主，盆中水苔较干时用清水淋湿水苔。冬春及阴雨天约 7～10d 浇一次 1/3 水，夏秋及晴天每 5～8d 浇一次半水，浇水用 EC 值 0.3mS/cm 以下的纯净水。定植后 20～25d 新根长出，有少量达盆沿时开始施肥，用高磷肥（N：P：K＝9：45：15）3000 倍液和高氮（N：P：K＝30：10：10）3000 倍液轮换浇施。

2. 中苗管理

（1）小苗换盆时间　经过 4～6 个月，小苗长至叶距 12～18cm，叶宽 4～5cm，叶数 4～5 片，叶子肥厚，叶片坚挺，叶色浓绿，叶片间开始互相遮挡。根系密集，盘旋于盆底，并有部分长出盆外，成为标准小苗。

（2）小苗换盆方法　换盆前停水 10d。脱盆时，左手拿起小苗，右手五指轻轻捏压软盆四周，使根系与盆边分开，然后右手食指及拇指捏住小苗单轴茎基部及水苔，轻轻拉开取出小苗。按照基质处理方法备好水苔（水苔采用进口水苔与国产水苔 1：1 混合）、24cm×56cm 规格的 15 孔育苗盘及直径 8cm 透明软塑盆和约 1cm×1.5cm×2cm 的泡沫粒。种植到直径 8cm 软盆时，先在软盆中放进 2～3 个泡沫粒，再参照定植方法将小苗竖直植于软盆正中央。种后盆内水苔应低于盆沿约 2cm 的横线处，每盘摆放 15 株，并按育苗盘对角线平行摆放，使心叶朝向一致。

（3）上盆后管理　上盆后及时用65%好生灵可湿性粉剂1000倍液与500万单位农用硫酸链霉素5000倍混合液充分喷洒，5~7d内不浇水。中苗生长温度控制在23~32℃，冬天20℃以上，光照强度10000~15000lx，湿度60%~80%。换盆25~30d后施用一次高磷肥（N：P：K=9：45：15）3000倍液。冬春及阴雨天每10~15d用复合肥（N：P：K=20：20：20）3000倍液浇一次1/3水，夏秋及晴天每7~10d用复合肥（N：P：K=20：20：20）3000倍液浇一次半水，EC值0.7~0.9mS/cm。小苗生长至中苗期时，每月间施一次2000~3000倍的复合肥液（N：P：K=15：20：25）。如采用纯净水应每月施一次微量元素（以钙、镁元素为主）。

3. 大苗栽培

（1）中苗换盆时间　中苗经4~5个月，长至两叶距16~22cm，叶宽4~6cm，叶长10~16cm，叶片数4~6片，叶片肥厚、挺立，叶色浓绿，叶片开始互相遮挡。盆中根系已达盆底，在盆底盘旋1~2周，有部分根长出盆外，成为标准中苗。

（2）中苗换盆方法　按照基质处理方式准备水苔（进口水苔与国产水苔1：2），备好直径12cm透明软塑盆及30cm×50cm的12孔育苗盘和1cm×1.5cm×2cm泡沫粒。参照小苗换盆方法取出中苗，先在软盆中放入3~4个泡沫粒，再参照定植方法将中苗竖直植于软盆正中央，按栽培盘宽边平行摆放，每盘12株，叶片受光面向东。栽种后盆内水苔低于盆沿约2.5cm的横线处。

（3）上盆后管理　刚换盆的大苗当天用好生灵可湿性粉剂1000倍与150~200万单位农用链霉素混合喷洒防病，控制水分7~10d，待水苔较干时，用复合肥（N：P：K=20：20：20）3000~5000倍液浇一次半水。控制温度20~30℃，昼夜间温差不超过8℃，湿度70%~80%，光照强度15000lx以内，30d后逐渐增至20000~35000lx。换盆25~30d后，大苗有新根长出，部分新根已达盆边。待水苔较干时浇肥，冬春及阴雨天每10~15d用复合肥（N：P：K=20：20：20）2000~3000倍液浇一次1/3水，夏秋及晴天每7~10d用复合肥（N：P：K=20：20：20）2000~3000倍液浇一次半水。夏季高温天气每月间施1~2次复合肥（N：P：K=15：20：25）2000~3000倍液。如用纯净水浇水，每月应施一次微量元素（以钙、镁元素为主）。

（四）催花及花期管理

蝴蝶兰植株成熟后进行催花处理。春节期间上市应提前160~170d（即8月中下旬）进行低温催花处理，国庆节上市应提前115~120d（即6月初）进行低温催花处理。特殊品种（如绿花、红龙）和特大苗（中苗换盆8个月以上）需提前15~20d催花。

1. 植株的成熟标准

大苗经过4~5个月，两叶距28~35cm，叶宽8~10cm，叶数4~6片，叶色浓绿，叶片肥厚挺立，单轴茎较饱满，盆中根系基本饱满，根系粗壮有活力，此时植株已经成熟，可以进行催花处理。

2. 催花前期管理

低温催花处理前30d，保持昼温28~30℃，夜温20~23℃，光照25000~30000lx。温室相对湿度控制为60%~80%。施用1~2次高磷肥（N：P：K=9：45：15）2000倍液，肥分的EC值应为0.7~0.9mS/cm，pH值为5.5~6.5。

3. 花芽分化期管理

昼温降至25℃，夜温降至18℃，当花梗长到15cm左右时结束低温处理。光照强度为25000～40000lx。控制相对湿度为60%～70%，保持盆内基质干燥。根据天气情况，轮换施用复合肥（N：P：K＝15：20：25、N：P：K＝5：11：26、N：P：K＝9：45：15）2000倍液浇透水，每隔3～5d用海藻精混合复合肥（N：P：K＝10：30：20）3000倍叶面喷施。

4. 花梗伸长期管理

花株要整齐摆放，让叶片南北伸展并使主花梗在北侧。当花梗长至20cm左右时，用长30～55cm包塑铁线固定花梗，使花梗竖直向上生长。控制昼温为25～28℃，夜温18～20℃，光照强度20000～25000lx。控制相对湿度为60%～70%。待盆中水苔微干时轮换施用复合肥（N：P：K＝10：30：20）和（N：P：K＝20：20：20）2000倍液，7～9d浇一次肥。每隔5～7d用海藻精混合复合肥（N：P：K＝10：30：20）3000倍液叶面喷施。在此时期应注意红蜘蛛和蓟马等害虫的危害。

5. 现蕾期管理

温度不能低于15℃，光照20000～30000lx，适当喷施混合叶面肥(N：P：K＝10：30：20)。避免基质过干，根系受损及强风吹拂。此时期温度可根据上市时间调节，如需出花快，则昼温为26～29℃、夜温22～26℃，适当保持基质干燥；如需慢出花，则昼温为23～25℃、夜温15～18℃，并保持基质湿润。

6. 成花株管理

（1）成花株的栽培蝴蝶兰水肥管理　从开第一朵花起应减少施肥量，水苔微干时用复合肥（N：P：K＝15：20：25）3000～5000倍液半水浇灌。开花期光照强度为12000～20000lx，温度18～28℃，湿度55%～65%。施用高钾肥（N：P：K＝5：11：26）可使花色更加艳丽，施用海藻精或适当补充钙、镁元素可增加花的厚度、延长花期。开花期应避免肥液、药液喷溅到花朵上。

（2）花枝的定型　当花梗长至35cm左右时，用60～70cm包塑铁线竖直插在花枝旁，用1～2节扎线轻轻固定花梗较硬部分，使花枝竖直向上生长。待花枝长至50cm左右有一朵花开放时，调整花朵受光面，将铁线从第一朵花下约10cm处向前弯曲，末端微向斜下方伸展，并用2～3节扎线将花枝固定在铁线上，让花梗末端向南微倾。

（3）产品花的质量　高标准的蝴蝶兰成品花应植株健壮，花梗粗壮，高度50～75cm。花朵向光性良好，间距有序，花色鲜艳，花瓣厚实，花朵数超过8朵，花径可达8～13cm。叶片4～6片，叶色浓绿，叶片坚挺。根系较粗壮，有少量气生根裸露，无烂根现象。

（4）蝴蝶兰开花株的包装　开花株包装时用1200cm×800cm×250cm开孔纸盒包装，每盒25株。包装时花盆底部贴近宽边，叶片左右排列，纸盒上、下部及花朵重叠处用干棉絮或碎报纸隔开，植株及花枝用胶带固定。冬季运输应三箱重叠一起用保温棉进行外保温。

（五）病虫害防治

蝴蝶兰栽培每隔10～15d应轮换使用药剂防治。发现病株及时去除，挂黄板诱杀害虫。定期清理温室内外杂草杂物，夏季每月用500倍漂白粉水溶液喷洒棚室内外地面，冬季白天通风30min。

1. 病害种类、症状及防治

（1）炭疽病　此为高温高湿型病害，危害老叶。初期叶片产生褐色凹陷小点，后扩大成圆形或不规则病斑。有时会有黄晕产生，严重时扩大至整张叶片。防治方法：浇水后及时放风排湿，提高光照强度，增加磷钾肥施用次数；采用25%凯润乳油2500倍液、10%世高水分散粒剂3000倍液、25%咪鲜胺乳油1000倍液、25%嘧菌酯悬浮剂1000倍液、70%丙森锌可湿性粉剂600倍液、25%斯克可湿性粉剂700倍液。

（2）疫病　感染部位呈水浸状，逐渐向叶片蔓延。初期出现小的褐色湿斑点，受感染的叶变黄、枯萎、脱落。防治方法：降低湿度、减少浇水；发病后，切除感染部位或整株废弃；采用0.1%～0.2%硫酸铜溶液喷洒、50%疫霜锰锌可湿性粉剂600倍液、58%甲霜灵可湿性粉剂600倍液、45%百菌清烟剂、72%克露可湿性粉剂800倍液、72.2%霜霉威水剂600倍液。

（3）灰霉病　花瓣及萼片出现水浸状小斑点，逐渐变成褐色或深褐色。防治方法：发现病株及时销毁；加强温室通风，提高温度至25℃以上，增加光照强度；采用50%农利灵可湿剂粉剂1500倍液、25%斯克可湿性粉剂700倍液、25%凯润乳油2000倍液、40%施佳乐乳油1000倍液、50%速克灵可湿性粉剂1000倍液。

（4）软腐病　主要危害肉叶部。初期小黄斑，后期变大至透明有臭味，用手触摸易破有臭水流出。防治方法：减少植株受伤概率，注意通风和降低湿度管理；植株发病后剪除病叶，将整株植株放入0.1%的高锰酸钾溶液中浸泡5～6min，用水清洗后晾干；采用77%可杀得可湿性粉剂500倍液、72%农用链霉素可溶性粉剂、14%络氨铜水剂300倍液、50%琥胶肥酸铜可湿性粉剂500倍液。

（5）褐斑病　出现透明水渍状小斑点，后向外扩大成深绿色或黑褐色的水浸状。防治方法：注意通风，保持基质干燥；发现病株后及时剪除病叶，将整株植株放入0.1%的高锰酸钾溶液中浸泡5～6min，用水清洗后晾干；采用50%多菌灵可湿性粉剂800倍液、20%苯醚甲环唑水分散粒剂3000倍液、40%氟硅唑乳油10000倍液。

（6）霉污病　叶背有黑色粉末状病体，严重时布满整个植株。防治方法：降低湿度；喷施米醋；采用50%多菌灵可湿性粉剂500倍液、40%多硫悬浮剂500倍液、50%苯菌灵可湿性粉剂1500倍液。

（7）病毒病　齿舌兰环斑病毒（ORSV）：叶面出现白色斑点或明显环状斑纹，有时呈褐色，植株发育不良，花畸形。蕙兰花叶病毒（CyMV）：叶表面呈浅色马赛克状斑纹，严重时变黑向叶肉内凹陷，引起生长畸形，开花少且花期短。防治方法：种苗带毒居多，一旦发生很难根除，注重选购无病毒种苗；保持温室清洁无害虫，发现病株立即销毁；盆具及基质不重复使用；采用83增抗剂50倍液（2～3次喷雾）、2%宁南霉素水剂100倍喷雾、20%盐酸吗啉胍·铜病毒A 500倍液、小叶敌500倍液。

2. 虫害种类及防治

（1）介壳虫　黏附在叶脉和叶面上吸取汁液，严重影响蝴蝶兰的生长和美观，即使该虫体杀死后，其壳仍附着不落，伤口易感染病害。防治方法：改善栽培环境，注意通风透气；用软刷刷除或用棉球蘸酒精擦除；采用80%敌敌畏1500倍液（隔7d喷一次，连续喷3次）、50%马拉松800倍液、40%氧化乐果800倍液喷施。

（2）红蜘蛛　危害后的叶片和花朵呈现灰色小斑点，而后渐变暗色斑块，最后枯黄脱落。防治方法：冬季加温季节注意通风及喷水增加湿度；采用40%三氯杀螨醇1000倍液（隔7d喷一次，连续喷2～3次）、三氯杀螨砜600～800倍液或1.8%阿维菌素6000～8000

倍液（喷2~3次）。

此外还有蚜虫、蛞蝓等虫害，注意防治。

任务实施

情景一 蝴蝶兰中苗期管理

1. 教师提出"花卉基地要有一棚的蝴蝶兰正处在中苗期，你知道此时如何管理吗?"引出"情境一 蝴蝶兰中苗期管理"。

2. 学生分组学习蝴蝶兰中苗期管理，回答四个问题，填写情境报告单，教师巡回指导。
问题：

（1）栽培蝴蝶兰基质如何处理?

（2）蝴蝶兰小苗什么时候换盆?

（3）蝴蝶兰小苗如何换盆?

（4）蝴蝶兰换盆后如何管理?

3. 学生以组为单位讲解四个问题并提交任务实施单，教师总结完善问题，解决蝴蝶兰中苗期管理中必备的理论问题；教师对正确的任务实施单签字后，学生方可实施任务。

4. 学生到花卉基地实施蝴蝶兰中苗期管理任务，教师进行过程评价。

情景二 蝴蝶兰小苗期管理

情景三 蝴蝶兰成株管理

情景四 蝴蝶兰催花管理

情景五 蝴蝶兰病虫害管理

其他情境操作均按照"资讯→计划→决策→实施→检查→评价"等工作过程设计实施。

复习思考题

1. 蝴蝶兰栽培常用的品种有哪些?

2. 蝴蝶兰出瓶小苗如何炼苗?

3. 蝴蝶兰开花株如何包装?

4. 蝴蝶兰常见病虫害有哪些? 如何防治?

项目 ⑨　花卉应用

任务1　压　　花

一、压花的含义与采集花材的用具

(一) 压花的含义

压花是利用物理和化学的处理方法，将植物材料经脱水、保色、压制和干燥等科学处理而成一平面花材的过程。

(二) 采集花材的用具

1. 刀具

采摘花材时使用的刀具有枝剪和剪刀、拉剪等。一般来说，采摘草本花卉时，依据花材大小和形状选择不同大小剪刀使用即可。但是对于一些坚硬的花茎和枝条，需要使用枝剪。在采摘一些木本植物的花卉时，花枝很高，需要用一种特殊的工具才能剪下花材，这种工具叫拉剪。

2. 盛花容器

盛花容器包括保鲜袋、塑料袋、花篮、塑料桶等，把采摘的花材分类，每个袋子装一种花材，花材装入塑料袋后，放入吸水饱和的棉花或者纸巾，用橡皮筋把袋口扎紧密封，这样花材就不会因为失水而枯萎。

3. 临时压制花材所用工具

有的花材易失水，特别是一些微型的野生花草，需要在野外临时压制，因此需要备用临时压花用的小册子、旧书本或者标本夹、吸水纸或薄海绵。

4. 防护用品

采摘花材之前，还必须准备一些防护用品，如手套、止痒消毒药膏、草帽等。

二、压花花材的选择与采集

1. 花材的选择

植物的种类多种多样，自然界现有的植物达50多万种，其中有乔木、灌木、草本、藤本和蕨类等，这些植物的根、茎、叶、花、果实和种子、树皮等均可作为压花材料。压花花材中用得最多的是花和叶，其次是茎、果实和种子、树皮、根等。常见的压花花材有三色堇、飞燕草、小苍兰、迎春花、水仙、白头翁、玫瑰、桃花、梅花、美女樱、虞美人、波斯菊、雏菊、万寿菊、大丽花、瓜叶菊、中国菊、满天星、荷花、睡莲、康乃馨、石竹、一串红、金鱼草、青葙、鼠尾草、福禄考、牡丹、昙花等。

2. 花材采集的时间

花材采集的时间一般在春、夏、秋三季，以晴天的上午8~11时为佳，不要在阴雨天采集，以防花材发霉腐烂。北方最好在夏秋、南方最好在早春及秋天采集，因为此时温度高，湿度小，压制成品率高。采集时的花材应放在相对封闭的环境中，防止过度失水，可放在采集桶或塑料袋子内。如需染色，最好随采随染。

三、分解花材

花材压制前须将采摘回来的花材进行分解，或者说解剖花材。不同花材有不同的分解方法。分解不好，压制的干燥花材，可能形状花姿不够优美，无法表现该类花卉的美丽。构图时，花材不好用，作品难以表现出生态美，立体感不强。

一般常用花材包括花瓣、花蕊、花萼（花托）、花梗（茎）、叶、果实等部分。

1. 分解花瓣

压制前可以根据压制方式来分解花朵。花朵的压制分为整朵压、半朵压、分瓣压、整串或整株压。

（1）整朵压　不用分解花朵，整朵压制。适用于小轮花、单瓣的中大轮花。压的时候，应注意花姿的角度，有正面、侧面、仰角面压制。如珍珠玫瑰、石斛兰、蝴蝶兰、非洲菊、水仙、黄槐、虞美人、美女樱、飞燕草、紫罗兰、波斯菊、雏菊、樱花、三色堇、桃花、杏花、红梅花、蜡梅花、龙吐珠、绣球花等。

（2）半朵压　将一朵花分解成两半来压制。当构图须用侧面角度时，采用半朵压。如石竹、康乃馨、非洲菊等，以及各种小轮花。

（3）分瓣压　将花瓣一瓣一瓣地分解后再压制，压干后重新组合。适用于中、大轮的重瓣花，如玫瑰、牡丹、芍药、荷花、睡莲、菊花、昙花、康乃馨、郁金香等。

（4）整串或整株压　花、花梗、细叶不分解就直接压制。如一串红、满天星、咖喱花、袋鼠枣、紫藤、金鱼草等。

另外，含水量多，质地较厚的花瓣，可在花瓣背面或花瓣根部，用磨砂纸轻轻摩擦，轻轻挤压出一些水分后用卫生纸吸干，使花瓣变薄易于干燥，如百合、石斛兰、蝴蝶兰、朱顶红、爱丽丝（管状花瓣）等。有些管状花瓣的根部比较厚实，除了用磨砂纸轻轻摩擦以外，也可以用美工刀轻轻削薄，以利于缩短干燥时间，如百合、姬百合等。

2. 分解花蕾

可以整个压或二分压。整压适用于小花蕾的压制；对于大一点的花蕾，可将其分解成两半，拔去里面的花蕊、子房后再压制，即二分压。

3. 分解花蕊

若采用侧面、仰面时，必须留心压制花蕊。花蕊厚密时，可用镊子平均拔去二成左右。构图时花蕊不必全部用上，数量上能表现其真实感与美感即可。

4. 分解花萼

表现花卉正面姿态时不用花萼。侧面姿态时，以中分法只压半边即可。对于一些花萼很大的花朵，可根据情况用少于一半如三分之一的花萼，以能表现其真实感与美感为原则。

5. 分解花梗、茎

可以整枝压或剖成两半来压。纤细的花梗整枝压制；较粗硬的花梗则解剖成两半，用美工刀挖除梗或茎中的海绵体，用卫生纸擦干。

6. 分解叶

叶的姿态在写生压花作品中占有非常重要的地位，叶颜色深浅可衬托景深，表现作品的立体感、层次感。若一幅写生压花作品中的叶片全部是正面的，那么这幅作品就属于很失败的，作品呆板，毫无生气。叶可以正面压、侧面折边压、仰角折边压、俯角折边压。正面整片压，使用时正面和背面均可用这样的叶片。侧面折边压、仰角折边压、俯角折边压，表现不同角度生长的叶片姿态，使作品自然、生动，富有立体感。

7. 龙须藤

就构图表现意境理论而言，龙须藤可表现生命蜿蜒坚强，攀爬向上的力量之美。就画面比例与美观而言，用纤细的龙须藤可充实画面空泛部分，将画面填充得更加匀称生动。

8. 分解果实

植物的果实也可以用来压花，如果类蔬菜、水果。压制前处理依据果实形态不同而不同。如辣椒，小的整个压，大的对切挖空、侧面压制；豌豆，将豆荚内豆粒剔除，用一层表皮压制；对于番茄、橙、草莓等果肉较多的果实，用刀片切取带果蒂的果实不同角度的切面，挖除果肉，再用汤匙将果皮内层尽量刮掉，只留薄薄一层皮来压制，这样，构图时可以表现不同大小不同角度的果实。

四、压制花材用具

1. 处理花材的工具

处理花材用的剪刀、镊子、解剖刀和美工刀等，用来解剖和分解新鲜的植物材料。

2. 吸水纸

压制花材时，需要将植物材料整齐地摆放在吸水纸上，具有吸水功能的纸都可以使用，多数为棉质的，可以重复使用。吸水纸有很多种，如废报纸、餐巾纸、厨房用纸、高丽纸、宣纸、毛边纸、棉纸、手工纸等。

3. 压花板

用来压制花材的板有木板（有孔或者无孔）、微波压花板和陶瓷片等。

4. 施加压力的工具

在压制花材的过程中，需要施加压力。常见的施加压力的工具有砖块、石头、重书、箱子等。此外还有固定压花板用的绳子、带子、不锈钢夹子、螺丝、塑料夹等。

5. 干燥剂和干燥板

现代压花艺术使用了新的干燥技术，干燥剂现在正被人们挖掘使用。压花使用的干燥剂是一类具有干燥功能、可吸收水分的化合物，且具有可恢复性。不同的压花工具采用不同的化学干燥剂，常用的干燥剂有硅胶（又称矽胶）、活性铝土、生石灰、碳酸钙氧化物等。使用最广泛的干燥剂是硅胶，它无色、无味、安全。通常生产商会在包装里加入一些蓝色显色晶体，当硅胶干燥时显色晶体为蓝色，当硅胶吸水后显色晶体会由蓝色变为淡紫色，最后变成粉红色。通过加热去掉水分后，硅胶又回到蓝色，这样硅胶可循环再用。干燥板是将硅胶或者其他干燥剂嵌入纸板内的一种干燥材料，也叫吸水板。压制花材时，为了最大限度吸水，把植物材料夹在两块干燥板之间。目前，在日本和美国可以买到压花干燥板，吸水性强，可以重复使用。

6. 密封箱和密封袋

压制花材时，为了创造一个干燥的小环境，将硅胶和压花板（压有花）放进一个密封的盒子里，或者将压有花的干燥板放进一个密封的袋子里，这样植物材料内的水分会被干燥剂或者干燥板除去。要尽快吸收植物材料释放在盒子内的水分，必须保证提供足够的干燥剂或者干燥板。对于自己制作的木板压花器，1kg的硅胶已经足够了。压花也需要保存在干燥的小环境中才不会出现花材褪色、发霉等现象，所以保存压花同样也需要密封箱、密封袋和干燥剂。

7. 电器

在压制花材的时候，可能会用到的电器有电熨斗、电子干燥箱、烤箱、微波炉等。微波技术将压花艺术推向一个新高度，因为其具有快速去除植物材料水分的能力，有利于花材保色。

五、压花方法

1. 自然重压法

用砖头、石头、箱子或厚书等硬重的其他东西压制。将分解好的花材放于吸水纸上（卫生纸、棉纸、报纸等），几层吸水纸再铺一层花材，最后用砖头等施以均衡重压即可。放于通风干燥的地方，勤换吸水纸，最好1d换一次，7～10d材料就逐渐压干了。花材数量不多时，也可直接用厚书压制花材，再用重物压在书上。

自然重压法方便、经济，但由于干燥过程不是密闭式，无法与空气绝缘，处理时间太长，花叶颜色不够理想，如果遇到下雨或潮湿的天气，花材就更容易褪色、发霉。因此，这种方法只适合干燥的季节、干燥的天气。

2. 常见压花器压制法

压花器是由压花板、海绵、干燥剂、密封盒组成。压花板是长方形的，其四周有四个孔，用四颗螺丝来固定。将分解好的花材摆放在吸水纸上，按"吸水纸→花材→吸水纸→海绵"的层次摆放一般可重复放七层左右，最后置于两块压花板中间，拧紧螺丝，放入有干燥剂的密封盒之中，一般3d就可压干花材。

六、压花作品的制作程序

1. 压花作品的设计与构图

首先确定作品的主题，以及大约用花的数量，然后要根据花材进行图案设计。压花作品构图时焦点不能过多，以避免画面松散。在自然写生构图上要注意中心平稳，注重画面的对称。构图的空间、距离、间隔应有一定的比例，构图时应注意花材运用要适量。风景画的造景构图要根据主题要掌握近景、中景、远景的关系，色彩要合理应用以衬托作品的主题。

2. 背景处理

压花画背景处理可用粉彩法、水墨法、水彩法、金属颜料法、油彩法、喷漆法等。

3. 花材的粘贴

（1）先进行图案的摆放　要先把主花、主叶的花材摆好，然后再摆放点缀花材。图案可简可繁，可模拟植物的自然状态，可制作成平面插花、立体插花、风景花及童话故事等。要注意一定是花压叶，不能叶压花，记住花叶的位置。

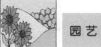
（2）粘贴　把花叶拿下来，用镊子夹起花叶，用乳胶或相片胶涂抹背面，胶不能太多，粘贴时要用纸巾轻轻压一下，在粘贴时不要把花材弄碎。

4. 作品保护

作品完成后，必须对画面加以保护，才能永久保存。可以用塑料薄膜、密封镜框等保存，不要把成品放在潮湿的地方和阳光直射的地方。

任务实施

情景一　压花花材分解

1. 教师提出"在花卉基地采集了一些压花的花材，在压制前如何处理？"引出"情境一　压花花材分解"。

2. 学生分组学习分解花材，回答四个问题，填写情境报告单，教师巡回指导。

问题：

（1）压花花材中的花如何分解？

（2）压花花材中的花茎、花梗如何分解？

（3）压花花材中的叶片如何分解？

（4）压花花材中的果实如何分解？

3. 学生以组为单位讲解四个问题并提交任务实施单，教师总结完善问题，解决压花花材分解中必备的理论问题；教师对正确的任务实施单签字后，学生方可实施任务。

4. 学生到花卉实训室实施压花花材分解任务，教师进行过程评价。

情景二　压花花材采集

情景三　压花花材压制

情景四　压花作品的制作

其他情境操作均按照"资讯→计划→决策→实施→检查→评价"等工作过程进行设计实施。

复习思考题

1. 什么是压花装饰？

2. 压花常用的工具有哪些？

3. 如何选择压花花材？

4. 举例说明分解花材的方法有哪些。

5. 压花的方法有哪些？

6. 压花艺术作品制作的程序有哪些？

任务2　插　　花

知识平台

一、插花的概念

插花是指将具有观赏价值的切花材料，经过技术与艺术的加工，来表现其活力与自然美的一门造型艺术。

二、插花的类别

1. 按用途分类

（1）实用插花　主要用于社交、礼仪活动，也称为礼仪插花。礼仪插花又分为庆典插花和丧葬插花。

（2）艺术插花　主要是为了美化环境和艺术欣赏。艺术插花作品寓意深刻，艺术品位高，造型奇特，主要表现作者的真实情感和艺术情趣，达到以形传神的目的。因此在花材的选择上比实用插花更广泛、灵活。

2. 按艺术风格分类

（1）东方式插花　以中国和日本为代表。线条造型，讲究意境，崇尚自然是它的特点。

（2）西方式插花　以欧美国家为代表。用花数量大，造型多采用几何构图，色彩丰富是它的特点。

（3）自由式插花　自由式插花融汇了东西方插花的特点。

3. 按插花容器分类

（1）瓶花　用高型花器的插花。

（2）盘花　使用浅身阔口的花器。

（3）花篮　用各种篮子插花。

（4）钵花　用各种盆钵插花。

（5）壁花　贴墙的吊挂插花。

另外还有竹筒花、缸花、桌饰等。

4. 按花材性质分类

按所用花材的性质不同，分为鲜花插花、干花插花和人造花插花（包括绢花、涤纶花、塑料花等）。

5. 按艺术表现手法分类

（1）写实手法　以写实手法插花的形式有自然式、写景式、象形式。

（2）写意性手法　这是东方式插花所拥有的特点。中国插花艺术通常采用写实与写意相结合的手法，达到形神兼备的效果。

（3）抽象性手法　抽象性手法可分为理性抽象和感性抽象两种。

三、插花的花材

1. 线状花材（图 9-1）

线状花材是指外形呈长条状和线状的花材。形态多为直线形的花枝、茎、根、长形叶等，一般用于构成插花作品的基本骨架，也称为骨架花，如唐菖蒲、银芽柳、一叶兰、金鱼草、虎尾兰等。线状花材有直线形和弯枝形，有粗线条型和细线条型两大类。

2. 块状花材（图 9-2）

块状花材是指外形呈较整齐的圆团状、块状的花材。

图 9-1　线状花材

这是插花常用的花材，特别是西方式插花用量较多，也称为主体花。其花色鲜艳、丰富、种类繁多，如玫瑰、月季、香石竹、菊花、非洲菊、大丽花等。

3. 散状花材（图9-3）

散状花材是指由许多细碎的小花构成星点状、蓬松轻盈的大花序状的花材，也称为填充花材。如满天星、情人草、小菊花、勿忘我、文竹、蓬莱松、天门冬等。常用作插花作品最后的点缀或大花间的填充材料。

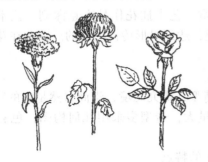
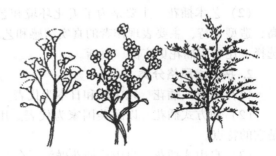

图9-2　块状花材　　　　　　　　　图9-3　散状花材

4. 特殊状花材

特殊状花材是指花形奇特、别致，形状较大的花材，也称为焦点花材。这类花材插花的用量少但常作为焦点花插到重要的位置上，引人注意，如鹤望兰、红掌、百合、马蹄莲等。

5. 衬叶

起陪衬及遮挡花泥的作用，如龟背竹、棕竹、巴西木、肾蕨、散尾葵、针葵、苏铁等。

四、插花器具

1. 容器

容器主要是用于盛放花材和水，以保持其新鲜，延迟凋谢，同时参与作品的构图。容器的质地有玻璃、陶瓷、铜质、塑料、竹木等，类型有盆、瓶、盘、筒、篮、钵等，形状有长方形、圆形、椭圆形等。

2. 垫座

垫座即摆放作品的花架。垫座的选择在大小、色彩、高矮、方圆上都应与插花作品取得协调一致，从而起到相得益彰的效果。

3. 固定花材的材料

（1）剑山　剑山又叫花插，一般在东方式插花中应用较多。为金属制品，底座较重，形状有圆形、方形、半月形等，其上铸有许多钢针，可以使花插在上面不倒伏。

（2）花泥　花泥是现在最常用的一种固定材料，为绿色海绵状固体，干时很轻，能吸水。一般一块花泥插花2～3次后便不能使用。

（3）钢丝网　钢丝网是放于瓶底固定瓶花的插花材料，使花材可以按要求固定于各种角度。

五、插花的基本技能

（一）花材修剪

花材修剪是插花最重要的一环，从一开始直到作品完成的最后一刻都要剪不离手。如何取舍也是初学者首先碰到的难题。自然的花材，欲令其美态生动地表露出来，合乎自己的构思，必须善于修剪。

修剪时应注意顺其自然，仔细审视枝条，留下表现力强的、优美的枝条，其余的剪除；平行的枝条只留一枝，以避免单调；重叠枝、交叉枝要适当剪去；有碍于构图、创意表达的多余枝条一律剪除。有些花材（如月季等）有刺，宜插前先除刺，可用除刺器或小刀削除。花材有残缺者，宜修剪。如月季花外层花瓣往往色泽不匀且有焦缺，宜剥除2~3片。草花用刃尖剪，在节下剪容易插；木本要斜剪；剪柳、桃枝时，沿着枝干平行剪。枝条的长短，视环境与花器的大小和构图需要而定。

（二）花材弯曲造型

1. 枝条的弯曲法

枝条节和芽的部位以及交叉点处都较易折断，故应避开，宜在两节之间进行弯曲。一些易折断的枝条，压弯时可稍做扭转。根据枝条的粗细硬度不同，采用的手法也有所不同。粗大树干可用锯或刀先锯1~2个缺口，深度为枝粗的1/3~1/2，嵌入小楔子，强制其弯曲。如枝条较硬，不太容易弯曲，可用两手持花枝，手臂贴着身体，大拇指压着要弯的部位，注意双手要并拢，慢慢用力向下弯曲，否则容易折断。如枝条较脆易断，则可将弯曲的部位放入热水中（也可加些醋）浸渍，取出后立刻放入冷水中弄弯。花叶较多的树枝，须先把花叶包扎遮掩好，直接放在火上烤，每次烤1~2min，重复多次，直至树枝柔软、足以弯曲成所需的角度，然后放入冷水中定型。软枝较易弯曲，如银柳、连翘等枝条，用两只拇指对放在需要弯曲处，慢慢掰动枝条即可。草本花枝，如文竹等纤细的枝条，可用右手拿着草茎的适当位置，左手旋扭草茎，将其弯曲成所需的形态。

2. 叶片的弯曲造型

柔软的叶子可夹在指缝中轻轻抽动，反复数次即会变弯，也可将叶片卷紧后再放开即会变弯。要使叶子呈现非自然形状，可用大头针、订书针或透明胶纸加以固定，或用手撕裂成各种形状。运用钢丝进行组合或弯曲造型，也是常用的方法。尤其制作胸花或手捧花时，钢丝的运用更为常见。一些花茎如剑兰、非洲菊等不易弯曲，可用钢丝穿入茎干中，再慢慢弯曲成所需的角度。

（三）花材固定

花材经过整理、修剪、弯曲后，按构思的布局固定下来，才能形成优美的造型。

1. 盘、钵固定法

盘、钵一般用剑山固定。这种固定法可使作品显得清雅，插口紧凑、干净，但需一定技巧。草本花材茎枝较软，剪口宜与茎枝垂直，不要剪成斜口，直接插在剑山上。当枝条太细，固定不稳时，可先在基部卷上纸条，或将其绑在其他枝上，或插入较松的短茎内，再插入剑山。空心的茎，可先插上小枝，再插入剑山。木本枝条较硬，容易把剑山的针压弯，故宜将切口剪尖，插在针与针之间的缝隙中固定。如需倾斜角度时，则应先垂直插入，再轻轻把茎压到所需位置。茎干太粗时，要先把基部切开，切口约为剑山针长的两倍，然后插入，这样较易稳固。如一个剑山的重量不够支撑时，可以加压剑山，务求稳定。粗大的树干无法使用剑山时，可用钉子将切口钉在木板上，然后放入盆中，用石块盖压木板。

2. 瓶插固定法

（1）瓶口隔小法　剪取2~4段比瓶口直径稍长的短枝，轻轻压入瓶口1~3cm处，把瓶口隔成几个小格。也可将几个短枝做成插架进行固定，插架有一字形、十字形、井字形、Y 字形、米字形等。

（2）接枝法　在花枝上绑接其他枝条，使枝条与瓶壁和瓶底构成三个支撑点，限制其摆动。木本枝条相接时，可把枝条端部劈开裂口，互相交叉夹住。草本枝茎较软，可将竹签横向插入茎内，利用竹签与瓶壁支撑，使花材固定。

（3）弯枝法　利用枝条弯曲产生的反弹力，靠紧瓶壁得以定位，但注意不能折断。否则失去作用，这种方法适用于较柔软的枝条。

（4）钢丝网固定法　把钢网卷成筒状放入瓶内，利用钢丝把花材固定。

3. 花泥固定法

花泥固定法使用方便，不需高超的技术，枝条随意插入都能定位，西式插花更需用花泥才能保证几何图形的轮廓清晰。花泥的使用方法：先按花器口的大小切成小块（花泥一般应高出花器口 3～4cm）然后浸入水中，让其自然下沉（不要用手按，以便内部空气排出），吸足水后即可拿出使用。为了稳定，可用防水胶带把花泥固定在花器上。当花器较高时，可在花泥下面放置填充物。如是竹篮等不能盛水的花器，则可在花泥下部垫以锡箔纸或塑料袋。插粗茎干时，应用钢丝网罩在花泥外面，以增强支撑能力。

六、插花造型的原则

1. 比例与尺度

选择适宜的比例与尺度是确定插花构图中各种数量的比例关系的基本法则，是整个构图美感与稳定感的主要因素。一件插花作品的整体尺度，应当根据作品摆放环境的空间大小和要求而定，一定要与周围空间大小相适宜。在插花构图中，比例是指插花作品的各个构成要素之间，以及局部与整体之间的大小关系。各花枝之间、花枝与花器之间应符合一定的比例关系，才能给人以舒适、和谐的感觉。

2. 多样与统一

在插花中如何做到花材虽少而不单调乏味并有变化，花材多但不显杂乱无章且有整齐一致的效果，这就是多样与统一的法则。插花造型中，花材与花材之间、花材与花器之间都要做到和谐统一。

3. 协调与对比

处理好协调与对比这一对矛盾，能使插花各部分之间有机联系在一起，相互呼应成为一个整体，获得紧密而和谐的配合，从而达到整体的美感。在插花中，插花造型的各个不同要素之间适当搭配，成为相互协调的统一体，能给人以柔和、平静、舒适、优雅的感觉。

4. 动势与均衡

插花中花材的姿态、高低位置、开放程度的不同往往让人有动态的感觉，作品中有了这些变化才显得生动，耐欣赏。无论什么样的构图形式，无论花材在花器中处在什么状态，直立、倾斜、下垂或平伸，都必须保持均衡。

5. 韵律与节奏

韵律与节奏是指事或物进行有规律的重复、有组织的变化的表现，在插花中主要指花材、花器、辅助材料在线条、色彩、质感、光影等方面的间歇、变化和重复。

插花艺术构图原则使我们将花材、花器及其他材料有机地结合起来，形成一个符合审美需要的艺术品。在实际操作中，几个原则不可能同时被应用，由于表现主题的不同，会各有所侧重。只有根据具体情况灵活运用，才能创造出既有形式美又有内涵美的艺术作品。

七、插花构图方法

中国插花崇尚自然，构图上避免四平八稳、平淡无奇的手法，力求稳中出奇，具有自然美。一般而言，枝叶和花朵的配置要掌握以下构图六法：

（1）高低错落　花朵的位置要高低前后错开，避免插在同一横线或直线上。

（2）疏密有致　每朵花、每张叶都有其独有的观赏效果或构图效果，插花作品的花叶不宜等距离安排，应有疏有密，过密显繁杂，过疏显空荡。

（3）虚实结合　花为实，叶为虚，有花无叶欠陪衬，有叶无花缺实体。

（4）仰俯呼应　上下左右的花朵枝叶均要围绕中心顾盼呼应，这样既体现作品的整体性，又保持了作品的均衡感。

（5）上轻下重　花苞在上，盛花在下；浅色在上，深色在下，使构图均衡、稳定。

（6）上散下聚　花朵枝叶的基部应聚拢似同生一根，上部疏散，多姿多态。

插花中掌握了构图六法，就能使画面富有韵律，且稳定，在动势中求得平衡，在装饰中求得自然。

八、色彩的配置

1. 花材之间的配色

色彩配置实质上是处理不同花色间的协调与对比、多样与统一的问题。色彩搭配应注意：一件作品中花色不宜过多，一般以 1~3 种花色互相搭配，否则易产生眼花缭乱之感；多种颜色搭配应有主次，根据用花目的确定主色调，切忌各种色彩平分秋色，而使作品有不和谐之感；花色搭配不要只采用对比极强烈的色彩相配，可在其间点缀一些复色花材或绿叶青枝，略微缓冲一下，这样容易产生视觉美感；不同花色相邻间宜互有穿插和呼应，以免产生生硬、孤立的感觉。

2. 色彩的重量感和体量感

注重色彩的重量感和体量感使作品更平衡、稳定。一般说来，颜色深、暗的花材宜插在瓶口附近，而飘逸的花枝宜选用明度高的浅淡颜色。

3. 花材与容器之间色彩

花材与容器之间也要求色彩协调，可采用调和色配合，也可采用对比色配合。前一种搭配方式比较柔和，给人轻松、舒适感，后者有色相对比、冷暖对比，视觉效果很跳跃，能留给人鲜明、深刻的印象。

九、插花造型的形式

插花是一门造型艺术，造型的样式千变万化，归纳起来主要有以下几种基本的构图形式：

（一）东方式插花

东方式插花构图多采用不对称均衡自然式造型，插花注意表现植物的自然姿态，花材的用量较少，追求线条美与意境美。自然式造型由三大主枝构成外轮廓线，围绕这三支主枝插辅助花材,使花形丰满富有层次感。

（1）直立形 以第一主枝呈直立状为准,所有插入花器的花材都自然向上,表现植株直立生长的形态。有盘插直立形和瓶插直立形。

（2）倾斜形 以第一主枝倾斜插于花器的一侧为准,常利用一些自然弯曲或倾斜生长的枝条,表现其倾斜之美。有盆插倾斜形和瓶插倾斜形。

（3）下垂形 又称悬崖形,以第一主枝在花器上悬挂下垂作为主要造型特征的插花形式。

（4）水平形 又称平卧形,以第一主枝平行花器插入伸展向外为准,三个主枝基本上在一个平面上,枝条间没有明显高低层次变化,只有向左向右水平方向伸缩。

（二）西方式插花

1. 对称式造型

（1）扇形（图9-4） 由中心焦点位置呈放射状向外伸展,可以用中轴线来划分图案,得到左右相等或重合的形状。

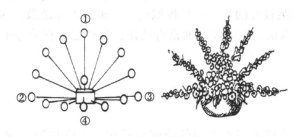

图9-4 扇形
①—高度 ②—左宽 ③—右宽 ④—厚度

（2）半球形（图9-5） 半圆球形状的构成造型,可四面观花。

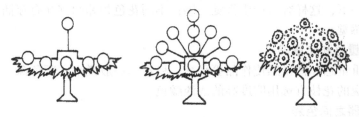

图9-5 半球形

（3）三角形 单面观赏的造型,常采用等边或等腰三角形。

（4）半椭圆形 四面观花的造型。5个主轴的线状花材作骨架,垂直轴不宜太高,水平轴长度视桌面形状大小而定。然后把各种花材对称均匀地分布,花枝长度不超过各轴线顶端连线,使花型轮廓呈中间高的圆弧形。

另外还放射形、倒T形、塔形等。

2. 非对称式造型

插花中的非对称式造型活泼生动,更具趣味,常用的造型有L形、S形及弯月形。

（1）L形（图9-6） 插花时先由两大主枝勾出其外形,然后在两枝交点角上插焦点花及辅助焦点，最后加上其他花草补充完整。

图9-6 L形

①—高度骨架花 ②—左骨架花 ③—右骨架花 ④—前骨架花 ⑤—主体花

（2）S形（图9-7） 造型似英文字母"S"而得名，宜用较高的花器来展现花材下垂的姿态。S形的两个弧度一般上部比下部略长，但要注意重心的位置要适当。

图9-7 S形

（3）弯月形（图9-8） 也称新月形，是单面观花的造型。两头尖中间宽，外形弯成曲线。左边较长，重心仍在花器上，主枝在花器中以弧形左右向上成新月形。

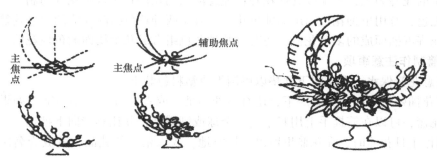

图9-8 弯月形

（三）现代自由式造型

现代自由式插花无固定的造型模式，形式有创新，是传统与现代的文化艺术的结合，多为创作者情感与灵感的表露，比较抽象，耐人寻味，但其变化仍然是在插花造型的基本原则的基础上完成的。

十、常用的插花装饰品形式

（一）花篮

花篮是艺术插花的一种特殊形式，其最明显的特点是用于插花作品的容器是各种各样的"篮子"。篮子常用藤条、柳条、竹篾等材料制作而成，造型、色彩各式各样，常见花篮的形状有元宝篮、提篮、单体花篮、多层花篮等，日常生活中使用的菜篮，有时也能使用。花篮，已成为婚丧喜庆及外事活动的馈赠佳品，越来越受到人们的喜爱。

1. 花篮的类型

（1）艺术花篮　表现手法和花瓶、水盆的插花相同，只是花篮内要设法安置盛水和固花器具。

（2）商品花篮　具有欧美风格，为色彩绚丽、气氛热烈的大堆头插花，在礼仪往来中较为时尚。构图多采用对称的扇面形或等腰三角形。

2. 花篮的主花体定位

花篮的造型设想确定以后，花体定位是插花成败的决定因素。定位方法是根据花篮的形状，在插花造型的关键部位先插上几支，确定其高度和范围。常用的三种花篮花体定位如下：

（1）半球形花篮　选择一支花插在花篮的中央，确定花篮的高度；再在花篮的边沿插入4支花，呈十字交叉状，以确定花篮的大小范围；随后从中间向外围或从外围向中间逐步插入。

（2）单面观花篮　有平衡式和均衡式的插花，定位方法基本相同。

（3）不等边三角形花篮　先插入最高端的1支花，第2支、第3支花插在左右两侧的最外端。这3支花把花篮的轮廓位置确定出来，其他部位的花枝插入时不会乱套。

3. 花篮的配色

花篮多用于喜庆祝贺或室内装饰，也有用于悼念活动的。祝贺喜庆用花篮要以红色或色彩鲜艳美丽的花卉为主，再配以其他花卉；悼念活动用花篮宜用素色花卉插制。

花篮配色，有用单种花色插出的纯色花篮，有用两种花色搭配而成的双色花篮，有用多种颜色的花卉混插而成的多色花篮，还有将几种花色组合成几个块面的色块花篮等。

4. 花篮制作注意事项

1）注意花篮保水，在花泥下部垫以锡箔纸或塑料包装纸。

2）鲜花插好之后，应查看一下，还有何处不足，或者进行一些小装饰。如果插好的是一只高提花篮，可以在篮提手上用彩带扎一个球或蝴蝶结，并让彩带向下披挂。

3）制作生日花篮时，在花篮里留出一块空地，放入精美的礼品，就成为名副其实的礼品花篮。

4）大型高身花篮腰花制作不可忽视。

（二）花束

花束是经过一定的艺术构思，将花材捆扎成束并装饰包装，用于手持的花卉装饰品。花束是鲜花馈赠中最常见的形式，便于携带，造型各异。从花束的形式上可以分为圆形、扇形、火炬形、下垂形、造型花束五种。每种花束的制作方法不尽相同，也都可以有一定的变化。不同的场合也应该选用不同形式的花束，以达到最完美的效果。

1. 花束的类型

（1）单面观赏花束　这是花面完全向外的花束。

1）扇形花束。扇形花束是一种展面较大的造型，观赏的视觉冲击力较强。花束的展开角度应该大于60°。

2）尾羽形花束。尾羽形花束与扇形花束十分接近，展面略小，其展开角度小于60°。

3）直线形花束。直线形花束有着轻松、流畅的线条，该造型花体部分相对集中在中轴线附近，只是花枝伸展的前后跨度比较大。

（2）四面观赏花束　这是一种在手持状态下，可以从四周任何一个角度都具备可观赏性的花束，比较适合在公众的礼仪场合中使用。四面观赏花束有以下几种形式：

1）半球形花束。半球形花束是一种密集形的花体组合，无论大小，花束顶面始终呈圆形凸起状态。理想展示角度是以高度半径形成半球。

2）火炬形花束。火炬形花束是由花自上而下，逐层扩展的表现形态。从整体的几何角度看，花体部分是一个等腰三角形。若从主体几何角度看，花体部分是一个圆锥形。

3）球形花束。球形花束是花材聚合成球状的造型。要求花束的构成完全呈球形是不可能的，因为手柄处需要留出部分空间。从其结构上分析，花束手柄的起始位置看似在圆的切线上。

此外还有漏斗形花束、放射形花束、不对称组群的花束、局部外挑花束等。

2. 花束制作

（1）花材选择　花束的花材选择要从三方面考虑。首先，明确用途，制定主题花材。其次，讲究效果，安排美观花材。最后，追求完美，用好陪衬花材。

（2）制作方法　常规的花束制作，采用螺旋式和平行式两种枝干固定法。螺旋式花束枝干排列固定法是制作花束最基本、最重要的技巧。在四面观花束制做过程中，右边花枝放于左边花枝的前面，使花枝呈螺旋状排列。平行式花束枝干固定法以直线形花束造型等为主要制作对象，一般由上向下一层层摆放，先摆放的一层花枝长于后摆放的一层。注意不要让花材相互遮挡，尤其是花头部分，应错落有致地分布在主体花枝的周围，最漂亮的花摆放在花束的中下部，一般2~3朵即可，整体形状完成以后可在花枝间加入一些陪衬花材，上述工作完成之后用丝带将花枝的交叉点捆住。

（3）花束包装　包装材料很多，常用的有塑料纸、彩纸、手揉纸、皱纹纸、云丝纸、棉纸等。包装方法主要有三角形包装法、多边形包装法、椭圆形包装法、网状形包装法、长方形包装法、半圆形包装法、正方形包装法、条形包装法、扇形包装法。

3. 花束保养

（1）自身保水花束　在无水状态下，花束只能维护几小时的鲜度，制作者应在制作花束时考虑到花束自身保水的问题。花束的手柄部分是鲜花枝梗聚合的终点，宜从这着手解决保水问题。用少许脱脂棉，包含花梗切口处，再用塑料纸包裹，完成花束包装后加入少量水。

（2）辅助保水　辅助保水是指将花束放入花瓶或水盘里水养。花束在制作中，花枝聚合在一起形成把束，长把束可以放在瓶中水养；螺旋状散枝的花束自身可以直立，只要在水盘里加水放入花束即可。

（3）防冻保护　透明塑料纸包裹、袋式包装可起防冻作用。

十一、插花的养护

对于插花作品，经常而有效的养护管理可以使插花作品保持新鲜、整洁优美的外形，延长欣赏期。

1. 加水和换水

为保持插花作品中花材的新鲜，要及时加水换水。所用水质要清洁，可用凉开水，不可直接用自来水。加水和换水后要保持水深浸没切口，水面与空气要有最大的接触面。盘类容器的水深，以浸没花插高度为宜，以保证花材切口能及时吸水；瓶类容器的水深应在瓶身最宽处，使花材呼吸通畅，减少细菌的感染，延长欣赏寿命。换水时，在不影响插花造型的前提下可将花材基部剪去2~3cm，更新切口，以利于花材吸水。若能使用保鲜剂，保鲜效果会更好。

2. 保持容器干净

插花前要洗净容器，使用中还要结合换水，加以清洗。

3. 喷雾

湿润的空气有利于保持花材的新鲜。一般使用喷雾器在花材上喷水，春秋季每天喷1次，夏季每天可喷水1~2次，冬季可间隔2~3d酌情喷水。

此外，要注意不要在插花作品附近放置水果，避免水果释放出来的大量乙烯诱使鲜花迅速产生乙烯而过早凋萎。在养护插花作品时还要注意不可将叶片浸入水中，因为叶片在水中极易腐败，污染水质，若发现叶片下垂而浸入水中，应注意剪掉并进行清理。

任务实施

情景一　插花基本技能训练

1. 教师提出"我们学校准备参加省级插花比赛，选手需要进行插花基本功的练习？"引出"情境一　插花基本技能训练"。

2. 学生分组学习插花基本技能，回答五个问题，填写情境报告单，教师巡回指导。

问题：

（1）插花花材如何修剪？

（2）插花花材枝条如何弯曲？叶片如何弯曲？

（3）介绍插花花材盘、钵固定法。

（4）介绍插花花材瓶插固定法。

（5）介绍插花花材花泥固定法。

3. 学生以组为单位讲解五个问题并提交任务实施单，教师总结完善问题，解决插花基本技能训练中必备的理论问题；教师对正确的任务实施单签字后，学生方可实施任务。

4. 学生到花卉实训室实施插花基本技能训练任务，教师进行过程评价。

情景二　东方式插花基本花型制作

情景三　西方式插花基本花型制作

情景四　花篮制作

情景五　花束制作

情景六　自由式插花制作

其他情境操作均按照"资讯→计划→决策→实施→检查→评价"等工作过程设计实施。

1. 什么是插花装饰？
2. 插花的种类有哪些？
3. 插花的造型原则是什么？
4. 插花花材分为几类？各举5例。
5. 插花作品如何养护？
6. 插花的艺术特点有哪些？

任务3 花坛设计与施工

知识平台

一、花坛设计

（一）花坛的含义与类别

1. 花坛的含义

花坛是指在具有几何形轮廓的种植床内，种植各种不同色彩的观花、观叶与观景的园林植物，从而构成一幅富有鲜艳色彩或华丽纹样的装饰图案以供观赏的园林应用形式。

2. 花坛设置的位置

花坛常设在广场和道路的中央、两侧及周围，建筑物的前方（图9-9），风景区视线的焦点及草坪上等。可作为主景，亦可作为配景。样式与色彩的多样性可使设计者有广泛的选择性。

3. 花坛类型

（1）按表现主题形式分类

1）盛花花坛，又叫花丛花坛，以展示开花时花坛的整体效果为主，表现出不同花卉的种或品种的群体及其相互配合所显示的绚丽色彩与优美外貌。这种花坛要求图样简洁明快，轮廓鲜明，对比度强。

图9-9 现代建筑前的花坛

2）模纹花坛，又称为图案式花坛、绣花式花坛，主要由低矮的观叶植物或花、叶兼美的花卉组成，表现群体组成的精美图案或装饰纹样、文字等，包括毛毡花坛、浮雕花坛和彩结花坛。通常需利用修剪措施以保证纹样的清晰。模纹花坛表现的图案纹样除平面的文字、钟面、花纹等外，也可以是立体的造型，称立体花坛。常见的立体造型有花篮、花瓶、动物或亭、桥、柱、长城、华表、日晷等建筑小品，它们是以竹木或钢筋为骨架的泥制造型，在其表面种植五彩草而形成的一种立体装饰物（图9-10）。

（2）按花坛的规划布置形式分类

图 9-10　模纹花坛设计

1—五色草　2—草花　3—底座　4—地球仪立体造型

　　1）独立花坛（图 9-11）。独立花坛常作为局部构图的主体，一般布置在轴线的交点，公路交叉口或大型建筑物前的广场上，由单个花坛或多个花坛紧密结合而成。

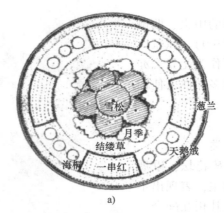

a)

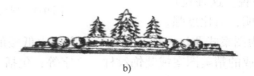

b)

图 9-11　独立花坛设计

a）平面图　b）立面图

　　2）组合式花坛（图 9-12）。组合式花坛又称花坛群，是由两个以上的独立花坛组成的一个不可分割的构图整体，多置于面积较大的广场、草坪或大型的交通环岛上。花坛群的构图中心可以采用独立花坛，也可以采用水池、喷泉、雕像。各花坛的底色要求统一，以突出整体感。组成花坛群的各花坛之间常用道路、草皮等互相联系，可允许游人入内，有时还可设座椅、花架等小品供游人休憩。

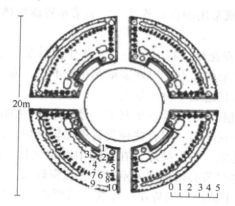

图9-12　组合花坛设计

1—栀子　2—桂竹香　3—蜀葵　4—勿忘草　5—金鱼草
6—矢车菊　7—金盏菊　8—茼蒿菊　9—中华石竹　10—雏菊

3）带状花坛（图9-13）。花坛的外形为狭长形，宽1m以上，且长度比宽度大3倍以上时称为带状花坛。常设置于道路的中央或两旁，也可作为建筑物的基部装饰和广场、草地的边饰。可划分成若干段落，有节奏地简单重复布置。

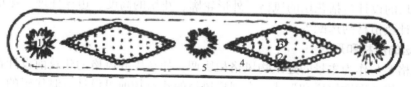

a)

b)

图9-13　带状花坛设计

a）平面图　b）立面图

1—凤尾兰　2—百日菊　3—鸡冠花　4——串红　5—葱兰

（3）按观赏季节分类

1）春季花坛。以4~6月开花的一、二年生草花为主，再配合一些盆花。常用花卉有三色堇、金盏菊、雏菊、桂竹香、矮一串红、瓜叶菊、旱金莲、天竺葵等。

2）夏季花坛。以7~9月开花的春播草花为主，配以部分盆花。常用花卉有石竹、百日草、半支莲、一串红、矢车菊、美女樱、凤仙、大丽花、万寿菊、地肤、鸡冠花、宿根福禄考等。夏季花坛根据需要可更换一、二次，也可随时调换花期已过的部分种类。

3）秋季花坛。以 9～10 月开花的草花为主，并配以盆花。常用花卉有早菊、一串红、荷兰菊、滨菊、翠菊、日本小菊、大丽花等。配置模纹花坛可用五色草、半支莲、香雪球、彩叶草等。

4）冬季花坛。长江流域常用羽衣甘蓝及红叶甜菜布置露地越冬花坛。

（4）按栽植材料分类

1）一、二年生草本花卉花坛。将多种一、二年生草花集中在一个花坛内，五彩缤纷，生机盎然，可成为园林中耀眼的焦点。但好多草花花期不长，需要及时更换以保持繁花似锦的画面，费工、费料，所以只适用于重要景点。

2）球根花卉花坛。球根花卉虽然一年只开一次花，但花期较长，花色艳丽，如小丽花，一经种植从夏到深秋开花不断。但有些种类管理比较麻烦，投资也较大，如郁金香，品种繁多，花形多样，花后休眠，为保持球茎在土壤中继续生长，保证翌春开花，不宜移动，但北方过于寒冷地区，严冬时节必须掘球入室过冬，投资较大。

3）水生花坛。利用水生植物，如荷花、睡莲、凤眼莲、水生鸢尾、菖蒲、芦苇等，按一定的构图要求布置在水面上形成花坛。也可用竹木或竹筏、木船等做载体，把花卉栽植在上面，然后布置在水面上。

4）宿根花卉花坛。宿根花卉一经种植利用期长，且管理方便，隔数年后，根据长势可分根栽种，扩大种植面积，省工省料，但基本上一年开花一次，花后枝叶有的可维持绿色，有的则花落叶枯，所以宿根花卉花坛只适用于偏僻、远赏之处。

花坛的设计首先应考虑其风格、体量、形状等方面与周围环境相协调，其次才是花坛自身的特色。花坛的设计包括花坛的风格、外形轮廓、花坛的高度、边缘处理、花坛内部的纹样、色彩的设计及植材的选配等。

（二）花坛的风格和形式

花坛的风格要与作为主景的建筑物风格相协调。如在民族风格的建筑前设计花坛，应选择有中国传统风格的图案纹样和形式；在现代风格的建筑物前可设计有时代感的一些抽象图案，形式力求新颖。

设计好风格后再考虑花坛自身的特色与形式。在公园的出入口应设置规则整齐、精致华丽的花坛，一般以模纹花坛为主；主要交叉路口或广场上可布置鲜艳的花丛花坛，配以绿色草坪效果较好；纪念馆、医院的花坛则以严肃、安宁、沉静为主题。

（三）花坛的大小及外形设计

花坛的大小需与花坛设置的广场、出入口及周围建筑的高低及横宽成比例，一般不应超过广场面积的 1/3，不小于 1/5。出入口处设置花坛应以美观不妨碍游人路线为原则，在高度上不可遮住出入口处视线。为了便于观赏和管理，独立花坛直径都在 10m 以下，平面过大在视觉上会引起变形，必要时可采取组合式布置。带状花坛的宽度以 2～4m 为宜，长度及段落的划分则依环境而定。

花坛的外部轮廓应与建筑物边线、相邻的路边和广场的形状协调。作为主景设计的花坛一般采用辐射对称、四面观赏的外形，而作为建筑物陪衬可采用左右对称、单面观赏的轮廓。带状花坛多采用左右对称的轮廓，长方形的广场设置长方形的花坛比较协调，圆形的中心广场以圆形花坛为好，三岔路口设置马鞍形、三角形或圆形的花坛均可。

（四）花坛的背景

背景的设计和选择决定花坛效果的好与坏，因此，设置花坛应与背景的设计与选择同时考虑。如果是以建筑物作为花坛的背景，应该注意花坛内选择用花的色彩要与建筑物的色彩有明显的区别，必须使花坛的色彩醒目、突出，与背景色彩不重复。花坛内植物的高度、体量还应与背景取得协调。

（五）花坛的边缘设计

花坛的边缘设计方法很多，可设边缘石和矮栏杆，也可在花坛边缘种植一圈装饰性的植物。边缘石有砖、条石等，一般高度10～15cm，最高不超过30cm，宽度为10～15cm，若兼座凳功能可增至50cm。矮栏杆（图9-14）主要起保护作用，可有可无，高度要小于40cm。矮栏杆和边缘石都要与周围道路与广场的铺装材料相协调，在色调上一般选择白色或墨绿色。若为木本植物花坛，矮栏杆可用雀舌黄杨、金叶女贞、紫叶小檗、金山绣线菊等绿篱代替，装饰性的植物还可以是草皮、葱兰、韭兰、麦冬、吉祥草等。

图9-14　花坛的边缘及高度层次设计

（六）花坛高度与层次设计

要从方便观赏的角度考虑，凡四面观赏的花坛，一般要求中间高四周低，倾斜角5°～10°，最大25°，既有利于排水又增加了花坛的立体感。要想达到中间高四周低，可以有两种方法：一是堆土法，即在种植床中堆出中间高四周低的土基，再将高度一致的植材按设计的要求进行种植；另一种方法是直接选择不同高度的植材进行种植，把高的种在中间，矮的种在四周。两侧观赏的带状花坛则要求中间高、两侧低或平面布置；单面观赏的花坛要求前排低、后排高。种植土厚度视植材的种类而异，一、二年生草本花卉，保证20～30cm厚土壤，多年生花卉及灌木为40cm厚的种植土层。

（七）花坛内部纹样设计

对于花坛内部纹样设计来说，色彩鲜艳的花坛，图案力求简单；图案复杂的花坛，色彩不能太杂。

模纹花坛主要为了表现纹样的华丽，因而花坛的外轮廓线要简洁，面积不宜过大，尤其是平面花坛，面积过大在视觉上易造成图案变形的效果。内部纹样可以复杂些，但点缀及纹样不要过于窄细。纹样粗、宽，色彩对比才会鲜明，图案才会清晰，如图9-15所示。（花坛内部纹样供参考）。

1—中心花卉　2—一串红
3—大丽花　4—一串红
5—早黄菊

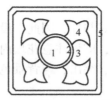

1—矮鸡冠花　2—孔雀草
3~5—五色草，依次为绿
草、花大叶、黑草

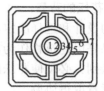

1—中心花卉　2—中高草花
3—低矮草花　4~7—五色草，
依次为花大叶、绿草、小叶红、
白草

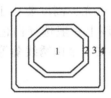

1—紫色鸡冠　2—黄菊
3—混合色小丽　4—孔雀草

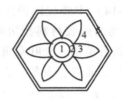

1—中心花卉　2—各式草花
（分段色）3~5—各色五色草

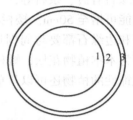

1—早菊（混合色）　2—红色
鸡冠花　3—荷兰菊

图9-15　花坛内部图案纹样示例

盛花花坛的外部轮廓多是几何图形或几何图形的组合，不要在有限的面积上设计繁杂的图案和大色块。一个花坛即使用色很少但图案复杂也会显得花色分散，表现不出整体效果。

（八）花坛的色彩

花坛内花卉的色彩是否配合得协调，直接影响观赏效果。花坛的色彩应与所在环境有所区别，既起到醒目和装饰的作用，但又要与环境协调。盛花花坛在色彩设计上要求鲜明、艳丽，要精心选择不同花色的花卉搭配。一般认为红、橙、粉、黄为暖色，而绿、蓝、紫为冷色。白色为中间色，给人以调和的感觉。用暖色所配置的花坛能表现出活泼的气氛，而冷色则给人以沉静、凉爽及深远的感觉，显得庄重肃静。

进行花坛色彩设计时要注意配色不能太多，一般花坛2~3种色，大型花坛4~5种色。要对各色彩的花纹宽窄、面积大小有所考虑。有时为了达到视觉上的大小相等，冷色用的比例要相对大些。模纹花坛在色彩设计上用浅色（如黄、白）做底色，深色（如红、粉）做文字效果较好。

（九）花坛植物的选择与配置

花坛进行花卉配置时要避免株高的参差不齐，图案杂乱不清。花坛中心可选用较高大而整齐的花卉材料，如美人蕉、毛地黄、高金鱼草等，也有用苏铁、云杉及修剪的球形黄杨、水蜡、龙柏等。花坛的边缘植物搭配得好，能起到画龙点睛的作用，可配置一圈、两圈，高度要低于内侧花卉。如果花坛主栽是色彩简洁的，可用枝条舒展的丛生福禄考作镶边；若花坛主栽花卉松散，周围可用整齐的德国景天作镶边。

不同类型的花坛选择花坛植物的种类有所差别。盛花花坛常用的一、二年生花卉有三色堇、金鱼草、紫罗兰、石竹类、百日草、万寿菊等。早春盛花花坛也可选用水仙、郁金香、风信子等球根花卉，因其植株叶少，容易使土面裸露，所以要在株间配置低矮而枝叶美观的二年生花卉如三色堇、雏菊、花亚麻等作为衬托；也可用植株高过主要观赏的球根花卉，而高出部分为轻盈的小花着生于疏松的大花序上的种类，如霞草、高雪轮、蛇目菊等，使小花似雾状或繁星状罩于其上，观赏效果很好。但无论何种配置方式，都应注意陪衬种类要单一，花色要协调。

模纹花坛多设于广场中央以及公园、机关单位入口处，特点是应用各种不同色彩的彩叶植物或观花植物，主要表现植物群体形成的华丽纹样，要求图案精美细致，有长期的稳定性，可供较长时间观赏。花坛中心在不妨碍视线的条件下，还可选用整形的桧柏、小叶黄杨以及苏铁、龙舌兰等。布置时常选低矮、细密的生长缓慢的多年生植物或枝叶细小、株丛紧密、萌蘖性强、耐修剪的观叶植物，并通过修剪使图案纹样清晰、维持较长的观赏期。可选择景天、萱草、小檗、五色苋类、四季海棠、半边莲、雏菊、彩叶草等。有时为了使图案更清晰，还可选用白绿色的白草种在两种不同色草的界限上，以突出纹样的轮廓。

二、花坛施工

（一）盛花花坛的种植施工

1. 整地

整地是花坛施工的基本步骤。花坛施工前应先翻整土地，去除砖、瓦、石块、树根等杂物。如土质过差应客土，将表层 30cm 表土进行更换，如土壤贫瘠要先施足基肥，再整平，然后按照设计图施工操作。

2. 定点放样

如果花坛面积不大，一般根据图纸规定直接用皮尺量好实际距离，用白粉或沙做出明显的标记。如花坛面积过大，可改用方格法放线。放线时要严格按照图纸的尺寸进行，注意先后顺序，不要踩坏已放好的标记。

3. 起苗栽植

裸根栽植的要随起随栽，起苗时要尽量少伤根。栽植时根据技术操作要求，一般按由内向外、自上而下的顺序进行。四面观赏或双面观赏的盛花花坛从中心向外栽植，单面观赏的花坛要自后向前栽。株行距应一致，以开花时叶片正好遮掩地面为宜，高矮要求一致，栽后浇透水。

（二）模纹花坛的种植施工

1. 整地

可参考盛花花坛的操作，但模纹花坛的地表平整度要求较高，为了防止花坛出现下沉和地面不均匀的现象，在施工时应增加 1~2 次的镇压。

2. 上顶子

模纹式花坛的中心多数栽种变叶木、苏铁等球形盆栽植物，也有在中心地带布置高低不同的盆栽植物，称为上顶子。要先栽上顶子植物。

3. 定点放样

上顶子植物栽好后，把其他花坛部分翻耕均匀，耙平，再按图纸的纹样进行定点放样。模纹花坛的连续图案可按图案的单元用竹子或钢丝做成模板，将花坛分隔成若干单元，按模板纹样逐个放出灰线。纹样的绘制要由中心开始，逐渐向外推移。放大样允许有小的误差，可利用花苗冠幅的大小来调整。同时要确定种植的品种、颜色等。

4. 栽植

模纹花坛栽植时，应先栽植图案边线，然后再栽植图案内部；浮雕花坛先栽植凸出的阳纹部分，然后栽植凹下的阴纹。

较大面积的花坛栽植施工时，为避免操作时人为踩实已经整平的土壤，可将较长的跳板搁置在花坛上，操作者可蹲在木板上栽植。栽种前可先用木槌子插眼，再将草插入眼内用手按实。要求做到苗齐，地面达到"上横一平面，纵看一条线"。为了强调浮雕效果，施工人员事先用土做出形来，再把草栽到起鼓处，以形成起伏状。株行距离视五色草的大小而定，一般白草的株行距离为 3 ~ 4cm，小叶红草、绿草的株行距离为 4 ~ 5cm，大叶红草的株行距离为 5 ~ 6cm。平均种植密度为每平方米栽草 250 ~ 280 株。最窄的纹样栽白草不少于 3 行，绿草、小叶红、黑草不少于 2 行。花坛镶边植物火绒子、香雪球栽植距离为 20 ~ 30cm。

当种植大致完成时，在远处观察效果并进行相应调整直至完善。用水管把每一株植物都要浇透水。

花坛栽植完毕后应进行清场，将残花、垃圾运走，搞好现场卫生。当大型组合式花坛换花时，若人员紧缺可分区块，利用几天的时间分批完成。这样不仅减少对白天观赏效果的影响，也可克服班组人员的调度问题。

（三）花坛的养护管理

1. 水肥管理

五色草花坛浇水除栽好后浇 1 次透水外，以后应每天早晚各喷水 1 次。在观赏期内要根据花坛的土壤情况以及花卉生长的特性进行水分供应。夏季宜在清晨或傍晚浇水，且应防止将泥土反溅到茎叶上。立体花坛适用喷水的方式浇水。盆花装饰的花柱或特定造型花坛，有条件的情况下可设滴灌设施，既节水又可使水分供应均匀。一般情况下，在花坛栽植时已施足了基肥，能满足观赏期的需要，但某些特殊应用的花卉如做花柱的四季海棠、矮牵牛等，可以用营养液滴灌的手段进行追肥，以延长花期。模纹花坛中的观叶植物可用叶面喷肥法进行补肥，保持叶色的正常状态，施肥的浓度一定不能过高。

2. 更新与修剪

花坛的更新是保证重点景观完美的一项措施。平时花坛内要及时清除残花、黄叶、杂草、垃圾，及时补种、换苗。补种时应防止种子落入花坛土壤而萌发小苗，以免影响花坛的图案的清晰度。模纹花坛植物生长期要经常修剪，以保持 10 ~ 15cm 高，否则会影响图案的清晰度。修剪是保证五色草花纹好坏的关键。草栽好后可先进行一次修剪，将草压平，以后每隔 15 ~ 20d 修剪一次。有两种剪草法：一是平剪，纹样和文字都剪平，顶部略高一些，边缘略低；另一种为浮雕形，纹样修剪成浮雕状，即中间草高于两边。

3. 植物的更换

各种花卉都有一定的花期，花坛要求每季有花，所以必须根据季节和花期经常更换花卉的种类，每次更换都要按照绿化施工养护中的要求进行。一级花坛每次换花期间白地裸露不得超过两周；二级花坛每次换花期间白地裸露不得超过 20d。

任务实施

情景一　盛花花坛设计与施工

1. 教师提出"学院后勤管理中心准备在学院大门两侧做盛花花坛，你会设计施工吗？"

引出"情境一　盛花花坛设计与施工"。

2. 学生分组学习盛花花坛设计与施工，回答四个问题，填写情境报告单，教师巡回指导。

问题：

（1）什么是盛花花坛？它有什么样的特点？

（2）盛花花坛设置在什么位置？

（3）盛花花坛如何设计？

（4）盛花花坛如何施工？

3. 学生以组为单位讲解四个问题并提交任务实施单，教师总结完善问题，解决盛花花坛设计与施工中必备的理论问题；教师对正确的任务实施单签字后，学生方可实施任务。

4. 学生到花卉实训室进行花坛设计，设计方案通过后组织材料安排施工，教师进行过程评价。

情景二　模纹花坛设计与施工

情景三　带状花坛设计与施工

情景四　组合花坛设计与施工

其他情境操作均按照"资讯→计划→决策→实施→检查→评价"等工作过程设计实施。

复习思考题

1. 花坛有哪些类型？

2. 对盛花花坛的植物有哪些要求？

3. 花坛的设计要考虑哪些方面？

4. 花坛施工后如何养护？

5. 盛花花坛与模纹花坛如何施工？

参 考 文 献

[1] 周绂. 说说果树芽变选种 [J]. 农家顾问, 2006 (7): 27-29.

[2] 李庄, 李荣耀, 秦绪雄, 等. 激光诱变无核沙田柚研究 [J]. 激光生物学, 1994 (3): 386-389.

[3] 司玉芹, 刘东, 祝正合. 露地葡萄应季管理技术 [J]. 中国园艺文摘, 2012 (4): 160-161.

[4] 周润生. 苹果周年管理的作业内容及要点 [J]. 落叶果树, 1993 (4): 37.

[5] 谢臣, 李志明, 屠岩峰, 等. 桃树主干形整形修剪技术要点 [J]. 宁夏农林科技, 2010 (3): 51-52.

[6] 束怀瑞. 中国果树产业可持续发展战略研究 [J]. 落叶果树, 2012, 44 (1): 1-4.

[7] 李向东. 春季葡萄管理技术 [J]. 新农业, 2004 (5): 23.

[8] 马骏, 蒋锦标. 果树生产技术: 北方本 [M]. 北京: 中国农业出版社, 2006.

[9] 李茂松. 苹果冷库贮藏技术要点 [J]. 落叶果树, 2012 (1): 34.

[10] 陈杏禹. 蔬菜栽培 [M]. 北京: 高等教育出版社, 2010.

[11] 陈杏禹, 等. 园艺设施 [M]. 北京: 化学工业出版社, 2011.

[12] 秦文, 等. 农产品贮藏加工学 [M]. 北京: 科学出版社, 2013.